JN432153

TRICHOLOGIST

트리콜로지스트

NEW Special

개정판

Trichologist

저자 소개

곽진만(소속 : 사단법인 뷰티창업경영전문가협회, 대구보건대학교)

박동은(소속 : 서경대학교)

권오혁(소속 : 한성대학교)

임순녀(소속 : 동신대학교)

NEW Special

Trichologist 트리콜로지스트 개정판

초판인쇄 | 2020년 8월 10일
초판발행 | 2020년 8월 20일
개정1판발행 | 2023년 2월 28일

저자 | 곽진만 · 박동은 · 권오혁 · 임순녀
발행인 | 조규백
발행처 | 도서출판 구민사
(07293) 서울시 영등포구 문래북로 116, 604호(문래동 3가 46, 트리플렉스)
전화 | (02) 701-7421~2
팩스 | (02) 3273-9642
홈페이지 | www.kuhminsa.co.kr
신고번호 | 제 2012-000055호(1980년 2월 4일)
ISBN | 979-11-6875-211-5 (13590)

정가 | 29,000원

트리콜로지스트

NEW Special Trichologist

구민사

Preface 머리말

정보통신기술의 발달로 현대사회는 무한경쟁의 시대를 맞고 있다. 이러한 시대적 상황으로 인해 치열한 경쟁 환경이 계속되고 있다. 이러한 경쟁은 현대인의 생활방식 변화와 스트레스 등 다양한 내·외적인 요인과 더불어 환경적인 요인이 더하여 다양한 질병에 노출되고 있다. 이는 현대인의 건강과 관련한 다양한 문제와 탈모에 영향을 미친다.

현재 탈모로 인한 인구수는 과거보다 급격하게 증가하고 있다. 모발은 외부로부터 인체를 보호하는 기능적인 면도 중요하지만, 외모를 결정짓게 하는 중요한 요인으로 작용한다. 현대사회에서 외모는 자신을 표현하는 한 요소로 인식되고 있으며, 이러한 외모에 대한 관리는 자신의 상품 가치에 대한 경쟁력을 높이는 수단이 된다. 이러한 외모에 대한 아름다움은 객관적인 판단이 아닌 주관적인 판단으로 자신에 대한 자신감의 정도에 따라 영향을 받는다.

건강한 모발은 아름다운 외모의 기본으로 모발 및 두피 관리에 대한 인식이 확대되고 있다. 따라서 뷰티서비스 시장 및 케미컬 제품의 시장 성장은 아름다운 외모를 가꾸기 위한 하나의 도구로 사용되고 있다. 그러나 화학제품을 사용함으로 인한 모발 및 두피의 손상 측면에서 함께 살펴보아야 한다. 이러한 현상에 대해 전문가로서 관리 및 예방적 차원을 고려하여 고객서비스에 최상의 효과를 기해야 할 것이다. 따라서 트리콜로지스트는 학습을 통하여 전문적 지식과 기술을 습득하고 임상을 통한 실무에 적용할 수 있는 바람을 담아 저술하였다.

본 스페셜 트리콜로지스트 학습서는 미용 전문가로서 함양해야 할 기본적인 지식과 기술을 이·미용학습 모듈을 기반으로 구성하였으며, 두개피 관리의 공통능력 단위를 트리콜로지스트 이론편과 실무편으로 구분하여 내용을 구성하였다.

이론편의 구성은 두개피 생리학, 모발 생리학, 탈모학, 신경학, 호르몬학, 영양학, 두개피 관리를 위한 아로마요법에 관한 내용 등 두개피 관리에 필요한 이론으로 구성하여, 현장에서 활용도를 높일 수 있도록 구성하였다.

실무편은 두개피 관리에 필요한 기기학, 상담학, 두개피 진단, 두개피 관리, 두개피 마사지, 두개피 스케일링 그리고 두개피 샴푸로 구성하여 실무에서 필요한 테크닉과 그에 따른 활용 방법을 다루었으므로 전문가로서 더욱 성장할 수 있게 만들었다. 그리고 필기 기출 문제를 수록하였다.

▶ 교재의 구성

학습 자료 구성은 학습 목표, 자기 진단, 학습 내용으로 구성되어 있다.

학습 목표는 전체적인 개요와 구성을 설명하고, 학습자에게 효과적인 활용 방법 및 학습 방법을 안내하는 역할을 한다. 자기 진단은 학습 내용을 학습하기 전에 학습자의 능력에 대한 수준을 진단하고, 필요한 학습 활동을 안내하는 역할을 한다.

Part 1 트리콜로지스트 이론편의 학습 내용은 7개의 장으로 구성되어 있다.

1장은 두개피 생리학으로 두개구조의 이해, 두개피의 발생, 두개피부의 구조, 두개피의 기능으로 두개피의 생리학적 이해를 통한 고객 상담을 효과적으로 진행할 수 있게 구성하였다.

2장은 모발 생리학으로 모발의 이해, 모발의 구성성분, 모발의 물리적 특성, 모발의 성장주기로 모발 생리학의 이해를 통한 고객 상담을 효과적으로 진행할 수 있게 구성하였다.

3장은 탈모학으로 탈모의 이해, 탈모의 유형, 탈모관리의 종류로 고객 상담 시 각 유형별 적용과 사례를 들어 진행할 수 있게 구성하였다.

4장은 신경학으로 신경계와 자율신경계로 두개피와 신경계의 이해를 통해 건강한 두개피 관리에 관하여 구성하였다.

5장은 호르몬학으로 호르몬의 이해와 호르몬의 종류로 나뉘며 탈모와 호르몬과의 연관성에 관한 이해를 통해 고객 상담에 적용할 수 있게 구성하였다.

Preface 머리말

6장은 영양학으로 두개피 영양, 두개피 건강을 위한 영양, 파이토케미컬로 구성하여 트리콜로지스트로서 고객 상담 및 관리 실무에 필요한 기초 지식에 관하여 다루었다.

7장은 건강한 두개피 관리를 위한 아로마테라피 활용 방법과 아로마 오일을 통한 홈케어 제품을 만드는 과정으로 구성하였다.

Part 2 트리콜로지스트 실무편의 학습 내용은 7개의 장으로 구성되어 있다.

1장은 기기학으로 진단기기와 관리기기로 고객 상담과 진단 시 적용이 가능하게 구성하였다.

2장은 상담학으로 고객 상담의 정의, 고객 상담의 중요성, 고객 상담 방법, 진단기를 통한 고객 상담 실무로 고객 상담 실무에서 활용도 높게 구성하였다.

3장은 두개피 진단으로 두개피 진단을 통한 문제성 두개피 유형별 판독과 관리 실무에 적용할 수 있도록 구성하였다.

4장은 두개피 관리로 두개피 관리 및 유형별 관리방법을 통하여 관리 실무에 적용할 수 있도록 구성하였다.

5장은 두개피 힐링 마사지로 두개피 힐링 마사지의 이론적 지식을 바탕으로 관리 실무에 적용할 수 있도록 구성하였다.

6장은 두개피 스케일링으로 두개피 스케일링의 이론적 지식을 바탕으로 관리 실무에 적용할 수 있도록 구성하였다.

7장은 두개피 샴푸로 두개피 샴푸의 이론적 지식을 바탕으로 관리 실무에 적용할 수 있도록 구성하였다.

Part 3에서는 필기 기출 문제를 수록하였다.

이 책의 출판을 위해 적극적으로 도움주신 도서출판 구민사 조규백 대표님과 직원 여러분께 깊은 감사를 드립니다.

저자 일동

Contents

목차

◆ Part 01 두개피 관리 이론편

Chapter 04. 신경학

Chapter 05. 호르몬학

Chapter 06. 영양학

Chapter 07. 두개피 관리를 위한 아로마요법

Contents
목 차

◆ Part 02 두개피 관리 실무편

Chapter 04. 두개피 관리

Chapter 05. 두개피 힐링 마사지

Chapter 06. 두개피 스케일링

Chapter 07. 두개피 샴푸

Contents

목 차

◆ Part 03 학습문제

학습문제

Part 1

두개피 관리 이론편

Trichologist

Contents

chapter

01

두개피 생리학

학·습·목·표

◈ 두개구조와 구성에 대해 이해하고 설명할 수 있다.

◈ 두개피의 생장과정과 두개피의 구조 및 기능에 관하여 이해하고 설명할 수 있다.

T r i c h o l o g i s t

1 두개구조의 이해

두상의 두개(頭蓋)를 구성하는 뼈를 두개골(Skull, 頭蓋骨)과 안면골(Facial bone, 顔面骨)로 나누고, 뇌두개골은 8개의 뼈로 구성되어 있으며, 안면골은 15개의 뼈로 구성되어 있다.

1) 두개골의 구조

두개골은 두개를 구성하는 여러 개의 머리뼈 중에서 뇌두개골을 구성하는 뼈를 의미하며, 딱딱한 치밀골이 바깥쪽을 이루고 그 사이에 성긴 해면골로 되어 있다. 또한 여러 머리뼈를 붙여 주는 섬유결합조직인 관상봉합, 시상봉합, 인상봉합 등으로 구성되며, 교차점에 대천문, 소천문, 측두천문이 존재한다.

두개골은 뇌를 담고 보호하며, 눈, 코, 귀 등의 감각기관을 위한 공간과 소화와 호흡의 통로 역할을 하는 입을 구성한다.

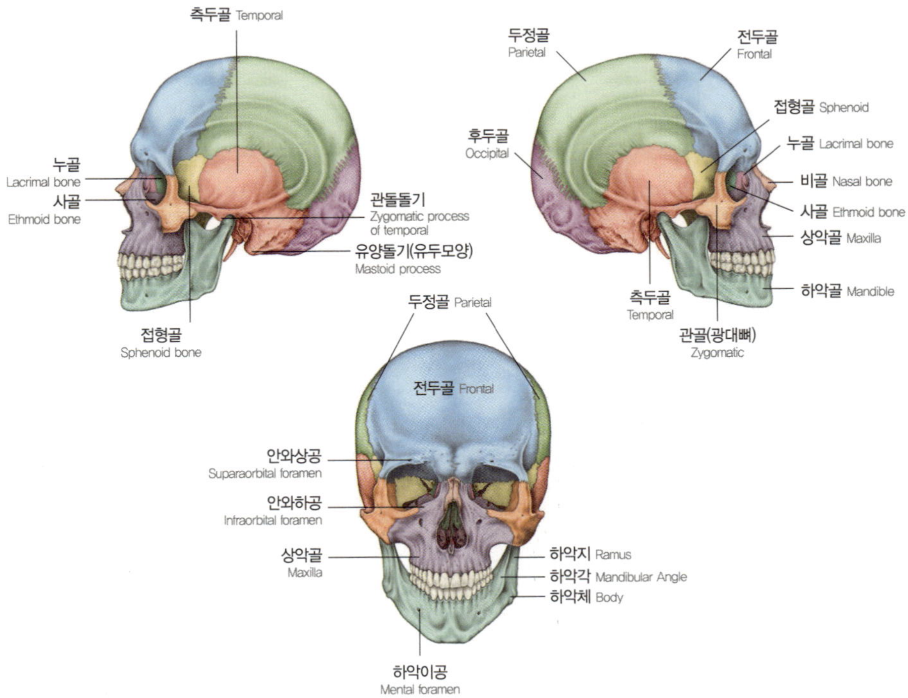

[그림 1-1] 두개골의 구조

(1) 안면골

두개골 중 안면의 기초를 이루고 있는 15개의 뼈는 비골(鼻骨), 누골(淚骨), 서골(鋤骨), 하비갑개(下鼻甲介), 상악골(上顎骨), 구개골(口蓋骨), 협골(頰骨), 하악골(下顎骨), 설골(舌骨) 등 9종이다. 이 중 서골, 하악골, 설골은 각 1개씩이고, 그 밖의 것은 좌우 한 쌍씩이다.

(2) 두개골

전두골, 두정골, 측두골, 후두골, 접형골, 사골 등 크게 6개로 구분한다.

① 전두골(이마뼈, Frontal bone) : 안와와 비강벽 일부를 형성하고 이마를 이루며, 관상봉합에 의해 뒤쪽 부분이 두정골의 앞쪽에 결합한다.

② 두정골(마루뼈, Parietal bone) : 뇌를 감싸고 있는 좌우 한 쌍의 사각형 편평골로 4면 4각을 가지고 있다.

좌우 두정골 사이의 시상봉합, 전두골 사이의 관상봉합, 측두골 사이의 인상봉합, 후두골 사이의 인자봉합(람다봉합)으로 결합한다.

③ 측두골(관자뼈, Temporal bone) : 머리의 양측 면에 있는 한 쌍의 뼈로 관골과 연결되며, 평형 청각기의 가장 중요한 부분을 수용하고 있으며, 많은 자율신경이 지나가는 복잡한 구조를 가진다.

④ 후두골(뒤통수뼈, Occipital bone) : 뒤쪽 밑 부분을 차지하는 마름모꼴의 판상골로 숟가락 모양으로 만곡되어 불룩한 면이 바깥으로 나와 있다.

⑤ 접형골(나비뼈, Sphenoid bone) : 두개골 저부의 중앙에 있는 나비 모양의 함기골이다. 대익(큰 날개, Greater wing)과 소익(작은 날개, Lesser wing) 그리고 익상돌기(날개돌기, Pterygoid process) 2개로 구성되어 있다.

⑥ 사골(벌집뼈, Ethmoid bone) : 접형골의 앞쪽과 비골 뒤쪽의 안구 사이에 위치하며, 비강과 비중격 및 전두개의 중앙부를 구성하는 십자 모양으로 형성되어 있다.

사골은 10~20여 개의 작은 구멍이 있어 함기성이 강한 입방형의 뼈로 수평판, 수직판, 외측괴로 구분한다.

2 두개피의 발생

두개피는 두개골을 덮고 있는 피부조직으로 생명 유지에 불가결한 기관이다.

1) 수정란

반수체 정자의 핵과 반수체 난자의 핵이 합쳐져 융합하는 수정과정의 결과 형성되며, 접합체(Zygote)라고도 한다. 수정란(Fertilized ovum)에 대하여 수정 전의 난을 미수정란(Unfertilized egg)이라 한다.

수정은 감수 분열 결과로 반수의 염색체를 지닌 세포 혹은 개체가 반수체의 정자핵과 반수체의 난자핵이 융합하는 것을 의미한다. 그러나 넓은 의미로 정자가 난자에 접근, 정자와 난자의 접촉, 정자와 난자의 원형질막 융합, 정자의 난자로의 침입, 이어서 정자와 난자의 세포막이 융합하여 2개의 생식세포가 하나의 세포로 핵융합하는 과정을 포함한다. 이후 수정란은 체세포 분열(Mitosis)을 하며, 여러 단계의 발생과정을 거친다.

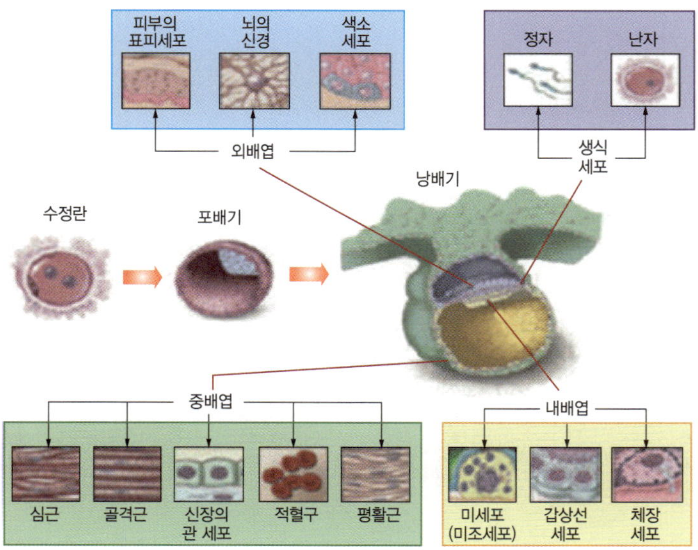

[그림 1-2] 신체조직 분화

2) 포배기

포배기(Blastula stag)는 수정란의 난할에 의해 형성된 한 층의 세포로 된 벽으로 둘러싸이고 가운데가 빈 구상체를 이루며, 이 벽을 이루는 세포가 상피조직으로 표면이 매끄럽게 되는 시기이다.

수정란은 하나의 세포밖에 없지만, 난할 결과로 세포 수가 급속히 증가한다. 이렇게 한 층의 세포로 형성된 벽으로 둘러싸이고, 가운데가 빈 구상체를 이룬다.

3) 낭배기

낭배기(Gastrula stage)에 들어서 세포들은 여러 조직과 기관으로 분화를 시작한다. 외배엽, 중배엽, 내배엽으로 분화하여 개체로서 각각 기능할 수 있는 기관과 조직이 된다.

이 시기에는 핵 안에 있는 디엔에이(Deoxyribonucleic acid, DNA)의 유전정보를 세포질 안의 리보솜에 전달하는 한 가닥의 전령 RNA(Messenger RNA) 유전정보에 의해 발생하지 않고, 유전자에서 유전정보가 나와 배의 분화가 일어난다.

① DNA는 살아있는 모든 유기체 및 많은 바이러스의 유전적 정보를 담고 있는 실 모양의 핵산 사슬이다.

② 핵 안에 있는 DNA의 유전정보를 세포질 안의 리보솜에 전달하는 RNA이다.

③ RNA는 DNA와 더불어 핵산이라고 하는데, 지방, 단백질, 탄수화물과 더불어 생명체를 이루는 주된 물질이다.

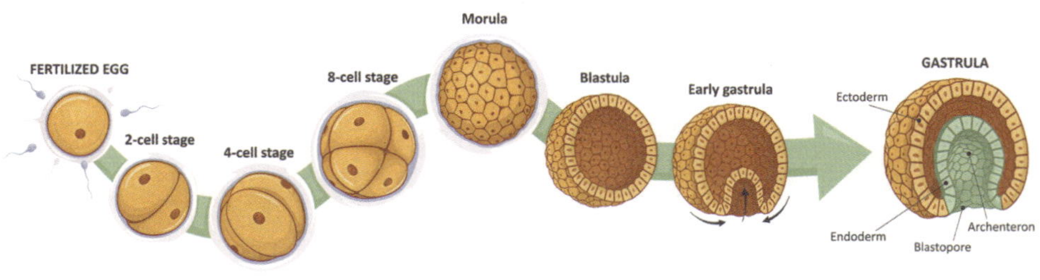

[그림 1-3] 수정란의 난할

4) 내배엽

낭배 형성의 결과로 세포들이 낭배의 안쪽으로 이동해 들어와서 형성되는 외배엽(Ectoderm), 중배엽(Mesoderm), 내배엽(Endoderm) 중 가장 안쪽에 있는 배엽으로 폐, 간, 췌장 등 호흡 및 소화기관으로 분화한다.

내배엽은 일련의 형태형성 운동을 거쳐 중배엽으로 둘러싸인 원장 또는 원시 창자가 된다. 원장은 앞-뒤축을 따라 전장(Foregut), 중장(Midgut), 후장(Hindgut)으로 나뉜다. 전장은 식도, 기관, 위, 폐 등, 중장은 소장, 후장은 대장으로 발달한다.

5) 중배엽

중배엽은 외배엽성 표피와 내배엽 장기조직 사이의 모든 기관을 생성한다. 여기에는 근골격조직, 심혈관조직 및 비뇨 생식조직뿐 아니라 이들의 조직 형성을 도와주는 외배엽 및 내배엽 상피에 결합한 간충직세포들이 포함된다.

6) 외배엽

발생 초기 단계에서 낭배 형성을 통해 형성되는 3배엽 중 배아의 가장 바깥을 덮는 세포층이며, 표피와 중추신경계로 발달한다.

외배엽은 바깥쪽의 표피 외배엽, 신경관을 형성하는 신경 외배엽, 신경 능선세포로 구분한다.

(1) 표피 외배엽

뼈 형성 단백질(Bone Morphogenetic Protein, BMP)은 외배엽을 표피로 예정화시키고 신경관 형성을 방해하는 전사인자(Transcription factor)를 유도한다.

표피 외배엽(Epidermal ectoderm)은 피부와 피부 부속물인 털, 손발톱 등으로 발생한다.

① 전사인자는 활성화되었을 때 어떤 진핵세포 유전자 근처의 반응요소(Response element)라는 DNA의 특정 부위에 결합하여 유전자의 발현을 촉진하거나 억제하는 단백질을 의미한다.

(2) 신경 외배엽

신경 외배엽(Neuroectoderm)은 외배엽이 표피로 발생하는 운명이 BMP 억제자의 작용으로 차단되어 발생한다. 신경 외배엽은 신경관을 형성, 중추신경계인 뇌와 척수 및 운동뉴런, 망막으로 발생한다.

(3) 신경 능선세포

신경 능선세포(Neural crest cell)는 표피 외배엽과 신경 외배엽의 경계 부위에 존재하는 세포이다.

신경관 형성과정에서 신경관과 표피를 연결하지만, 등쪽 신경관에서 상피세포(Epithelium)가 간충직(Mesenchymal)세포로 형질이 전이되는 일련의 과정을 통해 광범위하게 이동한다(상피-간충직 전이, Epithelial-Mesenchymal Transition, EMT).

신경 능선세포가 이동하여 나가면 신경관은 표피에서 분리된다. 신경 능선세포는 머리 골격과 결합조직, 표피 색소세포, 부신수질 에피네프린 생성세포, 감각, 교감 및 부교감신경계 신경세포와 아교세포 등으로 분화한다.

3 두개피부의 구조

피부는 인체의 표면을 둘러싸고 있으며, 여러 가지 중요한 기능을 수행하는 거대한 장기로 구분한다. 또한 두개피는 두개외피를 싸고 있는 신체조직의 일부분으로서 두피와 모발로 구분된다.

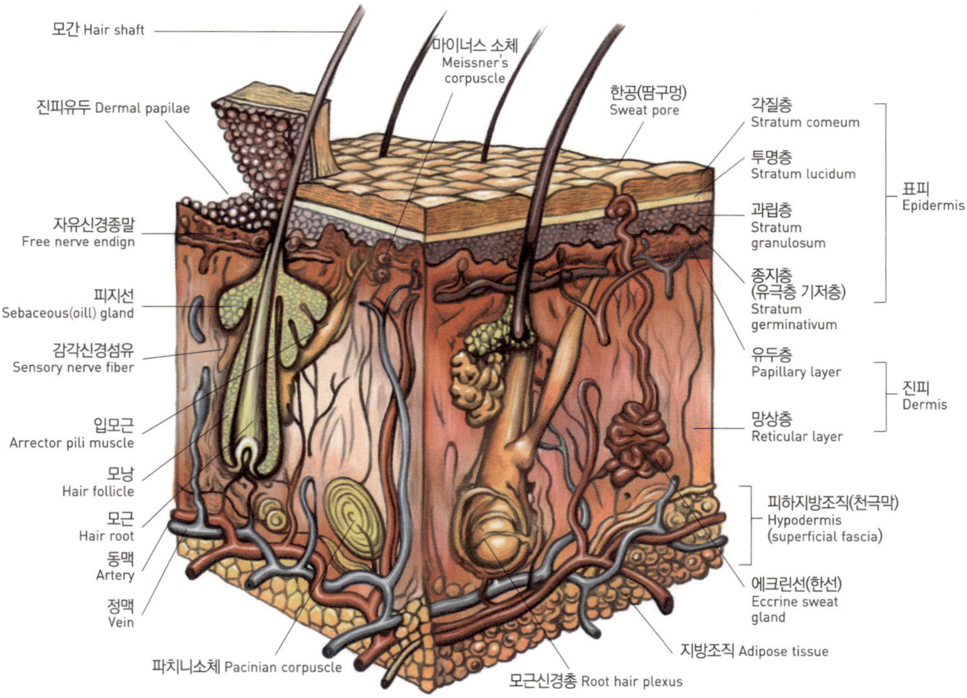

[그림 1-4] 두개피부의 구조

피부조직은 내부와 외부 환경을 연결하는 부위로 다양한 세포(Cell)들에 의해 복잡한 구조를 지니고 있으며, 건강 및 생존에 매우 중요한 기능을 담당한다.

피부조직은 크게 표피, 진피, 피하지방층으로 구성되어 있다. 개인적인 차이는 있으나 평균적으로 성인의 경우 피부 총면적이 약 $1.6m^2$ 정도(남 : $1.6m^2$, 여 : $1.4m^2$, 두개피 : $700cm^2$)로 출생 시와 비교하면 약 7~8배 정도 넓어져 있다.

이는 인체 기관 중에 가장 넓은 부위로 피부조직의 두께는 부위에 따라 차이를 나타내고 있지만, 평균적으로는 표피층의 경우 0.2~0.3mm, 진피조직은 2~3mm 정도이다. 손과 발바닥의 경우에는 각질층과 투명층의 두께가 두꺼운 것이 특징이다.

모발은 모근부와 모간부로 크게 구분한다. 모근부는 모발의 성장이 일어나는 부분으로 여러 부속기관이 존재하며, 각각의 기능과 특성이 있다.

1) 모낭의 발생과정

모낭의 발생과정은 하나의 세포인 수정란으로부터 증식, 성장, 분화를 기초로 하듯이, 태생기 모발에 대한 발생을 이해하는 것은 모발의 모든 과정을 알게 하는 근원이 된다.

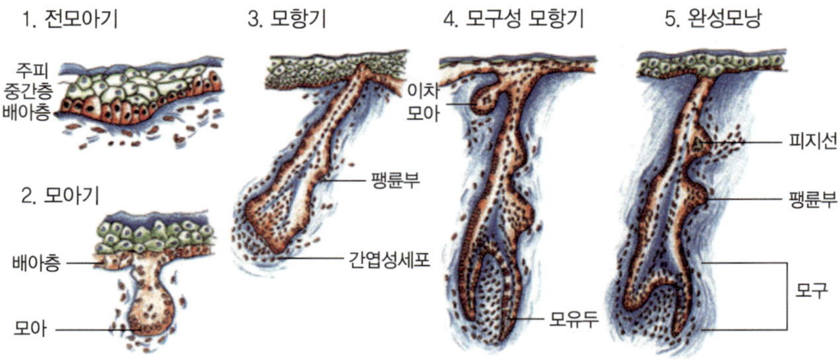

[그림 1-5] 모낭의 배아발생

① 모낭의 형성은 모태에서 30~40일쯤 한 개 층의 세포가 생기며, 시간이 지남에 따라 배아층, 주피의 세 개의 층으로 분화된다.

② 모낭은 표피에 배아층의 세포가 모여 촘촘한 집합체를 만든 모아의 세포군이 분열하며 성장한다. 이 과정은 모아 형성의 전 단계인 전모아기, 모아기, 모항기, 모구성 모항기를 거쳐 모낭이 된다.

③ 모낭이 성숙한 형태로 발달하면 피지를 분비해주는 피지선이 형성되고, 이후에 모낭벽에 붙어 있는 기모근이 생성된다.

④ 영양과 산소를 담당하는 모유두가 형성되고, 이 모유두와 인접하고 있는 부분의 모모세포가 모유두에서 영양을 공급받아 세포 분열을 하여 새로운 모발을 생성한다. 모발의 발생은 모모세포가 모유두에서 영양을 공급받아 세포 분열되어 모발의 형태를 갖추어 성장한다.

2) 모낭

모낭(Hair follicle)은 털을 만드는 피부 기관이고, 모근을 싸고 있는 내·외층의 피막의 관 모양으로 자루 역할을 하며, 표피가 피하조직까지 움푹 들어가 있다. 또한 모낭의 아래는 부풀어 있어 모구부를 감싸고 있다.

모발은 이 모낭 안에서 자라며, 내모근초와 외모근초, 모유두, 기모근, 피지선, 한선 등으로 이루어져 있다.

[표 1-1] 모낭의 구조

구분	특징	
상피근초	내모근초	• 모발의 성장과 함께 위로 밀려 올려주는 역할을 한다. • 모발을 표피까지 운송하여 역할을 다 한 후에는 비듬으로 되어 떨어진다. • 표피상피의 각질층과 연속되는 층으로서 피지선이 열리는 부분 아래쪽에 위치한다.
	외모근초	• 모구부에서 발생한 모발을 완전히 각화가 끝날 때까지 보호하고 표피까지 운송하는 역할을 한다. • 표피세포와 연속된 가장 안쪽 기저층 - 외모근초, 유극층 - 헨레층, 과립층 - 헉슬리층으로 이어지는 세포로 구성된다.

3) 모낭 부위별 명칭

모낭은 크게 세 부위로 나눠진다.

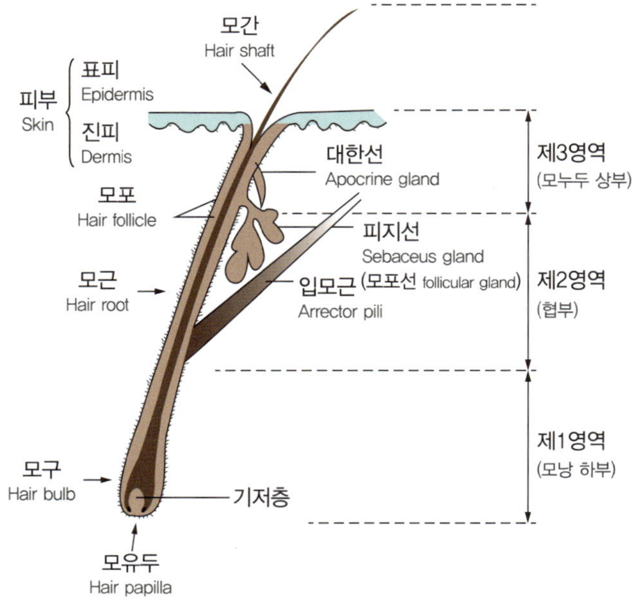

[그림 1-6] 모낭 부위별 명칭

① 제1의 영역(모낭하부) : 입모근 아래에서 모낭의 기저부까지를 모낭하부라고 한다.

② 제2의 영역(협부) : 피지관의 입구부터 입모근 부착 부위까지를 협부라고 한다.

③ 제3의 영역(모누두상부) : 피부 표면의 모공 입구에서부터 피지선 관의 입구까지를 모누두상부라 한다.

4) 표피의 구성

(1) 표피

표피(Epidermis)는 피부의 가장 외부에 있으며, 주위 환경과 직접 접촉하고 있다. 표피의 두께는 부위에 따라 차이가 큰데 0.03~1.5mm 정도이며, 이 중에서 손바닥과 발바닥이 가장 두꺼워 약 1.5mm이고, 눈꺼풀은 0.5mm 미만으로 가장 얇다.

표피는 각질(keratin)이라는 방어 기능을 갖는 세섬유 단백질(Filamentous protein)을 생산하는 각질형성세포(Keratinocyte)의 순서적 배열로 이루어진다.

(2) 각질층

각질층(Stratum corneum)은 비늘층이라고도 하며, 얇고 핵이 없는 편평세포 구조의 라멜라층이 10~20층으로 겹쳐져 있고, 섬유성 단백질로서 각화과정에 의해 완전한 각질 덩어리이다.

① 각질세포(keratinizing cell) : 노화된 섬유성 단백질 세포로서 피탈되는 부분이다.

② 보습작용(Natural Moisture Factor, NMF) : 케라틴을 분해, 공기 중의 산소와 결합하여 보습작용을 갖는다.

(3) 투명층

투명층(Stratum lucidum)은 각질층 바로 아래에 있는 얇고 투명한 층으로서, 세포질 안에는 빛을 강하게 굴절하는 엘레이딘(Eleidin)이라는 반유동성 물질이 존재한다.

생명력이 없는 각화세포로 구성되어 인체 전반에 분포되어 있지만, 주로 손과 발바닥에 존재하며 무색, 무핵의 납작하고 투명한 2~3개 층의 상피세포로 구성되어 있다.

(4) 과립층

과립층(Stratum granulosum)은 2~5층의 과립세포로 구성되어 있고 케라토하이알린(Keratohyaline) 과립을 포함하고 있다.

배리어 존(Barrier zone)이 존재하여 과립층 하부로부터 수분유실을 저지시켜 주고, 두개피에 발생하는 다양한 피부염을 억제, 피부 이상의 원인이 되기도 하여 이를 미용층이라고 한다.

(5) 유극층

유극층(Stratum spinosum)은 당김원섬유, 장원섬유로 구성된 세포이며, 가시돌기를 가지고 있어 세포들 사이에 마치 다리가 놓인 것처럼 세포간교가 잘 발달한 다각형 세포층이다. 또한 세포 사이 내 림프액이 순환하고 있어 노폐물 및 독소를 운반하며, 혈관이 존재하지 않는 표피층의 각 세포에 영양분을 공급한다.

① **랑게르한스세포**(Langerhans' cell) : 항원전달세포라고 하며, 유극층에 위치하고, 수상돌기세포로 표피세포의 2~8%를 차지한다. 골수기원성 세포로 식작용과 면역기능을 가지고 있다.

(6) 기저층

기저층(Stratum basle)은 기저막 위에 있는 한 줄의 원주세포층으로서 기저대를 이룬다. 또한 핵이 있는 원주형 세포층으로 세포 분열이 왕성하며 진피와 접촉된 표피세포 발생 근원지이다. 이상분화 현상으로 인하여 피부 병리의 원인이 된다.

① **과각화증** : 각질이 14~90일 각질층에 오래 머물수록 딱딱해져 모공을 막아 여드름, 기미, 노화를 형성시킨다.

② **이상 각화증** : 각질이 4~10일 조기 박리로 민감하고, 아토피를 유발한다.

5) 두개피의 각화

표피의 기저세포층 내에서 유극층 내 세포는 핵분열을 통해 유사 분열을 하지만, 각질층이 되면 무핵으로 변하여 무사 분열이 된다. 일련의 과정인 세포 고형화과정을 각화 현상이라고 한다. 이 과정은 두개피부 표면에서의 각질화과정과 두개피 내 모낭에서 발생하는 모발 성장으로 나눌 수 있다.

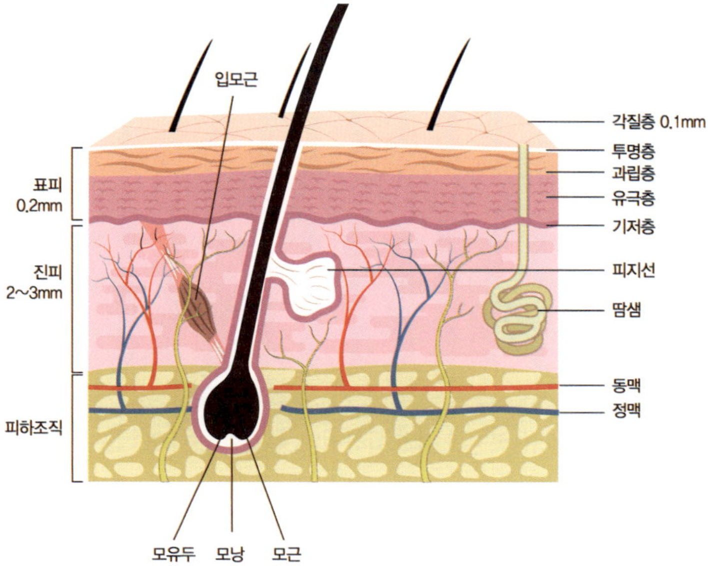
입모근
각질층 0.1mm
투명층
과립층
유극층
기저층
피지선
땀샘
동맥
정맥
표피
0.2mm
진피
2~3mm
피하조직
모유두
모낭
모근

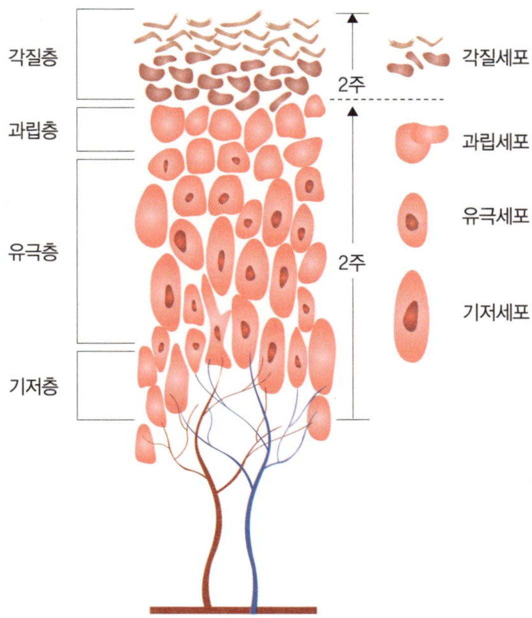
각질층
과립층
유극층
기저층
2주
2주
각질세포
과립세포
유극세포
기저세포

[그림 1-7] 각화 현상

(1) 상피세포의 생성

기저층에서 유극층으로 다시 과립층으로 올라가는 기간은 약 14일이며, 각질층 형태에서 약 14일간 머물다가 피부에서 떨어져 나간다. 따라서 피부 주기는 약 28일로 새로운 상피세포가 생성된다.

(2) 두개피부 각화과정

기저층에서 만들어진 세포는 피부의 표면을 향해 이동함으로써 수분 손실량에 의해 세포 모양이 달라진다.

6) 상피조직

상피조직(Epithelial tissue)은 몸 전체에 걸쳐 관찰되며, 인체의 내외 표면을 싸고 있는 세포층을 상피조직이라 하고, 이를 상피세포라고 한다. 외부 환경과 연결된 신체 내부의 통로인 소화관, 호흡관, 생식관, 비뇨관 등의 기관의 내강(Cavity)을 둘러싸고 있다.

샘(Gland)은 분비세포들이 무리지어 있는 것인데, 이것 또한 상피로부터 파생된 구조이다. 상피는 표면층 세포의 모양과 세포의 층수에 따라 여러 가지 유형으로 분류한다.

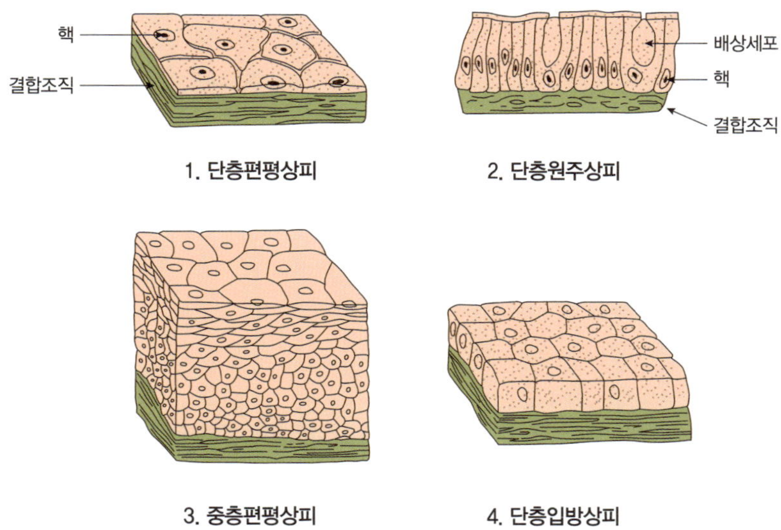

[그림 1-8] 상피세포

(1) 표면층 세포에 따라 세 가지의 모양에 따른 구분

① 편평상피(Squamous epithelium)세포는 물고기의 비늘처럼 얇고 편평한 세포이다.

② 입방상피(Cuboidal epithelium)세포는 입방체 모양으로 주사위처럼 생겼다.

③ 원주상피(Columnar epithelium)세포는 길고 좁은 원주 모양의 세포로 된 상피이다.

(2) 상피조직은 세포의 층수에 따라 구분

① 단층상피(Simple epithelium)세포는 한 층으로 된 것이다.

② 중층상피(Stratified epithelium)세포는 두 개 층 이상으로 되어 있다.

(3) 상피가 생겨난 배엽에 따른 구분

외배엽성상피, 내배엽성상피, 중배엽성상피 등으로 구분한다.

(4) 상피의 기능에 따른 구분

보호상피, 선상피, 흡수상피, 감각상피, 생식상피, 색소상피 등으로 구분한다.

7) 진피의 구조

(1) 진피

진피(Dermis)는 표피보다 훨씬 두꺼우며, 치밀한 결합조직으로 혈관, 림프관 외에 피부 부속물인 한선, 모낭 등을 갖춘 피부 기관이다.

진피 결합조직은 진피를 구성하는 세포로서 세포 수가 적은 데 비하여 세포 사이의 물질을 많이 갖는다. 섬유성 구조물은 교원섬유, 탄력섬유, 세망섬유 등으로서 대부분 결합조직은 이들 중 한 가지 이상 조직이 결합한 것이다.

(2) 유두층

유두층(Papillary Layer)의 맨 위쪽은 이랑과 유두 모양의 돌기들의 형태를 보인다. 그물층에 비해 치밀하지 않으며, 세포성분이 비교적 많아 주로 섬세한 아교섬유로서 탄력섬유와 그물섬유들이 섞여 있다.

① 혈관유두 : 혈액을 공급하는 기능을 한다.

② 영양공급, 체온조절, 산소공급, 피부 유연에 관여한다.

③ 기능 : 상처를 회복시키고 피부결을 만든다.

④ 신경유두 : 감각을 전달하는 기능을 한다.

(3) 세포간물질

세포간물질(Ground substance)은 반액체로서 모양이 없는 물질이 진피 내 모든 세포와 섬유 사이에 존재한다. 이는 무코다당류, 특히 히알루론산, 당질, 혈액 단백질, 효소 등의 복합체이다.

① 기능 : 피부 압박에 대한 저항력을 주며, 탄성이 갖는 성질로 인해 피부가 손상을 입은 후에라도 섬유조직 내에서 회복을 돕는다.

(4) 망상층

망상층(Reticular layer)은 피부와 진피의 주요 몸체로서 유두층 바로 아래에 있는 망상 그물층으로서 굵은 교원 아교섬유 다발로 치밀하게 짜여 있다. 주로 탄력섬유가 많으며 섬유 다발들은 대체로 표면에 평행하게 배열된 랑거당김선(Langer' s tension line)을 갖는다.

① 기능 : 피부 탄력과 반사작용 기능에 관여한다.

(5) 섬유아세포

섬유아세포(Fibroblast)는 세포간물질의 생성, 콜라겐 전도물질, 세망섬유와 탄력섬유 등의 생성에 관여한다.

(6) 비만세포

비만세포(Mast cell)는 움직임이 자유로운 결합조직세포로, 혈관 주위에 많이 분포한다. 세포질에 과립이 가득 들어 있어, 조직손상 또는 감염 시 과립에 포함된 화학물질이 유리되어 방어기전을 유발한다.

① 기능 : 알레르기 항원과의 상호작용으로 비만세포가 활성화되어 방출되는 알레르기 반응의 다양한 증상을 나타낸다.

(7) 대식세포

대식세포(Macrophage)는 백혈구의 한 종류로 골수에서 조혈 줄기세포(Hematopoietic stem cell, HSC)로부터 유래하고, 대식세포는 세포 찌꺼기, 미생물, 암세포, 비정상적인 단백질 등을 집어삼켜서 분해하는 식작용(Phagocytosis) 기능이 있다.

① 기능 : 비특이적 방어기전인 선천 면역기능과 림프구와 같은 다른 면역세포와 상호작용을 통해서 특이적 방어기전인 적응 면역기능에 중요한 역할을 한다.

(8) 지방세포

지방세포(Adipocyte)는 백색 지방세포(White adipocyte)와 갈색 지방세포(Brown adipocyte)로 나뉜다. 또한 백색 지방세포는 피하 지방세포(Subcutaneous white adipocyte)와 내장 지방세포(Visceral white adipocyte)로 나누어진다.

갈색 지방세포와 비슷한 기능이 있는 베이지 지방세포(Beige adipocyte)는 저온 자극을 통해서 백색 지방조직 안에서 생산된다.

지방세포는 지방조직(Adipose tissue)의 20~40%의 세포 구성을 차지하고 있으며, 호르몬을 전달하여 음식물 섭취 및 에너지 소비를 조절한다.

글리세롤과 지방산으로 구성된 트리글리세라이드(Triglyceride, TG) 구조를 가진 지방세포는 진피에 많아지면 세포를 누르거나 림프를 압박하여 정맥류가 되기도 한다.

8) 진피의 구성 조직

교원섬유(Collagen fiber)는 진피섬유의 아교섬유 또는 백색섬유(White fibers)라고도 한다. 다발을 형성함으로써 강력한 견인력을 갖고 있다. 각각의 섬유에는 섬유아세포에 의해 분비되는 접착물질에 의해 서로 붙어있는 평행의 섬유 다발들로서 피부 주름을 예방하는 수분 보유원이다.

① 교원섬유 : 진피 성분의 90% 정도를 차지한다.

② 교원섬유 기능 : 피부 주름 예방과 수분 보유원의 역할을 한다.

(1) 탄력섬유

탄력섬유(Elastic fiber)는 육안으로는 황색으로 보이므로 황색섬유(Yellow fibers)라고도 한다. 탄력성이 필요한 피부, 큰 혈관, 호흡기계 등 탄력 물렁뼈 및 탄력 인대 등에서 그물막 또는 다발을 형성하여 배열되어 있다. 교원섬유의 빽빽한 다발들 사이에 무질서하게 분포된 매우 조잡한 섬유로서 섬세한 조직망을 갖는다.

(2) 세망섬유

세망섬유(Reticular fibers)는 한선과 모낭 또는 유두층에 가장 많이 분포되어 있으며, 가지를 뻗어 조직망들을 형성한다. 세망섬유는 두께가 다양하며, 매우 가는 섬유 다발로 구성된다.

이는 섬세한 그물을 형성하여 세포, 모세혈관과 신경섬유 및 근육섬유 같이 작은 구조물로서 교원섬유로 구성 면역기전의 일부를 담당하기도 한다. 성긴 조직으로서 어떤 방향에서도 그물 모양으로 보이는 이 섬유는 그물막을 형성하고, 여기에 세망포의 세포질 돌기가 겹쳐서 덮고 있는 형태이다. 세망조직은 림프샘, 지라 및 골수 등 돌 같이 견고한 고형물질로 뼈대를 형성한다.

9) 진피 내 존재하는 기관

(1) 모구

모구(Bulb)는 모낭의 제1영역으로 모모세포의 유사 분열로 모세포가 생성되는 모발세포가 있는 곳이다. 모낭은 습기 있는 환경이 갖는 모발섬유의 물리적 성질 근거를 마련하고 흡습, 탈습에 대한 기계적 평형 상태를 갖는 곳이다. 모근의 아랫부분은 모유두와 모모세포로 이루어져 있어 모발섬유가 생성된다.

(2) 모유두

모유두(Papilla)는 혈관과 신경이 연결되어 있어 모낭 내 모발 성장에 관여한다. 사람마다 모유두의 크기는 각기 다르므로 모발의 굵기 또한 다르다. 모유두는 둥근 핵과 잘 보이지 않는 압축된 공처럼 생긴 세포 다발이다. 형태는 모주기과정에서의 변화와 함께 모발 굵기를 좌우한다.

(3) 모모세포

모모세포(Keratinocyte cell)는 모발섬유의 기원이며, 모발섬유의 줄기세포인 모모세포는 세포 분열이 일어나는 모아의 모체층이다. 또한 모유두로부터 영양을 공급받아 세포 분열이 왕성하여 끊임없이 분열, 증식하여 모세포를 생성한다. 모세포는 모낭을 따라 위로 밀려 올라가면서 각화된다.

(4) 멜라닌 생성세포

모구(Hair bulb)의 모유두에 붙어있는 멜라닌세포(Melanocyte)에서 멜라닌을 만들어낸다. 갈색에서 흑색의 색소과립인 멜라닌소체(Melanosome) 형태로 포장한 뒤 가까이 위치한 각질세포(Keratinocyte)로 전달한다. 멜라닌의 기능으로 자외선으로부터 피부를 보호하는 것이다.

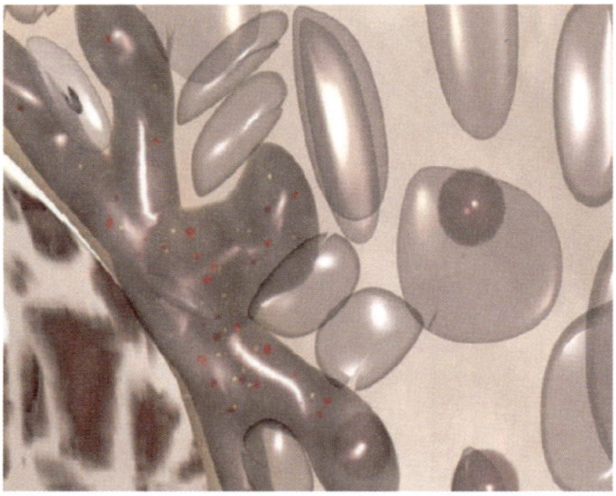

[그림 1-9] 멜라닌 생성세포

멜라닌 색소는 멜라닌 생성세포에서 생성되며, 멜라닌 생성세포는 모양이 불가사리와 같이 몇 개의 돌기를 가지고 있는 형태를 지니고 있으며, 모모세포가 있는 모기질에 있다.

멜라닌 색소가 생성되는 과정은 뇌하수체에서 분비되는 색소세포 자극 호르몬으로 인하여 멜라닌 생성세포에 있는 아미노산의 일종인 티로신(Tyrosine)은 티로시나아제(Tyrosinase)의 산화효소작용으로 도파(DOPA)가 형성되고, 이는 다시 도파퀴논(Dopaquinone)으로 진행된다. 모모세포에서 모세포가 생성되면 멜라닌세포는 돌기를 뻗어 멜라닌 색소를 모세포에 집어넣는다.

(5) 모세혈관

모세혈관(Capillary)은 모발과 직접 연결되어 있지 않지만, 모유두를 통해 연결되며 모낭 주위에 혈관이 감싸고 있음을 나타낸다. 모세혈관은 이산화탄소와 영양분의 교환작용이 이루어지며, 순환계로서 동맥, 정맥, 모세혈관, 림프로 구성된다.

① 동맥 : 산소와 영양분을 공급한다.

② 정맥 : 이산화탄소와 노폐물을 배출한다.

(6) 피지선

① 피지선의 특징

피지선(Sebaceous gland)은 수많은 세포와 중심핵으로 이루어진 주머니로 피지를 준비한다. 이는 호르몬, 식생활, 계절, 나이, 환경, 온도, 자율신경계의 영향으로 성호르몬의 영향을 받으며, 분포는 두개피, 얼굴, 가슴 등에 분포한다.

- 세정 후 1시간 후는 20%, 2시간 후는 40%, 3시간 후는 50% 정도 피지분비가 되며, 하루 평균 1~2g 정도 분비된다.

② 피지

피지는 지방이 내포된 세포가 터질 때 분비되는 내용물을 피지라 하며, pH 4.5~5.5의 약산성으로 외부의 공격으로부터 피부를 보호한다. 또한 피지의 정상적인 흐름을 통해 두피와 모발에 건강함과 유연성을 유지한다.

(7) 한선

땀샘(Sweat gland)은 땀을 분비하는 외분비선, 땀샘이라고도 하며, 모근에 모공으로 냄새가 있는 점성의 땀을 분비하는 대한선과 피부에 냄새가 없는 땀을 분비하는 소한선(에크린선)의 2종류가 있다. 보통 하루 땀의 분비량은 700~900cc이며, pH는 3.8~5.6의 약산성이고, 99%가 수분이다.

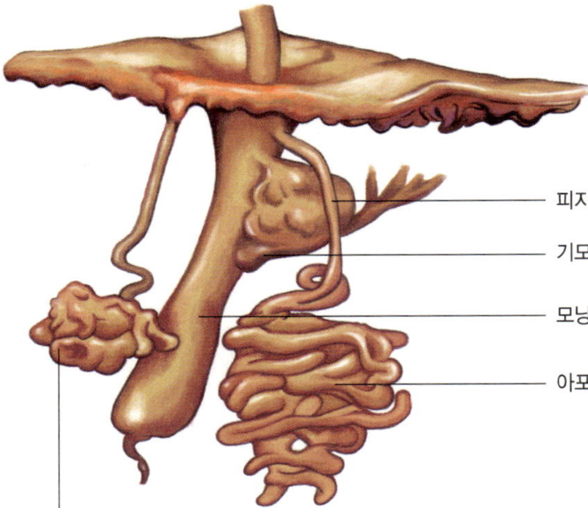

[그림 1-10] 한선과 피지선

① 소한선(Ecrine)

- 피부 전신에 분포하고 주로 겨드랑이 및 이마, 손·발바닥 등에 가장 많이 존재한다.
- 체온을 조절하는 기능이 있으며, 정서적 자극에 반응한다.
- 분비선은 진피 및 피하지방층 경계부 또는 진피 아래 1/3에 존재하며, 피하지방층과 연결되는 지방조직에 둘러싸여 있다.

② 대한선(Apocrine)

- 대한선은 겨드랑이, 눈꺼풀, 유방에 존재하여 털에 부속된다.
- 분비부는 진피 내 한관, 표피 내 한관으로 구성되어 있다.
- 사춘기가 되어 분비부가 발달하여 냄새를 내는 기능을 한다.
- 동물에서는 방어 및 성적 역할이 있으나, 사람에게는 확실하지 않다.
- 분비물은 젖과 유사하여 끈적이고, 분비 당시에는 냄새가 없으나 피부 표면에서 세균에 의해 분해되어 특징적인 냄새가 난다.

(8) 기모근

기모근(Arrector pili muscle) 은 인체의 근육과 같은 부분으로 신경계의 지시에 따라 수축한다. 기모근이 수축하면 모낭이 잡아당겨서 머리카락이 서게 된다. 소름, 추위, 공포에 대한 반응, 모공수축, 피지분비를 촉진하는 현상은 심리적인 원인이기도 하다.

10) 피하지방조직

피하지방층은 진피와 근막 사이에 위치하며 주로 지방세포로 구성된다. 영양분의 저장 및 지방합성, 열 차단, 충격 흡수 등의 역할을 담당한다. 피하지방은 지방세포소엽과 섬유성중격으로 구성된다.

① **지방세포소엽** : 지방세포로 구성된 단위이다.

② **섬유성중격** : 작은 혈관, 림프관, 신경 등을 포함하는 섬유성 결체조직으로 소엽 사이에 위치한다.

(1) 피하지방

피하조직(Subcutaneous fat)은 일반적으로 소성결합조직으로 근막이나 골막과 가볍게 결합해 있다. 피하조직은 장소에 따라 그리고 영양 상태에 따라 정도의 차이는 있지만, 지방세포군을 포함해 피하지방조직으로도 불린다.

피하지방조직이 많은 부위는 복부, 여성의 유방, 전부, 후구, 액하(겨드랑이, 腋下), 손바닥, 발바닥 등이고, 거의 없는 부위는 비골, 안검, 외음부 등이다. 인체보호작용으로서 물리적인 외상에 대한 중요 방어체 중 하나이다.

① 영양분의 저장소이다.

② 기계적 충격은 물론 물리적 충격을 방지한다.

③ 외부 온도변화로부터 신체를 보호하는 역할을 한다.

④ 피하조직의 양 : 성별, 나이, 부위 등에 따라 다르고, 일반적으로 남자보다 여자가 지방조직이 두텁다.

(2) 림프관

림프관(Lymphatic duct)은 면역기능을 담당하는 림프구가 함유된 림프액이 이동하는 통로로 림프절을 서로 연결한다. 림프관은 흉강 내에서 가슴 림프관 및 왼쪽 림프관으로 모이고 다시 정맥혈관 내로 주입되어 혈류의 일부를 이루게 된다.

림프관의 경로에서 작은 림프관이 큰 림프관과 연결되는 연결 부위에 림프절이 형성되어 있는데, 림프가 림프절을 통과하는 동안에 림프에 있는 항원이 림프절 내의 림프구에 의해 면역학적으로 처리되고, 그 후에 활성화된 림프구가 림프에 섞여서 나가게 된다.

(3) 신경세포

신경세포들의 그물망으로 구성되어 있으며, 인체의 외부 자극을 감각신경계를 통해 받아들여 척수를 거쳐 뇌로 전달한다. 인체의 신경계는 중추신경계와 말초신경계로 구성되어 있다.

신경은 신경세포를 구성하는 수상돌기, 축삭, 시냅스, 신경 말단 등을 총칭하는 의미로 사용된다. 예를 들면, 중추신경과 중추신경계를 사용하면서 대체로 비슷한 의미로 사용한다.

4 두개피의 기능

1) 보호기능

물리적·화학적 작용으로부터 두개피부를 보호한다. 멜라닌 색소와 표피의 투명층이 태양광으로부터 피부를 보호, 수분을 유지하는 기능이 있다. 또한 세균과 미생물로부터 방어와 증식을 억제하는 기능, 마찰로부터 보호하는 기능, 물리적 압박이나 충격 등 완충작용과 내부 장기를 보호한다.

2) 흡수기능

흡수기능은 경피와 표피 그리고 피부 부속기관을 통해 흡수한다. 또한 화장품이나 약물 등 사용 시 각질층과 피부 부속기관을 경로 흡수한다.

① 한선(땀샘)의 경로이다.

② 모공, 피지선의 경로이다.

③ 각질층 : 피지막, 각질, 배리어존의 존재로 흡수율이 낮다.

④ 배리어존: 피부 내 물질이 외부 유출 억제 및 이물질의 침투를 방어한다.

3) 호흡기능

인체는 97~99%가 폐로 호흡하지만, 피부로도 약 1~3% 정도 호흡을 한다. 3도 이상의 전신화상을 입었을 때 피부호흡이 불가능하여 사망한다.

4) 체온 유지기능

인체의 체온은 항상 36.5℃를 유지하려는 항상성을 통해 한선, 혈관, 기모근, 저장지방 등의 역할을 요구한다. 몸 안의 온도 변화나 바깥 기온의 변화에서 일정 체온을 유지하는 데는 혈관과 피하조직, 피부가 중요한 역할을 한다. 특히 피하조직은 바깥 기온의 영향을 감소시켜 준다.

체온이 증가하면 혈관이 확장되어 피부를 통해 열을 발산한다. 발산만으로 체온이 조절되지 못하면 땀의 분비가 촉진되어 증발로 인한 열을 기화하여 체온을 낮춘다. 바깥 기온이 낮으면 혈관수축을 통해 열 손실을 막는다.

5) 감각 전달기능

피부조직 내 분포하고 있는 다양한 감각 소체들은 외부 자극에 대하여 인체가 반응할 수 있도록 한다. 자극을 받은 감각 소체들은 척수, 뇌간, 시상 등으로 신호를 전달한다.

전달된 신호가 대뇌피질에 다시 전달되어 외부 자극을 감지하며, 인체 감각기관 중 가장 발달하여 있는 부분이다.

(1) 외감수기

인체 외부의 상태를 감지하는 수용기로 촉각, 통각, 냉각, 온각, 시각, 청각 등에 반응한다.

(2) 내감수기

인체 내부의 상태를 감지하는 수용기로 내장수용기와 고유수용기로 나뉜다.

① 내장수용기 : 허기, 갈증, 통각 등을 감지하는 역할을 한다.

② 고유수용기 : 자세 변화나 운동에 따른 긴장, 압박, 평형감각 등 가장 간단한 수용기로 특별한 형태를 보이지 않는 수용기이다.

(3) 자유 신경종말

결합조직에 쌓여 형태를 갖추고 있는 수용기이다.

6) 영양분 저장기능

피부조직의 가장 아래 부위에 있는 피하지방층은 섭취한 영양소를 에너지원으로 사용하고 남은 부분에 대해서는 저장을 한다. 저장된 영양소는 추후 필요할 때 사용되거나 혹은 외부 충격으로부터 완충작용의 역할을 한다.

피하지방층의 지방 저장능력은 10~15kg 정도로 청소년의 복부 비만 현상은 피하지방층 부위의 저장능력을 보여주는 좋은 예이다.

단원학습정리 ◆ 01

1. 두개 구조는 두상의 두개(頭蓋)를 구성하는 뼈를 두개골(Skull, 頭蓋骨)과 안면골(Facial bone, 顔面骨)로 나누고, 뇌두개골은 8개의 뼈로 구성되어 있으며, 안면골은 15개의 뼈로 구성되어 있다.

2. 두개골 중 안면의 기초를 이루고 있는 15개의 뼈는 비골(鼻骨), 누골(淚骨), 서골(鋤骨), 하비갑개(下鼻甲介), 상악골(上顎骨), 구개골(口蓋骨), 협골(頰骨), 하악골(下顎骨), 설골(舌骨)로 9종이다. 이 중 서골, 하악골, 설골은 각 1개씩이고, 그 밖의 것은 좌우 한 쌍씩이다.

3. 뇌두개골은 전두골, 두정골, 측두골, 후두골, 접형골, 사골로 크게 6개로 구분하며, 전두골(이마뼈, Frontal bone), 두정골(마루뼈, Parietal bone), 측두골(관자뼈, Temporal bone), 후두골(뒤통수뼈, Occipital bone), 사골(벌집뼈, Ethmoid bone)로 구성되어 있다.

4. 모낭의 발생과정은 하나의 세포인 수정란으로부터 증식, 성장, 분화를 기초로 하듯이 태생기 모발에 대한 발생을 이해하는 것은 모발의 모든 과정을 알게 하는 근원이 된다.

5. 모낭(Hair follicle)은 털을 만드는 피부 기관이고, 모근을 싸고 있는 내·외층의 피막의 관 모양으로 자루 역할을 하며, 표피가 피하조직까지 움푹 들어가 있다.

6. 표피 기저세포층 내에서 유극층 내 세포는 핵분열을 통해 유사 분열을 하지만, 각질층이 되면 무핵으로 변하여 무사 분열이 된다. 일련의 과정인 세포 고형화과정을 각화 현상이라고 한다.

7. 표피의 구성은 표피층, 각질층, 투명층, 과립층, 유극층, 기저층으로 구성되어 있다.

8. 상피조직은 몸 전체에 걸쳐 관찰되며, 인체의 내외표면을 싸고 있는 세포층을 상피조직이라 하고, 그 세포를 상피세포라고 한다.

9. 진피는 표피보다 훨씬 두꺼우며 치밀한 결합조직으로 혈관, 림프관 외에 피부 부속물인 한선, 모낭 등을 갖춘 피부 기관이다.

10. 진피의 구조는 유두층, 세포간물질, 망상층, 섬유아세포, 비만세포, 대식세표, 지방세포로 구성되어 있다.

11. 모구는 모낭의 제1영역으로 모모세포의 유사 분열로 모세포가 생성되는 모발세포가 있는 곳이다.

12. 모유두는 혈관과 신경이 연결되어 있어 모낭 내 모발 성장에 관여한다.

13. 모모세포는 모발섬유의 기원이 되는 모발섬유의 줄기세포인 모모세포는 세포 분열이 일어나는 모아의 모체층이다.

14. 멜라닌 생성세포는 모구(Hair bulb)에 있는 모유두에 붙어있는 멜라닌세포에서 멜라닌을 만들어낸다.

15. 피지선은 수많은 세포와 중심핵으로 이루어진 주머니로 피지를 분비한다.

16. 한선은 땀을 분비하는 외분비선, 땀샘이라고도 하며, 모근에 모공으로 냄새가 있는 점성의 땀을 분비하는 대한선과 피부에 냄새가 없는 땀을 분비하는 소한선(에크린선)의 2종류가 있다.

17. 기모근은 인체의 근육과 같은 부분으로 신경계의 지시에 따라 수축한다. 기모근이 수축하면 모낭이 잡아당겨서 머리카락이 서게 된다.

18. 진피는 표피보다 훨씬 두꺼우며 치밀한 결합조직, 혈관, 림프관 외에 피부 부속물인 한선, 모낭 등을 갖춘 피부 기관이다.

19. 진피에 존재하는 기관은 모구, 모유두, 모모세포, 멜라닌 생성세표, 모세혈관, 피지선, 한선, 기모근 등이다.

20. 피하지방층은 진피와 근막 사이에 위치하며 주로 지방세포로 구성된다. 영양분의 저장 및 지방합성, 열의 차단, 충격 흡수 등의 역할을 담당한다.

21. 두개피의 기능은 보호기능, 흡수기능, 호흡기능, 체온 유지기능, 감각 전달기능, 영양분 저장기능이 있다.

실습과제 · 01

1. 실습 진행(실습 소요시간 : 30분) : 작성 후 발표 진행

1) 두개구조와 구성에 관하여 설명하시오.

2) 두개피의 생장과정과 두개피의 구조 및 기능에 관하여 설명하시오.

3) 두개피 기능의 이해를 통해 건강한 두개피 관리에 관하여 설명하시오.

chapter

02

모발 생리학

학·습·목·표

- ◈ 모발의 구성과 성장주기 및 모발의 구조에 관하여 이해하고 설명할 수 있다.
- ◈ 모발의 구성성분과 물리적 특성에 관하여 이해하고 설명할 수 있다.

Trichologist

1 모발의 이해

모발은 피부의 각질층이 변화하여 생긴 섬유성 단백질인 케라틴으로 구성된 무핵세포가 밀려오면서 각화된 부분으로, 외부의 화학적·물리적 자극으로부터 신체를 보호한다.

모발의 수는 평균 10~14만 본 정도이다. 또한 인종, 모발의 색, 모질 등은 개인에 따라 차이가 있고 남성보다 여성이 모발의 수가 많으며, 서양인의 모발 수는 약 14만 본, 동양인의 모발 수는 약 10만 본, 붉은색 모발 수는 9만 본 정도이다. 모발의 굵기는 보통 0.075~0.085mm이며, 연모는 가는 모발로서 0.05mm 이하이다.

모표피, 모피질, 모수질 3개의 층으로 구성되어 있고, 모발은 18종의 아미노산으로 구성된 경케라틴이 모발의 80~90%, 멜라닌 색소는 3~4%, 지질은 1~8%, 수분은 10~15%, 미량원소는 0.6~1%로 구성되어 있다.

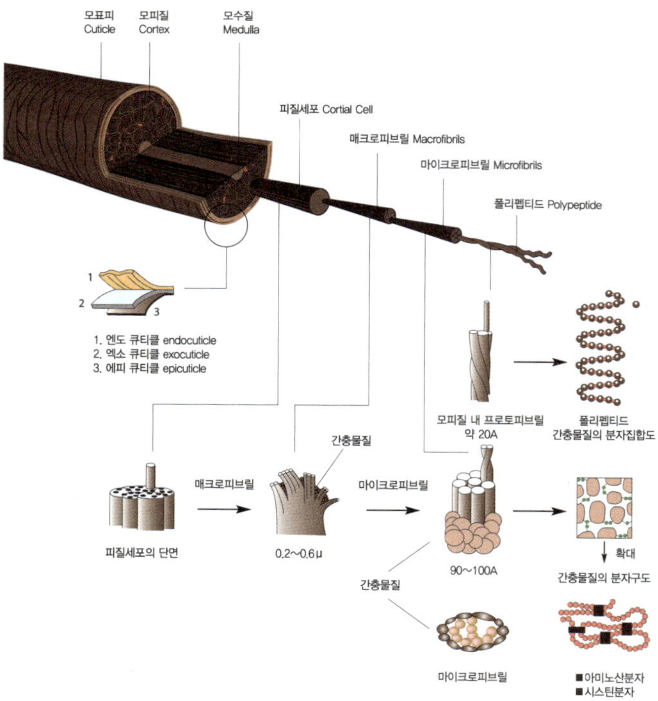

[그림 2-1] 모발의 내부구조

1) 모표피

모발의 가장 겉면으로 외부와 접촉하는 딱딱하고 납작한 세포이다. 모표피(Cuticle)는 생선 비늘과 같은 형태로 여러 겹으로 겹쳐져 있고, 이 모표피는 3개 층으로 구성되어 있다. 모표피는 프로테인 구조이며, 에피큐티클(Epicuticle), 엑소큐티클(Exocuticle), 엔도큐티클(Endocuticle)로 구분한다.

모표피는 무색투명한 비늘상의 가장 바깥층으로 3~15층의 경단백질로 구성되어 있다. 친유성으로 화학적 저항이 강한 층으로 모발 전체의 10~15%를 차지한다. 외부로부터 모발을 보호할 수 있는 저항력을 가지고 있다.

모표피의 상태에 따라 모발의 손상 정도를 측정하는데, 그 겹침의 견고함과 상태 및 두께에 따라 판단할 수 있다. 모표피의 손상이 심하게 되면 모발 내부의 단백질 성분이 소실되어 이를 다공성모 또는 손상모로 진단할 수 있다.

건강한 모발은 모표피의 비율, 투명, 습윤, 광택, 마찰의 강도가 높다. 모표피는 친유성의 성질을 가지고 있으며, 모발의 광택을 부여하고 알칼리 성분에 의해 팽윤되며, 산성에 의해 수축하고, 알칼리에 의해 팽창되는 특징을 갖는다.

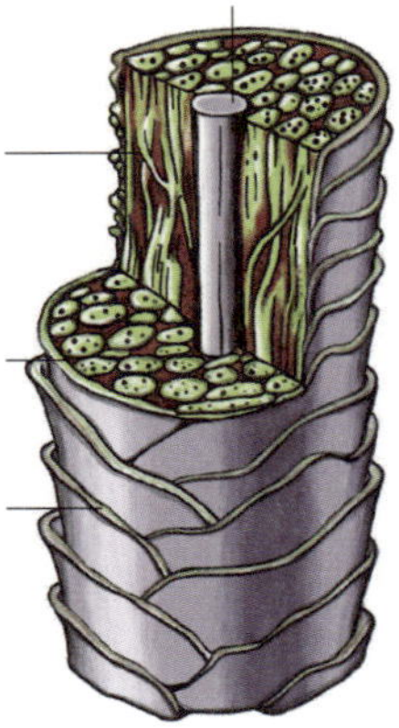

• 모간부의 구조 : 모발은 주로 케라틴 성분으로 구성되어 있다.
• 모표피(Cuticle), 모피질(Cortex), 모수질(Medulla)의 3층 구조

[그림 2-2] 모발의 구조

(1) 에피큐티클

모표피의 가장 바깥 부분으로 화학적 시술 및 외부의 열과 마찰 등에 의해 자극을 받는 부분이다. 물리적인 자극에 대해서는 약하나 화학제품에 대해서는 강한 저항력을 가지는 것이 특징이다. 피지선에서 분비된 피지의 영향으로 친유성을 띤다.

(2) 엑소큐티클

모표피의 중간 부분으로 단백질 용해성의 알칼리제에 대한 저항성이 중간적인 성질을 지니고 있고 매우 불안정한 층이다. 염모제나 펌제 등에 대하여 작용을 받기 쉽다.

(3) 엔도큐티클

모표피의 가장 안쪽 부분으로 모피질과 맞닿아 있고 알칼리제에 대한 저항성이 약한 부분이다. 세포막 복합체(CMC: Cell Membrane Complex)가 존재하고 있어 모표피를 밀착시키는 역할을 한다.

2) 모피질

모피질(Cortex)은 모발의 85~90%의 가장 넓은 면적으로 결정영역인 주쇄결합과 비결정영역인 측쇄결합으로 구분한다. 결정영역 섬유 다발들의 피질세포는 가장 큰 섬유 다발인 거대섬유(Macro fibril)와 거대섬유를 구성하고 있는 여러 개의 미세섬유(Micro fibril), 미세섬유를 구성하고 있는 11개의 원섬유(Proto fibril)로 구성되어 있다.

원섬유는 3개의 폴리펩티드 체인(Poly peptide chain)들로 구성되어 있고, 이들 3개의 폴리펩티드 체인들은 서로 화학적 결합들로 연결되어 있다. 원섬유는 형태상으로 용수철과 같은 나선형으로 꼬여 있으며, 이를 헬릭스(Helix) 구조라고 한다. 나선형의 꼬인 용수철 모양은 힘을 주면 늘어나고 힘을 빼면 다시 원래의 모양으로 돌아가는 특징을 갖고 있다. 이로 인하여 모발의 탄력성을 갖게 된다. 화학적 시술로 변화되기 전의 구조를 알파 헬릭스(α-helix) 구조라 하며, 변화 후의 구조를 베타 헬릭스(β-helix) 구조라고 한다.

모피질은 친수성의 성질을 갖고 있어 모표피가 손상된 경우 모피질의 단백질이 유실되기 쉽고 다양한 화학적·물리적 작용 등을 이용하여 모발의 변화를 유도한다. 또한 모발의 탄성을 유발하고 멜라닌 색소가 분포되어 있어 모발의 색을 결정하는 부분이다.

(1) 모발결합 구조

[표 2-1] 모발의 결합구조 및 특징

종류	특징
시스틴결합 (S-S)	• 시스틴결합은 2개의 황(S)이 결합되어 이황화결합(-S-S-)이라고 하며, 수소(H)에 의해 환원되어 시스테인(-SH · HS-)이 되고, 산소(O_2)에 의해 산화되어 시스틴(-S-S-)으로 결합한다.
염결합 (NH_3^+-OOC^-)	• 이온결합으로 알칼리에 의해 결합이 끊어지며, 산에 의해 다시 연결이 된다. 알칼리성 아미노산 잔기와 산성 아미노산 잔기 간에 전자 궤도를 이동하여 형성되는 이온성 결합(COO^- NH^{3+})이다. • 염결합의 수는 pH에 큰 영향을 준다. 즉, 산성기와 알칼리성기 사이의 인력작용으로 형성된다. • 모발 내 pH 4.5~5.5 범위는 염결합에 의해 유지됨을 나타낸다.
수소결합 (H···OH)	• 이온결합으로 수분에 의해 결합이 끊어지며, 건조에 의해 다시 연결이 된다. 아미노산의 산성 부위에 있는 산소원자가 다른 아미노산의 산성 부위에 있는 수소원자(C=O···HN)를 끌어당길 때 일어난다.
펩타이드결합 (CO-NH)	• 알칼리성(COO^-)과 산성(NH^{3+})의 아미노산 측쇄잔기(CO-NH)의 축합중합 반응으로 물(H_2O)이 제거된 결합이다.
소수성결합	• 비극성의 측쇄잔기가 중심부에 파묻히는 것처럼 되고 바깥쪽에는 극성의 측쇄잔기가 둘러싸인 듯한 모발의 결합이다.

3) 모수질

모수질(Medullar)은 존재 유·무가 확실치는 않으나 일반적으로 가는 모발일수록 모수질이 없을 가능성이 크다. 모발구조 중 가장 중간 부분에 위치하며, 벌집 모양의 다각형 세포가 길이 방향으로 나열된 빈 공간으로 되어 있다.

모수질은 공기를 함유하고 있어 보온효과가 있다고 알려졌으며, 형태가 일정하지 않은 단백질의 간충물질도 들어있다.

2 모발의 구성성분

모발은 18종의 아미노산으로 구성된 경케라틴이 모발의 80~90%, 멜라닌 색소는 3~4%, 지질은 1~8%, 수분은 10~15%, 미량원소는 0.6~1%로 구성되어 있다.

1) 케라틴

모발의 주성분은 단백질이며 케라틴(Keratin)으로, 이 물질은 사람의 손톱과 같이 경케라틴과 피부와 같은 쿠션감이 있는 연케라틴으로 구분한다. 모발의 단백질은 단단하게 각화된 형태로 존재함으로써 경케라틴으로 구분한다.

일반적인 단백질은 약 20종류의 아미노산으로 구성되어 있으며, 모발 케라틴은 18종의 아미노산으로 구성되어 있고, 그중에서도 시스틴(Cystine)이 다량 함유된 것이 특징이다.

2) 수분

피부에서 수분은 피부 건강에 중요한 역할을 하듯 모발에서도 수분은 광택과 유연함, 정전기 등이 함유량에 따라 크게 좌우한다. 특히 손상된 모발의 경우 수분의 유지력이 떨어져 모발의 수분함유량은 모발 손상의 척도가 되기도 한다.

모발 내의 수분은 일반적인 상태에서, 즉 온도 25℃, 습도 65%에서 약 10~15% 함유하고 있다. 샴푸 직후에는 30~35%, 블로우 드라이 이후에는 약 10% 이하로 수분함유량이 떨어진다.

3) 멜라닌 색소

일반적으로 모발색은 서양인은 갈색 계열, 동양인은 어두운 갈색 계열 또는 검정색이라고 하지만, 자세히 보면 인종마다 또는 사람마다 모발색이 다르다. 이는 우리의 얼굴이 다르듯이 유전자 코드에서 발현되어 모발의 색상이 다르게 나타나기 때문이다.

모발의 색상은 멜라닌 색소의 분포에 따라 달라진다. 멜라닌 생성세포에서 생화학적 합성과정을 거치며, 두 가지 종류의 멜라닌 색소가 생성되는데, 생성된 멜라닌 색소를 유멜라닌(입자형 멜라닌, Eu-melanin)과 페오멜라닌(분사형 멜라닌, Pheo-melanin)이라 한다.

4) 지질

지질(Lipid)은 인체를 구성하는 물질 중에서 유기용매(에테르, 클로로폼, 벤젠, 석유 등)에 잘 녹고, 물에는 녹지 않는 생물학적 기원이 되는 물질로 정의한다. 지질은 자연적으로 발생하는 물질이고, 주요 기능은 에너지 저장, 신호전달, 테스토스테론과 같은 호르몬을 만드는 데 이용된다.

세포막 구성성분의 역할을 하며, 이소프렌을 기반으로 하는 지질인 지용성 비타민(A, D, E, K)은 간 및 지방조직에 저장되는 필수적인 영양소로서 기능이 다양하다.

지질은 지방(Fat)과 동의어로 사용되지만, 트리글리세라이드(Triglyceride, TG)라고 하는 지질의 하위에 속한다.

지질은 지방산과 그들의 유도체들도 포함하고 있을 뿐만 아니라, 콜레스테롤과 같은 스테롤을 포함한 대사물질들을 포함하고 있다. 글리세롤과 지방산은 인체 내에서 해당계나 지방산회로(지방산을 합성하거나 분해하는 반응을 일으키는 회로)에서 합성·분해된다. 지질은 동식물에 널리 존재하고, 특히 영양분으로서 피하에 저장된다.

필수 지방산은 인체 내에서 합성할 수 없는 리놀레산(Linoleic acid)과 알파-리놀렌산(Alpha-linolenic acid)은 음식물 섭취를 통하여 체내에 공급하여야 하며, 이를 필수 지방산이라고 부른다. 필수 지방산이 결핍되면 정신장애, 당뇨병, 죽상동맥경화증, 고혈압, 피부질환, 류마티스성 관절염과 같은 염증성 질환 등이 나타난다.

지질은 그 성분이나 화학구조에 따라 단순지질과 복합지질로 나눈다. 단순지질(Simple lipid)은 지질의 구성성분에 탄소, 수소, 산소 이외의 원소를 함유하지 않는 것으로, 중성지질이라고도 한다. 단순지질로는 지방, 지방산, 납(Wax), 스테로이드, 테르페노이드 등이 있다. 복합지질(Complex lipid)은 지질의 구성성분으로 지방산과 알코올 외에 다른 화합물을 함유하는 것으로 크게 인지질과 당지질로 나뉜다.

(1) 글리세롤지질(Glycerollipid)

글리세롤지질은 단일(Mono-), 이중(Di-), 삼중(Tri-)으로 치환된 글리세롤로 구성되어 있는데, 가장 많이 알려진 지방산은 트리아실글리세롤(Triacylglycerol) 또는 트글리세리드(Triglyceride)라고 하며, 주로 에너지 저장 용도로 사용된다.

(2) 인지질(Phospholipid)

글리세로인지질(Glycerophospholipid)을 일반적으로 인지질이라 한다. 세포의 지질이중층에 가장 중요한 성분으로, 거의 모든 생물의 조직 속에 들어있으며, 신경전달이나 효소계 조절작용에 중요한 역할을 한다.

(3) 스핑고지질(Sphingolipid)

스핑고지질은 아미노산 세린과 합성되고, 세라마이드, 인지질, 글리코스핑고지질 및 다른 복합체로 변환되는 복잡한 복합체이며, 신경조직의 구성요소이다.

(4) 스테롤지질(Sterollipid)

스테롤지질은 글리세로인지질 및 스핑고지질과 같은 막지질의 중요한 성분이다. 인체에 가장 많은 스테로이드인 콜레스테롤은 주로 간에서 합성되며, 호르몬이나 신호전달 분자로서의 생물학적인 역할을 한다.

(5) 당지질(Saccharollipid)

당이 들어있는 복합지질을 통틀어 이르고, 지방산이나 지방족 알코올과 당이 결합한 구조를 기본으로 하며, 생물학적으로 중요한 물질이 많다.

(6) 폴리케티드(polyketide)

폴리케티드는 지방산 합성효소와 기계적 특성을 공유하는 반복적 다모듈 효소 외에도 고전적인 효소에 의해 아세틸(Acetyl) 소단위체 및 프로피오닐(Propionyl) 소단위체가 중합되어 합성된다.

5) 미량원소

미량원소는 아주 적은 양의 영양소를 의미하고, 생명 유지 및 형태 유지를 위해 필수적으로 요구되는 기타 원소를 말한다. 모발에는 탄소(C) 60~50%, 산소(O) 30~25%, 질소(N) 12~8%, 황(S) 5%, 수소(H) 5~4% 이외에도 미량의 다양한 원소들이 아주 적은 양으로 존재한다.

미량원소에는 철, 구리, 아연 등과 같은 금속성분과 요오드, 셀레늄, 비소와 같은 비금속 무기 성분들이 약 30여 종 존재하는 것으로 보고되고 있다.

이러한 성분은 여러 가지 화학적 시술과 환경적인 요인에 의해 체내·외에서 축적이 이루어지는 걸로 추측되고 있다.

모발 내 성분분석(CG/MS)을 통해 해로운 중금속이 체내에 축적되는 양을 파악하는 도구로 이용하기도 한다.

3 모발의 물리적 특성

1) 굵기

모발의 굵기(Thickness)는 보통 0.075~0.085mm이며, 모표피의 겹 수가 많으면 많을수록 모발의 두께는 굵으며, 인종, 환경, 탈모 정도에 따라 굵기를 달리하기도 하고, 나이와 건강 상태, 탈모 진행 상태 등에 따라 굵기가 변화하게 된다.

굵은 모발은 일반적으로 큐티클이 단단하게 자리 잡은 건강한 모발일 경우가 많고 경모라 일컬으며, 가늘고 얇은 모발을 연모라 한다. 배냇머리나 솜털처럼 가는 모발을 취모라 한다.

2) 밀도

일정한 두피의 면적 안에 모발의 수, 즉 숱의 정도를 모발의 밀도(Density)라 한다. 모발의 밀도는 일반적으로 인종, 모질 등에 따라 다르며, 금발이 가장 밀도가 높고, 흑색과 적색 모발의 밀도가 상대적으로 낮은 편이다.

평균적으로 모발의 수는 여성이 남성보다 많다. 동양인의 경우 두개피의 면적 1cm^2에 모발의 수를 약 150본 × 두개피의 평균 면적을 보통 700cm^2 = 10만 5천 본 정도이다.

3) 탄성

탄성(Elasticity)은 모발에 일정한 힘을 가했을 때 늘어났다가 다시 제자리로 돌아가는 것을 의미한다. 그러나 과도한 힘을 가하면 제자리로 돌아오지 못하고 끊어지게 되는데, 이때 가해지는 힘이 인장강도이다.

모발의 탄성은 모발 내부의 측쇄결합이 절단되었다가 재결합하는 모발의 특성 때문이다.

[표 2-2] 모발의 탄성도 비교

모발 상태	수분함량(%)	늘어나는 정도(%)
보통 상태의 모발	10~15	20~30
샴푸 직후 젖은 모발	30~35	50~60
펌제 도포한 모발	35	70

4) 인장강도와 신도

모발을 잡아당겼을 때 끊어질 때까지 견디는 힘이자 가해진 하중을 인장강도(g)라 하며, 끊어지기 전까지 늘어난 비율을 신도(%)라고 한다.

인장강도와 신도를 측정할 시에는 통상 온도인 25℃와 습도 65%의 표준 상태에서 측정해야 한다. 일반적으로 건강한 모발은 건조한 상태에서 평균 150g의 강도와 40%의 신도를 가지고 있지만, 젖은 상태에서는 평균 90g의 강도와 50%의 신도를 나타낸다.

5) 고착력

한 가닥의 모발을 두개피로부터 뽑아내는데 필요한 힘을 고착력(Adherence power)이라 한다. 성장기 모발은 80g 정도의 힘이 필요하고, 휴지기 모발의 경우는 20g 정도의 힘이 한 가닥의 모발을 뽑는데 필요하다.

동양인의 흑갈색 모발을 평균 10만 개로 추산할 때 성장기 모발을 동시에 뽑을 때 필요한 힘은 80g × 10만 본으로 계산해 총 8t의 힘이 필요함을 산출할 수 있다.

6) 흡습성

흡습성(Hygroscopicity)은 모발이 수분을 포함하고 흡수하는 성질을 의미한다. 모발의 단백질 성분인 케라틴이 친수성이기 때문에 생기는 현상이다. 건강한 모발의 경우 샴푸 직후에는 30% 정도의 수분을 함유하고 있으며, 평상시에는 대개 10~15%의 수분을 함유하고 있다.

모발이 손상될 때 다공성이 되어 일반적으로 흡습성도 증가한다. 모발은 일정한 습도에서도 온도의 변화에 따라 흡수율이 달라진다.

흡수율은 온도보다 습도의 영향을 크게 받는다는 것을 의미한다. 따라서 모발의 흡습을 보충시켜주는 미용기구가 온도가 지나치게 높을 때 모발에 적절한 효과를 주지 못하므로 36~40℃ 정도의 온도가 적당하다.

7) 팽윤성

모발이 수분을 흡수해 그 부피가 늘어나는 현상을 모발의 팽윤성(Swelling)이라 한다. 건강한 보통 모발을 물에 담가두면 팽윤성에 의해 길이는 약 1~2%, 지름은 15%, 무게는 30% 정도 증가한다.

8) 대전성

모발에 마찰이 가해지면 마찰로 인해 정전기가 발생하게 된다. 모발은 +로, 마찰이 가해진 쪽은 -로 대전해 +전기를 가진 모발끼리는 서로 반발하고, +전기를 가진 모발과 -전기를 가진 마찰이 기해진 물체는 끌어당기는 현상이 나타나게 되는데, 이를 모발의 대전성(Electrification)이라 한다.

9) 열변성과 광변성

모발의 주성분은 케라틴 단백질로 높은 열과 빛에 의해 색과 구조가 변한다. 모발은 높은 열에 의해 팽윤, 변색하거나 아예 타서 분해된다. 이를 열변성이라고 하며, 적외선과 자외선에 의해 모발 케라틴이 변성되어 손상되는 성질을 광변성이라고 한다.

모발은 70℃의 온도에서 케라틴 구조의 변화가 오며, 100℃ 이상에서는 모발에 변형을 준다. 또한 130℃ 이상이면 타기 시작하고, 190℃ 이상이 되면 탄화한다.

10) 모발의 등전점

모발을 구성하는 아미노산은 +와 -의 전기적 성질을 가지고 있어서 만약 용액이 알칼리성이면 -이온으로, 산성이면 +이온으로 존재한다. 또 용액이 중성이면 -와 +이온이 동등한 상태가 되는데, 이것을 등전점이라 하며, 아미노산마다 각각 고유의 등전점 pH를 갖는다.

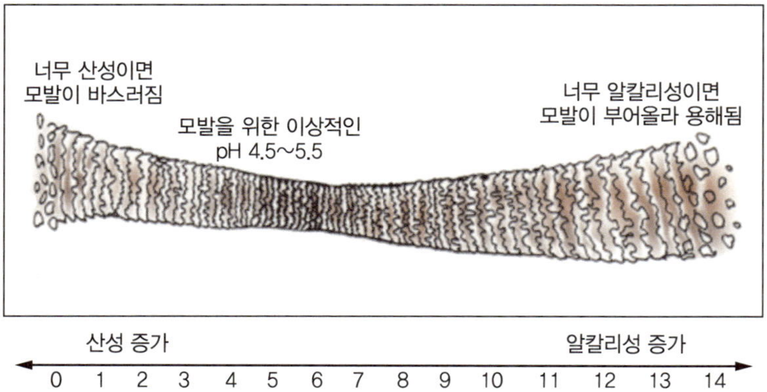

[그림 2-3] 모발의 pH에 의한 변화

산성과 알칼리성의 정도를 0~14까지의 수치로 나타내 구분하는 것으로 7은 중성, 1~7은 산성, 7~14까지를 알칼리성으로 표현한다. 모발은 여러 개의 아미노산이 화학결합을 통하여 모발을 이루고 있는데, 이때 가장 안정적인 상태의 pH는 4.5~5.5 범위로 나타나 이런 상태를 모발의 등전점이라 한다.

모발의 등전대는 pH 4~6 정도인데 이때 폴리펩티드 사슬 가운데 이온결합이 가장 안정된 상태이다. 따라서 건강한 모발을 유지하려면 항상 모발을 등전대의 상태로 유지하는 것이 중요하다.

(1) 산에 의한 가수분해

모발은 강산에서는 가수분해되어 폴리펩티드 주사슬이 끊어져 아미노산으로 분해된다. 이것은 아미노산이 축중합 반응을 일으켜 폴리펩티드를 형성하는 것과 정반대의 반응이다.

① 축중합 반응 : 물이 빠져나가 축소되어 결합하는 과정을 의미한다.

(2) 알칼리에 의한 용해

모발을 강알칼리로 처리하게 되면 아미노산이 산으로 작용해 중화되므로 아미노산염과 물이 생겨 모발은 용해되어 버린다.

11) 산성막

피부를 감싸고 있는 피지막은 약산성으로 박테리아의 성장을 막고, 외부 환경으로부터 보호하는 작용으로 화학적 손상과 모발 건조 등을 방지한다. 산성막은 땀샘과 지방샘에서 생산되며, 두개피와 모발 그리고 피부가 최적의 상태로 유지되도록 한다.

4 모발의 성장주기

모발의 성장은 신체 부위와 개인적 특성, 기후조건과 계절에 따라 다르다. 모발 성장은 여성이 남성보다, 15~30세 사이의 나이가 가장 잘 자라고, 50~60세 사이에는 급격히 쇠퇴한다.

휴지기의 모발이 20% 이상이고, 평균 50~100본 정도 모발이 빠지는 상태라 할 수 있다.

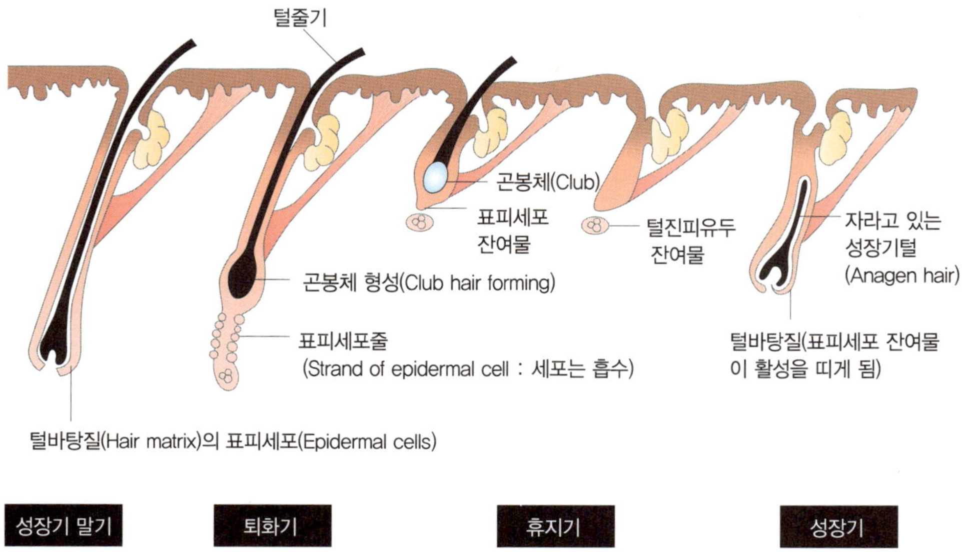

[그림 2-4] 모발의 성장주기

모발은 그 발생이 배아세포에서 시작되어 모근의 형태를 이루어 성장한다. 성장한 모발은 계속하여 자라는 것이 아니며, 일정한 기간이 되면 두개피에서 탈락하고 새로운 모발이 자라난다. 이런 현상을 모발의 모주기(Hair Cycle)라 한다.

모발의 성장주기는 모발을 성장시키는 성장기(Anagen), 성장을 종료하고 모구부가 축소하는 시기인 퇴화기(Catagen), 모유두가 활동을 멈추고 모발이 두개피에 머물다가 탈모가 되는 시기인 휴지기(Talogen)로 구분한다.

태아의 경우 약 2~5개월 사이에 모낭이 형성된다. 또한 각각의 두발은 3단계를 거치며, 새롭게 성장을 이루게 된다. 정상적인 두피에서 모발은 약 100,000~150,000본의 모발이 존재하고 모발은 한 달 평균 1~1.5cm 정도 자라며, 각각의 모발은 약 3~5년 정도의 생명주기를 가지고 있다.

모발은 하루 평균 0.4mm 정도 자라며, 성장기 기간을 약 5년으로 평균을 하여 계산 시, 5년 동안 모발의 평균 성장 길이는 0.4 × (365 × 5) = 730mm(73cm, 성장기 기간의 모발 성장 길이) 정도 자란다. 그러나 모발 성장은 건강 상태, 호르몬, 식생활, 계절, 나이, 성별, 신체 부위 등에 따라 다르게 나타날 수 있다.

1) 성장기

성장기(Anagen)는 모유두가 모세혈관에서 영양을 공급받아 모모세포로 영양분을 전달하면 원활한 세포 분열을 통하여 신생모가 발생하는 단계이다.

모발의 성장이 왕성한 시기로서 약 3~5년간 지속하고, 모유두와 모근부가 가장 발달하는 시기이며, 산소 및 영양분 공급이 왕성해지는 시기이다. 또한 전체 모발의 80~90%가 성장기에 해당한다.

2) 퇴화기

퇴화기(Catagen)의 모구는 모유두와 분리되어 산소와 영양소 공급이 차단된다. 이로 인하여 모모세포의 분열과 멜라닌 색소의 생성도 중지된다. 모근부는 1/3 정도로 줄어들어 모구의 모양도 점점 쪼그라들게 된다.

퇴화기는 기존 모발의 퇴화와 동시에 모유두 주위에 새로운 배세포(Germ cell)가 만들어진다. 모발의 성장이 멈추는 시기로 약 30~45일 정도 된다. 이러한 배세포는 새로운 성장기가 시작될 신호를 기다리며, 퇴화기를 지나게 된다.

3) 휴지기

휴지기(Talogen)는 신생모가 발생하지 않으며, 모발 자체가 일시적으로 모낭 안에 머무르고 있는 상태를 말한다. 퇴화기를 통해 쪼그라든 모근부는 모낭벽에 붙어있게 된다.

새로 시작되는 성장기 모발이 성장함에 따라 휴지기 모발은 약 3~4개월 동안 유지하다 자연스럽게 밀려 올라가면서 빠지게 된다. 휴지기에 해당하는 모발의 수는 전체 모발의 약 10~14%에 해당한다.

4) 발생기

발생기(New anagen stage)는 성장기 초에는 모낭에 둘러싸여 있던 모구부가 모유두와 결합하여 새로운 모발을 성장시킨다. 즉, 하나의 모낭에 발생기 모의 모발이 공존하고 있는 것이 특징으로 새로 발생한 모발은 휴지기 상태의 모발을 모공 가까이 위로 밀어 올려 자연 탈모를 유도한다.

단원학습정리 · 02

1. 모발의 80~90%는 경단백질(HRD keratin)이며, 그 외에 3%의 멜라닌 색소, 1~8%의 지질, 10~15%의 수분, 0.6~1%의 미량원소 등으로 구성된다. 모발은 18종의 아미노산으로 구성된 경케라틴이다.

2. 모표피는 모발의 가장 겉면으로 외부와 직접 접촉하는 부분으로 딱딱하고 납작한 세포이다. 즉, 생선 비늘과 같은 형태로 여러 겹으로 겹쳐져 있으며, 3개의 층으로 구분하는데 에피큐티클, 엑소큐티클, 엔도큐티클로 나뉜다.

3. 모피질은 모발의 85~90%의 가장 넓은 면적으로 결정영역인 주쇄결합과 비결정영역인 측쇄결합으로 구분한다.

4. 멜라닌은 색소생성 세포 내 티이로신을 전구체로 타이시나아제라는 효소의 생합성에서 시작된다. 이 효소의 산화, 환원작용으로 아미노산은 몇 단계를 거쳐 최종적으로 유멜라닌 또는 페오멜라닌을 만들어낸다.

5. 모피질은 모발의 85~90%의 가장 넓은 면적을 가지고 있으며, 모피질의 구조는 결정영역(주쇄결합)과 비결정영역(측쇄결합)으로 구분한다.

6. 시스틴결합은 2개의 S가 결합하여 이황화결합(-S-S-)이라고 하며, 수소(H)에 의해 환원되고, 산소(O_2)에 의해 산화한다.

7. 수소결합은 이온결합으로 수분으로 결합이 끊어지고 건조로 다시 연결된다.

8. 염결합은 알칼리에 의해 결합이 끊어지고 산에 의해 다시 연결된다.

9. 펩티드결합은 알칼리성과 산성의 아미노산 측쇄잔기의 축합중합 반응으로 물이 제거된 결합이다.

10. 소수성 결합은 비극성의 측쇄잔기가 중심부에 파묻히는 것처럼 되고 바깥쪽에는 극성의 측쇄잔기가 둘러싸인 듯한 모발의 결합이다.

11. 모수질은 존재 여부가 확실치는 않으나 보편적으로 가는 모발일수록 없을 가능성이 크다. 모발의 구조 중 가장 중심부에 위치하며, 빈 공간의 벌집 모양의 다각형 세포가 길이 방향으로 나열되어 있는 것이다.

12. 모발의 구성성분은 케라틴(Keratin)이라는 각화된 단백질 80~85%, 멜라닌 색소 3~4%, 수분 10~15%, 지질 1~9%, 미량원소 0.6~1%로 구성되어 있다.

13. 모발의 주성분은 단백질로 케라틴(Keratin)이라는 물질은 사람의 손톱과 같이 경케라틴(단단한 케라틴)과 피부와 같은 쿠션감이 있는 연케라틴(부드러운 케라틴)으로 구별된다.

14. 모발 내의 수분은 일반적인 상태에서, 즉 온도 25℃, 습도 65%에서 약 10~15% 함유하고 있다.

15. 멜라닌 색소는 멜라닌 생성세포에서 생성되며, 멜라닌 색소가 생성되는 과정은 뇌하수체에서 분비되는 색소세포 자극 호르몬으로 인하여 멜라닌세포에 있는 아미노산의 일종인 티로신(Tyrosine)은 티로시나아제(Tyrosinase)의 산화효소작용으로 도파(DOPA)가 형성되고, 이는 다시 도파퀴논(Dopaquinone)으로 진행된다.

16. 지질은 모발의 모근부에는 피지선이 존재하며, 그 피지선에서 분비된 모발 외부 표면의 피지와 모발의 지질세포가 자체적으로 함유한 지질의 형태로 존재한다.

17. 미량원소는 아주 적은 양의 영양소를 의미하고, 생명 유지 및 형태 유지를 위해 필수적으로 요구되는 기타 원소를 말한다. 모발에는 탄소(C) 60~50%, 산소(O) 30~25%, 질소(N) 12~8%, 황(S) 5%, 수소(H) 5~4% 이외에도 미량의 다양한 원소들이 아주 적은 양으로 존재한다.

18. 모발의 굵기는 보통 0.075~0.085mm이며, 모표피의 겹 수가 많으면 많을수록 모발의 두께는 굵으며, 인종, 환경, 탈모 정도에 따라 굵기를 달리하기도 한다. 나이와 건강 상태, 탈모 진행 상태 등에 따라 다르다.

19. 탄성은 모발에 일정한 힘을 가했을 때 늘어났다가 다시 제자리로 돌아가는 것을 의미한다.

20. 모발을 잡아당겼을 때 끊어질 때까지 견디는 힘이자 가해진 하중을 인장강도(g)라 하며, 끊어지기 전까지 늘어난 비율을 신도(%)라고 한다.

21. 모발을 구성하는 아미노산은 전기적으로 +와 -의 양쪽 성질을 가지고 있어서 만약 용액이 알칼리성이면 -이온으로, 산성이면 +이온으로 존재한다. 또 용액이 중성이면 -와 +이온이 동등한 상태가 되는데, 이것을 등전점이라 한다.

22. 모발의 성장주기는 모발을 성장시키는 성장기(Anagen), 성장을 종료하고 모구부가 축소하는 시기인 퇴화기(Catagen), 모유두가 활동을 멈추고 모발을 두피에 머무르게 하다 탈모가 되는 시기인 휴지기(Talogen)로 구분한다.

23. 모발은 하루 평균 0.4mm 정도 자라며, 성장기 기간을 약 5년으로 평균을 하여 계산 시, 모발 성장 길이는 5년 동안의 성장 길이는 0.4 × (365 × 5) = 730mm(73cm, 성장기 기간의 모발 성장 길이)이다.

24. 성장기는 모발 성장이 왕성한 시기로서 대략 3~5년간 지속하고, 모유두와 모근부가 가장 발달하는 시기이며, 산소 및 영양분 공급이 왕성해지는 시기이다.

25. 퇴화기는 모발 성장이 멈추는 시기로 대략 30~45일 정도 된다. 퇴화기의 모구는 모유두와 분리되어 산소와 영양소 공급이 차단된다.

26. 휴지기는 퇴화기를 통해 쪼그라든 모근부가 모낭벽에 붙어있게 된다. 새로 시작되는 성장기 모발이 성장함에 따라 휴지기 모발은 약 3~4개월 동안 유지하다 자연스럽게 밀려 올라가면서 빠지게 된다.

실습과제 · 02

1. 실습 진행(실습 소요시간 : 30분) : 작성 후 발표 진행

1) 모발의 구성과 성장주기 및 모발의 구조에 관하여 설명하시오.

2) 모발의 구성성분과 물리적 특성에 관하여 설명하시오.

chapter

03 탈모학

학·습·목·표

◈ 탈모와 탈모의 유형에 관하여 이해하고 설명할 수 있다.

◈ 고객 상담 시 유형별 적용과 사례를 들어 설명할 수 있다.

Trichologist

1 탈모의 이해

탈모는 머리카락이 빠지는 증상을 의미한다. 이는 모모세포의 세포 분열이 원활하지 못해 모발의 성장기가 짧아져 발생한다. 또한 휴지기에서 다음 성장기까지 기간이 길어지는 현상을 의미한다.

모발이 완전히 성장하지 못하고 빠져버리는 비정상적 상태가 지속하는 현상까지 포함한다. 동양인의 평균 모발 수는 약 10만 본으로 하루 평균 약 50~100본 정도가 빠진다. 그 이상 빠지는 것을 비정상적인 탈모라 한다. 탈모가 진행되는 원인은 매우 다양하게 발생한다.

탈모의 요인으로 유전적 요인, 호르몬 불균형, 과도한 스트레스, 영향 불균형, 혈액순환 장애, 자가면역체계 이상 등과 같은 내·외적 요인과 물리적, 화학적, 환경적 요인이 복합적으로 작용한다.

1) 탈모의 특징

① 다양한 두개피 유형이 존재한다.

② 두개피에 얼룩 현상이 심하다.

③ 다양한 원인을 통하여 발생한다.

④ 전두부와 두정부에 주로 발생한다.

⑤ 내적 요인과 밀접한 연관성을 가지고 있다.

⑥ 모발이 점차 가늘어지는 현상이 발생한다.

⑦ 일반적으로 탈모의 진행은 서서히 진행한다.

2 탈모의 유형

1) 자연성 탈모

모발의 모주기를 통하여 자연스럽게 모발이 빠지는 것을 말하며, 정상적일 때 하루 평균 약 50~100본 정도 빠진다. 하루 평균 탈모량은 계절적 영향과 나이 등에 따라 다를 수 있으나, 일반적으로 하루 평균 탈모량이 약 100본 이하일 경우 자연성 탈모의 범주에 속한다.

모발의 탈락 강도는 성장기 모발의 경우 약 80g 정도의 당기는 힘이 작용할 경우 빠지게 되며, 휴지기모의 경우 약 20g 정도의 힘이 작용하면 쉽게 빠지는 특징을 가지고 있다.

모발 성장주기의 생리적 탈모로서 자연적으로 흘러내리는(Shedding) 모발이다. 휴지기 모가 평균 약 10~14% 이상보다 많이 빠지게 되면 휴지기성 탈모증이 된다. 유전성 탈모증과 산후 탈모도 휴지기모 형태의 경우로 병적 증상으로 진단된다.

① 쉐딩(Shedding) : 기존에 남아 있는 모발들이 빠지고 그 자리에 다시 건강한 모발이 올라오는 것을 말한다.

2) 휴지기성 탈모

모발의 성장 과정 중 휴지기에 해당하는 모발이 평균 이상으로 많아지면서 나타나는 탈모 유형이다. 빠진 모발에 모근의 형태가 자연 탈모된 휴지기 모근과 비슷한 형태의 곤봉형 모양이다.

휴지기성 탈모의 경우에는 정상적인 휴지기의 2배에 가까운 약 20~25% 정도로 매우 높다. 이러한 현상은 성장기의 모발이 어떤 원인에 의해 퇴화기 과정을 거치지 않고, 휴지기로 접어들면서 나타나는 것으로 하루 평균 탈모량이 약 200본 정도이다.

정상적 상태의 두개피 내 모발은 쉐딩(Shedding)되기 전 2~3개월 동안은 이 단계를 유지한다. 그러나 휴지기 단계에서 심각한 스트레스, 고열, 수술, 외부의 물리적 충격 등과 갑상선 기능 저하 및 항진 등 의학적 문제, 철 결핍, 아연 결핍 등 영양적 문제로 인하여 휴지기성 탈모가 형성되기도 한다.

3) 산후 탈모

출산 후 탈모의 원인으로 임신을 하면, 여성호르몬인 에스트로겐이 증가해 생리를 멈추고 임신을 유지한다. 여성호르몬의 영향으로 머리카락이 빠지지 않고 있다가 출산 후 약 2~5개월 후에 에스트로겐의 분비가 정상으로 돌아오면서 산후 탈모가 시작된다.

산후 탈모의 위치는 전두부에서 주로 빠진다. 출산 후 모발이 빠지는 것은 사람마다 차이가 있지만, 탈모의 비율은 전체의 25~45% 정도 되며, 약 2~6개월가량 지속하다가 특별한 치료 없이도 회복된다.

4) 남성형 탈모

탈모는 일반적 의미로 남성형 탈모를 지칭하는데, 남성형 탈모는 전체 탈모 중 가장 높은 빈도를 차지하는 유형이다.

남성형 탈모는 고환에서 생성되는 호르몬으로 사춘기가 되어 고환이 발달하면 남성호르몬이 생산되어 목소리가 굵어지고, 수염을 나게 하며, 근육이 발달하게 되고, 체형이 변화하게 된다.

안드로겐(Androgen)은 남성호르몬의 작용을 나타내는 모든 물질로 남성 생식계의 성장과 발달에 영향을 미치는 호르몬을 남성호르몬이라고 한다. 남성의 2차 성징 발달에 작용하는 호르몬으로 주로 남성의 정소에서 분비되며, 일부는 부신피질과 여성의 난소에서도 분비된다. 태아의 성 분화를 촉진하고, 남성 생식기관(전립선, 정낭, 부정소, 외부생식기 등)의 기능을 유지한다. 또한 남성의 2차 성징이 나타나도록 하며, 정자 형성을 촉진 및 황체형성호르몬의 분비를 억제, 피지선을 자극해 피지의 생성을 촉진하기도 한다.

남성형 탈모는 빠른 경우 사춘기를 전후로 시작되지만 보통 30~40대에 급격하게 진행되는 양상을 띤다. 전두부에서 두정부까지 모발이 가늘어지거나 탈색되는 등의 임상적 특징을 지닌다.

안드로겐 탈모는 남성호르몬인 테스토스테론에 의한 모근의 유전적인 과민성으로 인해 나타난다. 테스토스테론(Testosterone)에 활성 효소 5-알파 리덕타제(5-α Reductase)의 결합으로 디하이드로테스토스테론(Dihydrotestosterone, DHT)을 생성하기 때문이다.

직접 탈모를 일으키는 디하이드로테스토스테론은 모낭세포의 특정 부분과 결합하여 탈모와 연관된 일련의 변화를 일으키는 원인 물질로 성장기를 짧게 하고, 휴지기를 길게 함으로써 생장 주기를 거듭할수록 모발의 굵기가 점점 가늘어진다.

테스토스테론은 겨드랑이털과 음모의 성장에 영향을 주고 있지만, 디하이드로테스토스테론은 턱 수염과 탈모에도 영향을 준다.

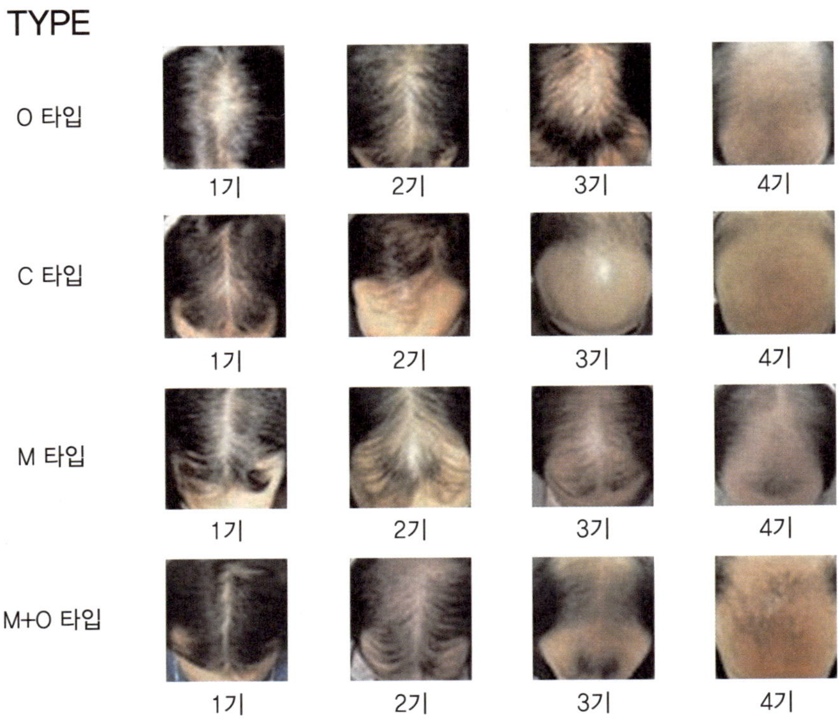

[그림 3-1] 남성형 탈모

[표 3-1] 테스토스테론과 디하이드로테스토스테론의 비교

테스토스테론(Testosterone)	디하이드로테스토스테론(Dihydrotestosterone)
정자 형성	여드름
성욕과 성기능 증진	전립선의 성장
음경 및 음낭의 성장	수염, 가슴털, 귀털, 코털 성장 촉진
근육 형성과 지방분해	이마와 정수리 부위의 머리털 성장 억제
수염, 음모, 겨드랑이 체모 성장	

(1) 탈모연령

① 보통 40세를 전후로 탈모가 진행된다.

② 일반적으로 17세에서 30대 전후에도 급격하게 탈모가 진행한다.

(2) 탈모증세

① 탈모 초기에 두껍고 긴 성장기모가 휴지기모로 변화한다.

② 모발이 감소하고 대신 체모(턱수염, 가슴털, 팔 · 다리털)는 증가한다.

③ 모발이 점점 가늘어지고 힘이 없어지기 때문에 빠지는 모발이 눈에 띄지 않는다.

5) 여성형 탈모

여성형 탈모는 탈모를 촉진하는 남성호르몬이 남성에 비해 적어 전반적으로 탈모에 대한 노출도가 적은 편이다. 에스트로겐(Estrogen)은 크게 세 종류를 들 수 있다. 에스트라디올, 에스트리올, 에스트론이다. 몸에서는 안드로겐(Androgen)의 효소 반응으로 생성된다.

여성형 탈모는 난소기능의 저하, 폐경 등 여성호르몬인 에스트로겐의 분비가 감소하는 40대를 전후로 급격하게 나타난다. 탈모 초기에 정수리나 두정부의 가르마 부위에서 시작하여 둥근 원형을 띠고 머리숱이 적어지고, 모발이 가늘어져 두개피가 보일 정도로 모발 밀도가 낮아지는 특징을 지닌다.

여성들은 남성들보다 절반 정도의 5-알파 리덕타제(5-α Reductase) 효소를 가지고 있다. 반면에 아로마타제(Aromatase)라는 효소를 많이 가지고 있다. 아로마타제는 전두부의 발제선 부분에 많이 분포하고 있다.

아로마타제는 디하이드로테스토스테론의 생성을 억제하므로 여성들에서는 탈모의 유형이 남성과는 다르게 나타나는 것이다. 따라서 모발의 형태에도 남성형 탈모와 달리 모발 양이 전체적으로 줄어드는 빈 모의 양상을 띠게 된다.

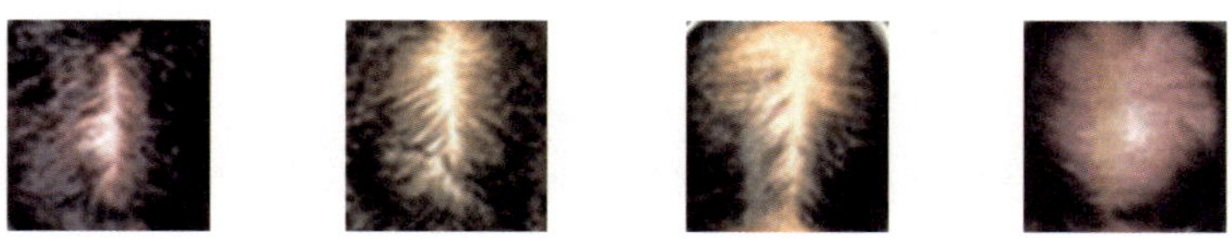

1기 2기 3기 4기

[그림 3-2] 여성형 탈모

(1) 에스트로겐의 기능

① 여성의 2차 성징의 생성과 발달 기능　② 물질 기초대사 유지기능

③ 골밀도를 높이고 근육 유지기능　④ 자궁 내막의 발달기능

⑤ 소변 기관의 발달기능　⑥ 혈관과 피부 유지보수기능

6) 소아성 탈모

모발과 체모는 피부 배아세포의 세포 분열로 모근부가 형성된 후 생성되기 시작한다. 따라서 출생 후에 취모 및 연모가 자라난 상태로 태어난다. 그러나 출생 전 모모세포의 분열과정에서 모주기가 늦춰지거나, 모발 생성이 늦어지는 경우 또는 내적 이상으로 출생 시 모발 수가 적거나 혹은 거의 없는 상태로 태어난다.

스트레스와 환경오염 등으로 탈모의 연령층이 낮아져 15세 이하의 청소년층에서 탈모를 호소하는 경우가 증가하고 있다. 이렇듯 청소년기나 소아기의 어린이에게서 나타나는 탈모 현상을 소아성 탈모라 한다.

소아성 탈모는 모발이 서서히 빠지는 것이 아니라, 전체적으로 일시에 빠지는 빈 모의 특성이 있으며, 탈모반의 크기가 크고, 탈모 시기가 오래될수록 장기간 관리가 필요하므로 자신의 의지와 노력이 필요하다.

탈모 대상이 정신적으로 성숙한 성인이 아니므로 본인 스스로 신체를 조절하는 능력이 떨어질 수 있고, 호르몬 변화에 영향을 받을 수 있는 시기이므로 관리에 변수가 따른다.

최근 청소년이 받는 학업에 대한 스트레스 증가, 결손가정 증가, 환경적 요인 등도 소아성 탈모가 증가하는 원인이며, 동시에 탈모 관리의 효과를 저해하는 요인이다.

7) 노인성 탈모

노인성 탈모는 나이가 들면서 모모세포 및 모유두의 기능이 서서히 둔화하여 나타나는 현상으로 두상 전체에서 모발이 서서히 가늘어지는 형태를 보인다.

일반적으로 약 60세 이후에 나타나는 것으로 하루 평균 탈모량이 정상적인 성인의 탈모량에 비해 약 50본 정도 많이 빠지며, 체질 및 건강 상태 등에 따라 차이를 가지고 있다.

노인성 탈모는 발생 원인에 따라 자연 탈모와 병적 이상으로 인한 탈모로 분류하며, 이러한 기준은 모유두 및 모모세포의 기능이 저하된 경우인지 아니면 혈액순환 및 소화계통 등의 이상에 의한 것인지에 따라 구분한다.

인체의 자연스러운 노화 현상으로 인한 자연적인 탈모 현상이기 때문에 병적 탈모로 분류하지 않는다. 그러나 소화기관 장애나 혈액순환 장애 등으로 인한 이차적 탈모 현상이 나타나면 병적 탈모로 분류할 수 있으며, 충분한 사전 관리를 통하여 탈모 시기를 늦출 수 있다.

8) 원형 탈모

원형 탈모는 자각증상 없이 직경 1~5cm의 경계가 명확한 탈모로 500원짜리 동전 크기의 원형을 보인다. 원형 탈모는 최근 사회적·환경적 요인으로 인하여 발생빈도가 높아지고 있다.

보통 원형 탈모는 한곳에서 시작되지만 동시에 2~3곳에서 발생하기도 하며, 다발적으로 발생하게 되는데 이를 사행성 탈모라고 한다. 심한 경우 머리가 전체적으로 탈모가 진행되어 전두 탈모(Alopecia totalis)가 되는 예도 있고, 때에 따라 눈썹, 수염과 전신의 털까지 빠지는 전신 탈모(Alopecia universalis)로도 확대된다.

원형 탈모의 증상은 탈모반 표면이 정상 부위보다 약간 함몰되어 있고, 발병 초기에 은빛 모발(백모)은 침범받지 않기도 한다. 탈모반의 가장자리를 보면 모발이 두개피 가까이에서 끊어져 생긴 3mm 정도의 짧은 그루터기털을 볼 수 있는데, 이 털을 관찰하면 모구에 인접되는 근위부가 가늘어지고 모구는 퇴색된 곤봉 모인데 원위부의 끊어진 부위는 색이 진하고, 모발이 느낌표 모양과 유사하게 보인다.

원형 탈모의 원인은 과도한 스트레스, 혈액순환 장애 등으로 추정할 수 있는데, 이는 자가면역질환으로 원형 탈모인 사람의 경우 원형 탈모가 발병하기 시작한 6개월 이전에 극심한 환경적 변화 등으로 인한 과도한 스트레스를 경험했다는 연구결과가 있다.

(1) 원형 탈모의 증상

① 다발형 또는 그 이상 넓은 범위의 탈모는 장기간이 소요된다.

② 성인의 원형 탈모증이 단발일 경우 6~7개월 치료 후에 완치할 수 있다.

③ 영유아의 경우 재발하거나 증세가 더 심화하므로 세심한 주의와 치료가 필요하다.

④ 백혈구균이 모낭 내 모구를 공격하여 특별한 증상 없이 갑자기 원형 또는 타원형으로 탈모가 발생한다.

9) 지루성 탈모

지루성 탈모는 모발의 각화 과정 이상과 피지선에서 정상적이지 못한 피지분비가 원인으로 발생한다.

피지선에서 과도한 피지분비와 두개피의 청결하지 못한 관리는 피지 산화물과 노화 각질로 인해 두개피에 세균과 모낭충 번식에 좋은 환경을 만들어 두개피의 심한 악취와 홍반, 염증 등을 동반한다.

지루성 탈모의 원인은 피지가 분비되는 상태로 남성호르몬의 영향을 많이 받기 때문에 남성호르몬에 의해 발생하는 남성형 탈모와 동반하여 나타나는 경우가 많다.

10) 비강성 탈모

비강성 탈모는 비듬균의 이상 증식으로 인해 생성된 비듬이 원인으로 누구에게나 나타날 수 있는 환경적 요인의 탈모이다. 그러나 비듬이 존재한다고 모두 탈모로 이어지는 것은 아니다.

어느 날 갑자기 발생할 경우, 비강성 탈모의 위험성이 높아진다. 특히 과도하게 비듬이 형성되는 사춘기 이후 발생위험이 큰 탈모나 소아와 노인에게서는 찾아보기 힘든 탈모 유형이다.

모근의 형태를 관찰하여 보면 영양부족 및 과도한 비듬 등으로 인해 모근부의 위축된 현상과 이물질이 모공을 막고 있는 것을 볼 수 있다. 비강성 탈모의 원인으로 두개피 관리의 문제와 같은 외적 요인과 호르몬 변화 등의 내적 요인에 따라 변화되는 것으로 비듬균이 주된 원인이다.

11) 결발성 탈모

모발에 약 80g 이상의 고착력이 가해져 생기는 현상으로 모근 손상이 올 수 있으며, 심각한 경우 부분적인 영구 탈모 현상이 나타날 수 있다.

일반적으로 선천적인 경우보다는 후천적인 경향이 크게 작용하는데 남성보다 여성에게서 주로 나타난다. 이 같은 현상은 여성의 업스타일 또는 묶는 머리 스타일과 같이 모발에 힘이 가해져 뽑히는 행위 등에서 나타나는 것으로, 장시간 묶는 헤어스타일 형태는 모발 탈락과 두개피 혈액순환 장애를 일으키는 요인이다.

결발성 탈모의 경우 일시적으로 나타나는 현상이기보다 장기간에 걸쳐서 서서히 나타나므로 자각하지 못하는 특징이 있다.

① 성장기 모발은 인장강도 약 80g 이상 당김이 있는 경우 탈락된다.

② 휴지기 모발은 인장강도 약 20g 이상 당김이 있는 경우 탈락된다.

12) 약제성 탈모

장기간 약물복용으로 인해 간 또는 위와 같은 내장기관의 기능 저하로 모발 생성에 영향을 주거나 약물 부작용 등으로 발생한다.

대표적인 약물로 항암제, 항응고제, 피임제, 생리 지연제 등이 있으며, 대부분은 약물 복용을 중단하면 수개월 내에 모발이 다시 자라는 것을 볼 수 있다.

항암제는 암세포의 활동뿐만 아니라 모모세포의 세포 분열까지 억제하여 탈모로 진행되는데, 모발 전체가 빠지는 전두 탈모의 형태를 띤다. 피임제나 생리 지연제는 호르몬 분비와 균형 이상을 가져와 남성형 탈모와 같은 형태로 모발이 빠지는 특징이 있다.

① 휴지기 모성 탈모증을 유발한다.

② 항정신제는 콜레스테롤 합성을 억제한다.

③ 모발의 각화가 제대로 되지 않아 모발의 발육 장애를 유발한다.

④ 항암제를 투여하게 되면 세포 분열이 활발한 생식세포나 모모세포 등은 파괴되기 때문에 모발의 경우 위축모를 형성한다.

13) 성장기성 탈모

성장기의 모발이 인체의 변화로 퇴화기와 휴지기를 거치지 않고 빠지는 현상을 보인다. 휴지기 탈모와 비교하면 탈모 기간이 매우 짧은 것이 특징이다.

성장기성 탈모의 원인으로 항암치료를 들 수 있다. 이는 암세포뿐만 아니라 활발히 세포 분열을 하는 성장기 모발까지 세포 분열을 억제해 나타나는 것으로, 항암치료 후 보통 1개월 이내에 탈모가 진행되는 것을 볼 수 있다. 또한 탈모 부위는 두상의 일정 부위가 아닌 전체에 걸쳐 나타난다.

14) 압박성 탈모

모근부가 외부 또는 내부로부터 압박을 받아 혈액의 흐름이 둔화하고, 영양공급에 장애가 발생하여 생기는 탈모 유형을 압박성 탈모라 한다.

① 보통 위축모의 형태이다.

② 보통 2~3주 후에 일어나는 탈모형태이다.

③ 경증인 경우는 휴지기모의 탈모형태로 나타난다.

④ 무거운 가발 또는 두개피의 압박에 의해 발생된다.

⑤ 수술 시 두부를 고정하고 난 후 받은 압박 형태이다.

15) 접촉성 탈모

두개피부에 염모제 또는 펌제 등에 접촉하였을 때 제품에 대한 부작용으로 나타나는 현상으로, 접촉성 피부염이고, 염증 치료 후에도 수 주일이 지나 휴지기성 탈모를 일으키는 일도 있다.

16) 내분비 질환에 따른 탈모

뇌하수체에서 분비되는 갑상선자극 호르몬에 따라 갑상선에서 분비되는 호르몬으로 탈모를 일으킨다.

17) 피부염(장성지단)에 의한 탈모

① 아연 결핍으로 나타난다.

② 보통 5~6세의 유아에게 발생하는 유전성 피부질환이다.

③ 손과 발가락에 작은 물집이나 고름집을 동반한 홍반을 형성한다.

④ 손톱의 변형이나 손톱 주위에 염증을 유발하며, 머리에 전염되면 머리 전체나 부분적인 탈모를 유발한다.

18) 반흔(흉터)성 탈모

반흔성 탈모는 모근의 파괴 때문에 일어난 탈모 형태로 피하조직까지 도달한 세균감염으로 흉터가 형성되거나, 외상이나 화상 또는 방사선 조사로 모근이 파괴됨으로써 나타난다.

19) 모낭충에 의한 탈모

모낭충(Demodex)은 털진드기 목에 속하는 모낭진드기 속 기생충의 총칭이다.

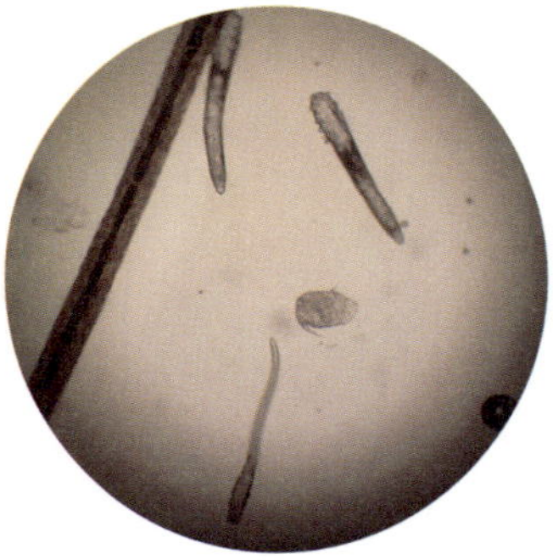

[그림 3-3] 모낭충

① 모낭과 피지선에 기생한다.

② 0.3~0.4mm 크기의 진드기류이다.

③ 모공에 염증을 일으켜 탈모를 유발한다.

④ 피지선에서 분비되는 피지를 먹고 주로 밤에 활동한다.

⑤ 데모덱스 훠리큘럼(Demodex folliculorum)과 데모덱스 브레비스(Demodex brevis) 두 종류이다.

20) 매독성 탈모

매독성 탈모는 인체 내부의 균에 의해 발생하며, 벌레가 먹은 것처럼 보이는 탈모 형태를 나타낸다. 증상은 후두부나 측두부에 원형 또는 타원형의 작은 탈모가 발생한다.

3 탈모관리 종류

1) 자가 모발이식

본인의 후두부 모발을 채취하거나, 인조모를 이용하여 탈모반 부위에 이식하는 방법이다. 인조모를 이식하는 경우에는 피부염 및 탈모와 같은 부작용이 나타날 수 있어 현재는 본인의 후두부 모발을 이용한 자가모 이식방법(Hair Transplantation)이 쓰이고 있다. 그중에서도 모발을 모낭 단위로 쪼개어 이식하는 모낭 단위 이식술이 현재 가장 많이 사용되는 방법이다.

모낭 단위 이식술의 경우 본인의 모발을 이용하여 탈모반 부위를 자연스럽게 하는 방법으로 탈모 진행 시기가 오래된 경우이거나, 다양한 방법을 통하여 관리나 치료를 하였으나 결과가 좋지 않을 때 주로 쓰는 방법이다.

자가 모발 이식은 탈모 환자의 후기 치료에 널리 사용되며, 드물게 빠른 치료 효과를 보기를 원하는 환자에게 피나스테리드(Finasteride)와 병행하여 시술된다. 자가 모발이식은 펀치법과 미니그래프트법, 마이크로그래프트법, 단일모 식모술이 있다.

(1) 펀치법

펀치법(Punch method)은 직경 4mm의 펀치로 10개 이상의 모발을 이식하는 방법이다. 이 방법은 1959년에 처음 개발되었는데, 흉터가 남으며 외관상으로 부자연스러운 단점이 있다.

(2) 미니그래프트법

미니그래프트법(Minigraft method)은 직경 2mm의 펀치로 5개 전후의 모발을 이식하는 방법으로, 1980년대에 주로 시술되던 방법이며 흉터가 남고 외관상으로 부자연스럽다는 단점이 있다.

(3) 마이크로그래프트법

마이크로크래프트법(Micrograft method)은 모발을 두세 개씩 이식하는 방법이다.

(4) 단일모 식모술

단일모 식모술은 모발을 한 가닥씩 이식하는 방법으로 모발이 경모에 속하고 모근이 굵은 동양인에게 적합한 방법이다. 흉터가 남지 않고 외관상 자연스럽다는 장점이 있다.

2) 두개피 절개술

넓어진 두개피를 일부분 절개하여 꿰매는 시술을 하여 정수리 부분의 두개피를 앞쪽으로 당기는 시술이다. 흉터가 남는 단점은 있어도 식모술보다 자연스럽다는 장점이 있다.

3) 조직 확장기를 이용한 두개피 재건술

조직 확장기를 이용한 두개피 재건술은 두피에 조직 확장기를 삽입하여 팽창시킨 후, 두개피를 재건하는 시술로, 탈모 부위에 성공적으로 시술되고 있는 방법이다.

4) 약물치료 방법

의학적 시술 중 가장 많이 활용하고 있는 방법으로 약물을 이용하여 모발의 성장을 촉진한다. 모발 성장을 촉진한다는 점에서 효과적이나 약물에 의한 부작용이나 사용 대상이 제한적이라는 문제점이 있다.

현재 국내에서 사용되는 약물로는 미국식품의약국(Food and Drug Administration, FDA)으로부터 승인받은 혈액순환 및 영양공급과 관련이 있는 미녹시딜 성분의 바르는 약과 남성호르몬에 대한 활성효소의 작용을 차단하여 남성형 탈모 원인으로 작용하는 DHT(Di-hydro-testosterone)의 발생을 감소시킴으로써 남성형 탈모의 진행을 억제하는 기능의 피나스테라이드 성분을 복용하는 약품 등이 있다.

현재까지 병원에서 탈모 치료제로 가장 많이 사용되는 의약품으로는 미녹시딜과(Minoxidil)과 피나스테리드(Finasteride)가 있다.

(1) 미녹시딜

미녹시딜은 고혈압 치료제이자 탈모 치료제이다. 미녹시딜 성분의 국소도포제는 고혈압 치료제로 사용되던 것이 부작용으로 털이 생성되는 현상을 발견, 발모제로 개발된 제품이다. 특히 탈모 진행이 쉽게 일어나는 정수리 부위에 효과적이다.

현재 시중에 2%, 3%, 5% 제재가 판매되고 있으며, 초기에는 남성만 5% 약품을 사용하였지만, 최근에는 여성에게도 사용하여 효과를 보고 있는 것으로 알려졌다. 단, 여성의 경우 5% 약품을 사용 시 얼굴 부위에 털이 자랄 수 있어 2~3% 약품을 주로 사용하고 있다.

① **효과** : 항고혈압제로 사용되는 강력한 혈관확장제로 탈모 진행을 더디게 하고 솜털을 자라게 하지만, 굵은 털이 길게 자라는 효과를 기대하기는 어렵다.

② **제형** : 외용제로는 겔제(2%, 5%), 액제(2%, 3%, 5%)가 있으며, 남성형 탈모와 여성형 탈모(5% 제외)에 사용된다. 로게인, 마이녹실 등의 제품이 있으며, 일반의약품으로 의사의 처방 없이 약국에서 구매할 수 있다.

③ **단점** : 체액 저류, 울혈성 심부전, 반사성 빈맥(Reflex tachycardia) 등을 일으킬 수 있다.

[그림 3-4] 로가인(피나스테리드)

[그림 3-5] 미녹시딜(3%)

(2) 피나스테리드

피나스테라이드는 남성호르몬인 안드로겐을 억제하는 약물로 로가인으로 시판되고 있다. 피나스테라이드는 양성 전립선 비대증 치료로 개발되었으나 복용 중 모발이 자라는 효과로 인하여 남성형 탈모증 치료에 사용된다. 남성형 탈모증에 사용될 경우 성인 남성에게만 사용할 수 있으며, 여성은 사용할 수 없다.

임산부가 피나스테라이드에 노출될 경우 남자 태아의 외부 생식기가 비정상으로 될 가능성이 있으므로, 임산부 또는 임신 가능성이 있는 여성은 이 성분이 함유된 약물과의 접촉을 피해야 한다.

① 효과

- 보통 6개월 복용 후에 효과를 볼 수 있다.
- 디하이드로테스토스테론 호르몬의 생성을 억제한다.
- 의사의 처방이 요구되고 일평생 지속적으로 사용해야 한다.
- 보통 남성의 30%가 모발을 두껍게 한다. 80%가 탈모를 안정시킨다.

② **단점** : 남성의 약 2%가 성욕감퇴가 나타나지만, 사용 중단 시 성욕은 회복된다.

단원학습정리 · 03

1. 탈모는 생리적으로 모발이 점차 가늘어지고 빠지는 것을 의미한다. 이는 모모세포의 세포 분열이 원활하지 못해 성장기가 짧아지고 반대로 휴지기에서 다음 성장기까지 기간이 길어짐을 나타낸다.

2. 휴지기 모는 모주기에서 휴지기 기간의 생리적 탈모로서 자연적으로 흘러내리는(Shedding) 모발이다.

3. 휴지기성 탈모의 원인은 성장기 단계에서 퇴화기와 휴지기로 전환되는 상황을 갖는다.

4. 산후 탈모는 출산 후 호르몬 상태로 정상으로 돌아가 성장기가 연장되었던 모발이 빠지게 되므로 탈모가 일어난다.

5. 피임약 복용에 의한 탈모는 복용 중 여성호르몬과 소량의 황체호르몬을 배합하여 탈모가 감소하며, 복용을 중지하면 분만 후 탈모증처럼 탈모 수가 증가한다.

6. 남성형 탈모는 보통 40세를 전후로 탈모가 진행되며, 17세에서 30대 전후에도 급격하게 탈모가 진행한다.

7. 여성형 탈모는 젊은 여성의 경우 여성호르몬 분비가 양적으로 많아서 큰 변화가 없지만 대부분 40대 전후부터 발생한다.

8. 소아성 탈모는 모모세포의 분열 과정에서 모주기가 늦춰지거나, 모발 생성이 늦어지는 경우 또는 내적 이상으로 출생 시 모발 수가 적거나 혹은 거의 없는 상태로 태어난다.

9. 노인성 탈모는 나이가 들면서 모모세포 및 모유두의 기능이 서서히 둔화하여 나타나는 현상으로, 두상 전체에서 서서히 모발이 가늘어지는 형태를 보인다.

10. 원형 탈모는 최근 사회적·환경적 요인으로 인하여 발생빈도가 높아지고 있다. 보통 원형 탈모는 한곳에서 시작되지만 동시에 2~3곳에서 발생하기도 하며, 다발적으로 발생하게 되는데 이를 사행성 탈모라고 한다.

11. 원형 탈모는 백반증을 동반하며, 단발 또는 다발성으로 발생한다. 또한 반(Pach)이 형성된 자리는 붉은 점처럼 보이며, 손톱 크기부터 손바닥 크기까지 다양하다.

12. 지루성 탈모는 모발의 각화 과정 이상과 피지선에서 정상적이지 못한 피지분비가 원인으로 발생한다.

13. 비강성 탈모는 비듬균의 이상 증식으로 인해 생성된 비듬이 원인으로 누구에게나 나타날 수 있는 환경적 요인의 탈모이다.

14. 결발성 탈모는 모발에 약 80g 이상의 고착력이 가해져 생기는 현상으로 모근 손상이 올 수 있으며, 심각한 경우 부분적인 영구 탈모 현상이 나타날 수 있다.

15. 약제성 탈모는 장기간 약물복용으로 인해 간 또는 위와 같은 내장기관의 기능 저하로 모발 생성에 영향을 주거나 약물 부작용 등으로 발생한다.

16. 접촉성 피부염은 두개피부에 염모제 또는 펌제 등을 접촉하였을 시 접촉성 피부염을 유발하며, 염증 치료 후에도 수 주일이 지나 휴지기성 탈모를 일으키는 예도 있다.

17. 뇌하수체에서 분비되는 갑상선 자극 호르몬에 따라 갑상선에서 분비되는 호르몬으로 탈모를 일으킨다.

18. 다이어트나 단식 시 피부 건조와 함께 탈모가 유발하며, 기아 상태에 있는 아프리카 원주민들에게 특히 많이 발견된다.

19. 부주의한 사고로 인해 모발에 강한 당김으로 빠지게 된 경우, 포니테일 같은 묶은 머리형(braid)을 유지하기 위해 장기간 묶으면(lacing) 측두부에 견인성 탈모가 유발된다.

20. 모낭충은 모낭과 피지선에 기생하며, 모공에 염증을 일으켜 탈모를 유발한다.

21. 비타민 A를 과잉으로 복용한 경우 피부 건조와 탈모를 유발한다. 그러나 비타민 A는 모발의 발육에 중요한 영양소이다.

22. 반흔성 탈모는 모근의 파괴 때문에 일어난 탈모 형태로 피하조직까지 도달한 세균 감염으로 흉터가 형성되거나, 외상이나 화상 또는 방사선 조사 때문에 모근이 파괴됨으로써 나타난다.

실습과제 · 03

1. 실습 진행(실습 소요시간 : 30분) : 작성 후 발표 진행

1) 두개피 관리적 측면에서 탈모와 탈모의 유형에 관하여 설명하시오.

2) 1번에서 설명한 탈모에 관한 유형별 자료를 스크랩하시오.

chapter

04

신경학

학·습·목·표

◈ 두개피와 신경계의 이해를 통해 건강한 두개피 관리에 관하여 설명할 수 있다.

◈ 두개피의 기능의 이해를 통해 건강한 두개피 관리에 관하여 설명할 수 있다.

Trichologist

1 신경계

인체에서 내·외부로부터의 자극과 환경 변화에 적절하게 반응을 하는 중요한 기관이 신경계(Nervous system)이다. 이러한 내·외부 자극에서 감지된 정보를 저장된 정보와 비교·분석하여 대응하는 기능을 수행한다.

인체에 존재하는 신경계는 말초신경에서 전달된 자극에 대해 반응을 하는 중추신경계와 중추신경계의 통신망 기능을 하는 말초신경계로 구성된다.

신경계의 이상 현상으로 인하여 다양한 현상을 유발한다. 이러한 현상으로 인하여 탈모와 두개피 질환의 원인이 될 수 있으며, 만약 신경계에 문제가 발생하면 반드시 의학적 측면에서 접근하여야 한다.

(1) 중추신경계

중추신경계(Central Nervous System, CNS)는 뇌와 척수에 존재하며, 인체 자극에 대한 흥분의 중심부 기능을 수행한다.

(2) 말초신경계

말초신경계(Peripheral Nervous System, PNS)는 머리와 이어져 있는 12쌍의 뇌신경과 전신의 척수와 이어져 있는 31쌍의 척수신경으로 구분되고, 중추신경계에 정보 전달을 하고 중추신경계의 명령을 전달하는 기능을 한다.

1) 중추신경계

중추신경계는 뇌와 척수로 구성된 신경계이다. 여러 감각기관에서 보내온 생체 신호를 수신하고, 정보를 통합, 조정하는 기관계로 수많은 신경세포(Neuron)와 신경교세포(Neuroglia)로 이루어져 있다.

말초신경계에서 전달된 정보를 수집, 비교, 통합하여 인체 내 각 기관의 기능을 조절한다. 태아는 3주경 외배엽 부위의 신경판(Neural plate)에서 발생하기 시작된다.

중추신경계의 뇌와 척수는 인체 신경조직의 98%를 포함하고 부위에 따라 기능을 달리 하며, 내부에는 감각뉴런, 운동뉴런, 연합뉴런이 존재하고 있어 자극 전달에 관여하고 있다.

(1) 두개강

뇌를 수용하기 위해 만들어진 두개강소(Cranial cavity), 즉 머리뼈를 말한다.

(2) 척주관

척주관(Veriebral canal)은 척추뼈 구멍이 이어져서 이룬 관을 의미하며, 그 속에 척수가 있다.

(3) 감각뉴런

감각기관(Sensory neuron)을 통하여 자극을 생성하게 되고 이러한 자극은 전기신호의 형태로 중추신경계로 전달하여 그에 맞는 반응을 하게 된다. 이때 감각기관에서 중추신경계로 신호를 전달하는 신경이 감각뉴런이다.

(4) 운동뉴런

운동뉴런(Motor neuron)은 감각기관을 통해 들어온 생체신호는 중추신경계의 연합뉴런에 전달, 종합적인 판단을 하게 되는데, 이러한 결과는 다시 전기신호의 형태로 실제 작동하는 반응기(Effector)에 전달된다. 이때 중추신경계에서 반응기로 신호를 전달하는 신경이 운동뉴런이다.

(5) 연합뉴런

감각뉴런을 통해 자극이 들어오게 되면 중추신경계는 그 자극을 처리한 후 운동뉴런을 통해 반응을 내놓게 된다. 이때 중추신경계를 이루고 있는 뉴런이 바로 연합뉴런(Relay neuron)이다.

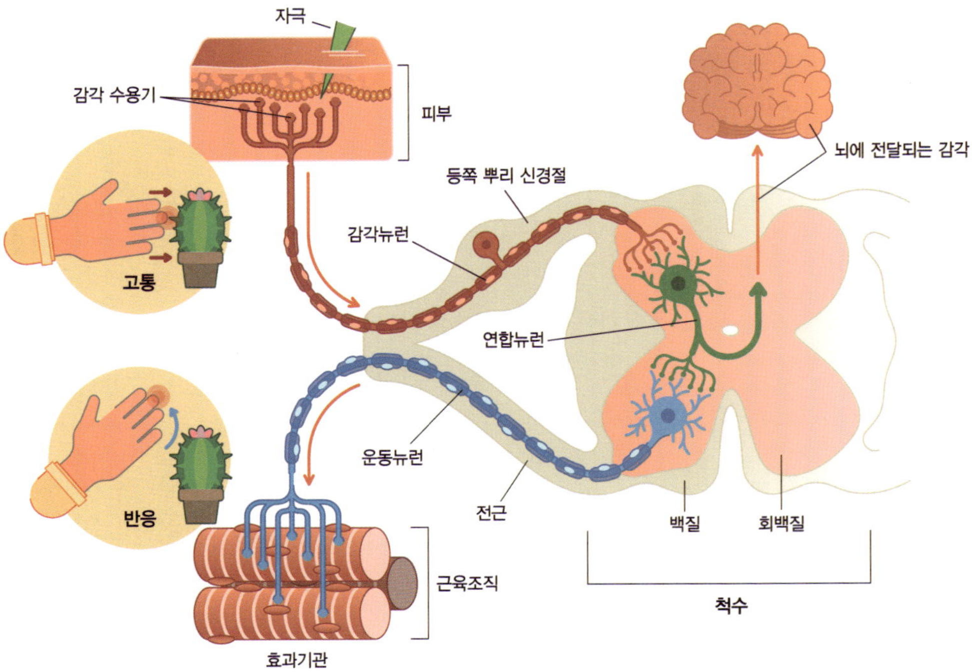

[그림 4-1] 뉴런의 전달 기능

2) 뇌

두개골 내에 존재하고 있는 뇌(Brain) 조직은 좌·우반구가 뚜렷이 구분되는 부위로 인체에서 일어나는 수만 가지 정보를 분석하고 처리하는 기관이다.

뇌 조직은 심장에서 생성되는 혈액의 20% 정도가 필요하며, 호흡을 통해 들어오는 산소의 20% 정도를 소비한다. 만약 혈액순환에 문제가 발생하게 되면 뇌에 심각한 영향을 주며, 다양한 신체활동의 장애와 두통 등의 원인이 된다.

(1) 대뇌

대뇌(Cerebrum)는 뇌의 가장 큰 부분으로 뇌의 형성에 가장 늦게 생성되는 조직이다. 뇌는 좌우의 2개의 반구로 나뉘어 있으며, 반구는 뇌들보에 의해 연결되어 있다.

① 감각, 지각, 언어능력, 상상력, 추리력, 운동, 기술 등과 자율신경계 조절, 호르몬 조절, 항상성 유지 등의 기능을 수행한다.

② 대뇌에 돌출된 부분을 이랑, 주름져 안으로 들어간 부분을 고랑이라 하고, 모양에 따라 전두엽, 측두엽, 두정엽, 후두엽으로 나눈다.

③ 대뇌의 기능

- 운동 조절기능 : 대뇌피질에서 운동에 대한 신호를 보내면 이는 뇌줄기와 척수를 지나 필요한 근육으로 전달되어 우리는 원하는 대로 몸을 움직일 수 있게 된다.
- 감각 인식 및 해석기능 : 감각기관에서 들어온 신호를 대뇌에서 처리하여 느낄 수 있게 해준다.
- 언어전달기능 : 대뇌피질에서 수행하며, 전두엽의 브로카에서 언어의 발성을, 측두엽의 베르니케 영역에서는 언어의 이해를 담당한다.
- 항상성 유지 : 자율신경계 조절 및 호르몬 분비를 통해 우리 몸의 대사를 조절한다.
- 학습과 기억기능 : 대뇌의 측두엽에 존재하는 해마에서 수행한다.
- 호르몬 분비기능 : 뇌하수체에서 수행하며 신체의 대사와 생식에 관련된 호르몬을 분비한다.

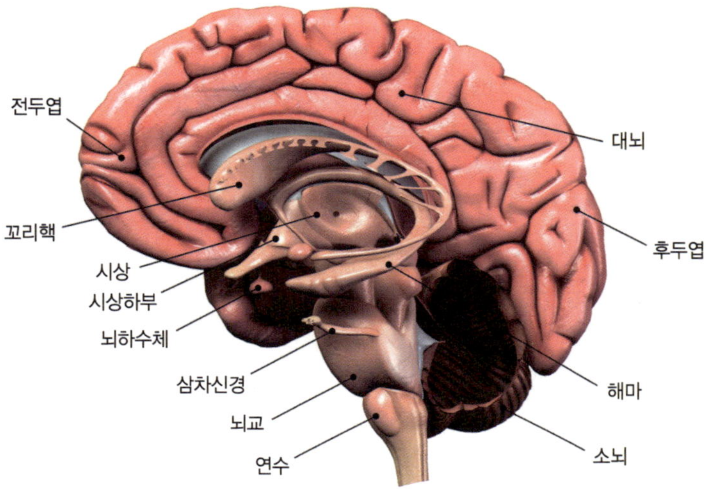

[그림 4-2] 뇌의 구조

(2) 소뇌

소뇌(Cerebellum)는 중추신경계의 일부분으로 대뇌의 기능을 보조하여 자발적인 운동 조절과 평형을 유지하는 기관이다. 조화로운 운동이 가능하게 하고 몸의 균형을 잡는데 중추적인 역할을 한다.

① 뇌줄기의 후면에 자리 잡고 있으며, 대뇌의 후두엽 아래쪽에 위치하여 제4 뇌실을 사이에 두고 뇌줄기와 붙어 있다.

② 소뇌는 뇌 전체 용적의 10% 정도를 차지하는데, 뇌신경세포의 절반 이상이 소뇌에 밀집되어 있다.

대뇌의 좌·우반구와 같이 소뇌도 좌·우 두 부분으로 나뉜다. 소뇌의 좌·우 부위는 가느다란 중앙부에 의해 연결되어 각각의 다른 기능을 수행한다.

(3) 간뇌

간뇌(Diencephalon)는 뇌의 가장 앞쪽의 부위에 속하는 부분으로 시상, 시상상부, 시상후부, 시상하부로 나뉜다. 간뇌는 감각 정보를 수용하여 대뇌피질로 전달하는 기능을 한다.

① 시상

- 간뇌는 뇌 대부분을 차지하는 중요한 부분이다. 시상은 뇌간과 전뇌 사이에 위치하고, 고삐와 송과선을 포함하는 시상상부, 자율신경과 연결된 시상하부와 연결되어 있다.
- 시상은 다양한 지각신경을 대뇌피질의 지각신경 영역에 전달하는 기능을 하며, 후각을 제외한 모든 감각이 잠시 시상에 머물다 대뇌피질로 전달된다.

② 시상상부

- 대뇌의 안쪽이면서 중뇌의 앞부분에 있다. 뇌간의 가장 윗부분에 있으며 제3 뇌실을 사이에 두고 양옆에 존재한다. 대뇌피질과 연결되어 있고, 뇌실의 측벽을 구성한다. 생체주기를 조절하는 기능의 송과체, 후각 반사와 관련이 있는 고삐삼각, 동공반사에 관여하는 섬유들로 구성된 뒤 교차연결 등으로 이루어진다.
- 송과체는 솔방울 모양의 소체로 크기는 0.1g 정도의 아주 작은 부위로, 유아기에는 크기가 크지만, 사춘기에 접어들면서 점차 작아지는 것이 특징이다.
- 송과체에서 분비되는 멜라토닌은 성선자극 호르몬을 억제하는 호르몬으로 생체리듬을 조절하는 기능을 한다.

③ 시상후부

시상의 뒤쪽에 위치하고 청각중계 중추와 시각중계 중추로 구성되어 있다.

④ 시상하부

- 인체 내에 들어오는 다양한 정보를 수용하여 신경 또는 내분비적으로 반응하는 기능을 한다. 컴퓨터의 중앙처리장치와 같은 부분으로 간뇌 내에 존재하고 있다.

• 시상하부의 위치는 제3 뇌실 주위와 바닥에 존재하고 있으며, 시상하부에 의해 시상과 경계하여 있고, 외측은 시상상부로 이어진다.
• 시상하부는 시신경이 교차하는 위쪽에 위치하며, 시상하부 아래는 뇌하수체와 연결되어 뇌하수체전엽을 조절하는 기능을 한다.
• 시상하부는 생명 유지에 있어 절대적으로 필요한 내분비기관인 동시에 신경중추로 펩타이드 구조의 호르몬을 분비한다.

⑤ 시상하부의 기능

• 체온 조절기능 : 시상하부는 일종의 항온장치와 비슷해서 체온의 변동을 자동으로 조절한다.
• 자율신경계 조절기능 : 시상하부는 자율신경계의 신경절 이전 신경세포의 주 조절자이다. 시상하부의 뇌실주위 구간은 뇌간과 척수핵으로 연결되어 있다. 뇌간 중 연수에 있는 고립로핵은 시상하부와 연결된 자율신경계 핵들을 조절한다.
• 뇌하수체전엽 조절기능 : 뇌하수체전엽은 내분비샘으로 다양한 호르몬을 합성하고 분비하며, 인체 내 다른 내분비샘의 호르몬분비를 조절한다.
• 뇌하수체후엽 조절기능 : 거대세포성 신경분비세포는 두 가지 신경호르몬인 옥시토신과 바소프레신을 직접 뇌하수체후엽으로 분비한다.
• 식욕 조절기능 : 시상하부의 복내측핵에 손상이 생기면 식욕 증진과 비만이 발생하고, 시상하부의 외측부에 손상이 생기면 신경성 식욕부진증이 발생한다. 그 외에도 지방세포에서 분비되는 렙틴(Leptin)의 양에 따라 시상하부 궁상핵의 신경세포에서 호르몬 분비를 조절하여 식욕을 조절한다.
• 수분대사 조절기능 : 수분이 부족하여 혈액이 줄어들면 종말판의 혈관 기관에 있는 신경세포에 의해 감지된다. 종말판의 혈관 기관의 신경세포는 거대세포성 신경분비세포와 외측 시상하부의 세포들을 활성화하고, 각 세포는 바소프레신을 분비하거나 삼투압적 갈증을 유도한다.
• 정서활동 조절기능 : 정서활동은 시상하부를 비롯한 대뇌변연계를 매개하여 일어난다. 감각자극과 기억인식과 같은 것을 바탕으로 한다. 시상하부의 중앙구역에서 방어적 행동과 같은 부분의 조절을 담당한다.

⑥ **시상밑부** : 시상과 중뇌피개 사이에 존재하며, 시상으로 들어가는 신경섬유 다발과 시상밑핵으로 구성되어 있다.

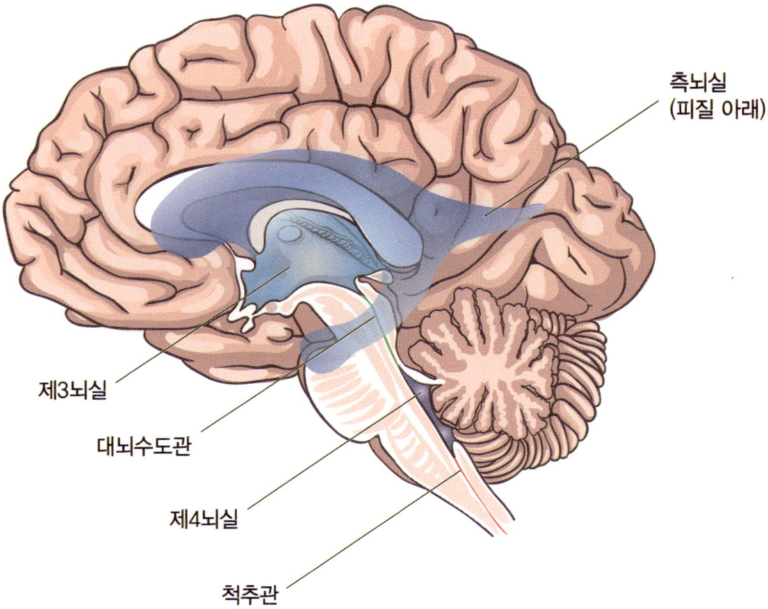

[그림 4-3] 뇌실

(4) 중뇌

중뇌(Midbrain)는 대뇌의 아랫부분에 위치한다. 중뇌는 시각과 청각의 반사중추로 안구운동 및 명암에 따른 홍채의 수축을 조절하는 기능을 담당하고, 대뇌반구, 척수, 소뇌로부터 전달통로 역할을 한다.

(5) 연수

연수(Medulla oblongata)는 뇌간에 속하며, 뇌간의 아래에 있다. 척수와 연결되어 있고 호흡이나 혈액순환을 조절한다. 연수의 크기는 길이 3cm, 두께 1.25cm, 무게 6~7g 정도의 크기로 생명 유지에 가장 중요한 호흡률, 심장박동, 혈압, 자율신경 등을 조절하는 기능을 한다.

3) 척수

척수(Spinal cord)는 뇌와 함께 중추신경계의 일부이며, 몸과 뇌 사이의 중추적인 정보소통 경로이다. 또한 척수는 들어오는 정보를 통합하여 직접 명령을 내보내는 척수 반사(Spinal reflex) 조절도 한다. 척추 내에 위치하는 중추신경의 일부분으로 감각, 운동신경들을 모두 포함한다.

(1) 형태 및 구조

① 위치에 따라 목척수, 등척수, 허리척수, 엉치척수로 구분된다.

② 척수는 숨뇌와 맞닿아 있고, 허리뼈 1~2번 높이까지 위치한다.

③ 척수는 수막으로 둘러싸여 있고, 바깥쪽으로 경막에 다시 둘러싸이며, 그 사이의 공간에 뇌척수액이 흐르게 된다.

(2) 기능

① 뇌에서부터 아래로 내려가는 운동신경은 모든 근육의 운동기능을 담당한다.

② 감각 수용기로부터 위로 올라가는 감각신경은 몸 전체의 감각(얼굴 부분 제외)을 담당한다.

③ 척수는 뇌와 말초신경의 가교역할을 하는 신경계이고, 운동 및 감각신경들이 모여 있는 곳이다.

④ 일부 자율신경기능을 담당하는 신경 다발도 포함되어 있어 방광조절이나 항문 조임근조절 등의 기능을 한다.

4) 말초신경계

말초신경계(Peripheral nervous system)는 중추신경계에서 뻗어 나와 온몸으로 퍼져 나간다. 말초신경이 출발하는 장소에 따라서 12쌍의 뇌신경과 31쌍의 척수신경으로 구분한다.

(1) 뇌척수신경

뇌척수신경(Nervi craniospinales)은 뇌신경과 척수신경을 합하여 일컫는 신경계로 체성신경계 또는 동물성신경계라고도 한다.

말초신경계의 주요 부분을 구성하고 있고 일부 부교감신경을 제외한 중추신경계 내의 신경세포에서 나간 신경섬유가 뉴런을 거치지 않고 말단기관까지 도달된 것이 특징이다.

5) 뇌신경

독일의 해부학자 죄메링(S. Sommering)은 뇌신경(Cranial nerve)을 12쌍으로 정의하였다.

(1) 제1뇌신경(후신경, Olfactory nerve)

감각신경으로 냄새의 원천자극을 감지하는 것은 후각세포이다. 후각 수용세포는 코 안의 가장 윗부분인 후각점막에 존재한다.

(2) 제2뇌신경(시신경, Optic nerve)

감각신경으로 120만 개 정도의 신경섬유로 이루어져 있고 시각을 맡는 지각신경으로 망막에서 받아들인 시각정보를 뇌에 전달하는 역할을 한다.

(3) 제3뇌신경(동안신경, Oculomotor nerve)

혼합신경으로 안면의 표정근을 지배하는 운동신경과 미각에 관여하는 지각신경 및 부교감신경 섬유가 포함된다. 동안신경은 상직근, 하직근, 하사근, 내직근과, 안검상거근을 지배한다.

(4) 제4뇌신경(활차신경, Trochlear nerve)

운동신경으로 가장 가는 신경이며, 유일하게 뇌의 뒤쪽에서 시작하는 신경이다. 안구의 움직임과 회전에 영향을 주는 작용을 하며, 신경의 손상 시 복시현상이 발생된다.

① 복시(複視)현상은 한 개의 물체가 둘로 보이거나 그림자가 생겨 이중으로 보이는 현상을 말한다.

(5) 제5뇌신경(삼차신경, Trigeminal nerve)

뇌신경 중에서 가장 큰 신경이자 가장 굵은 신경으로, 시신경, 상악신경, 하악신경의 3개의 신경으로 갈라지며, 운동섬유를 포함하고 있는 하악신경을 제외한 나머지 두 신경은 지각섬유만을 가지고 있는 지각신경이다.

두피 및 점막의 지각신경섬유와 저작근육을 지배하는 운동신경으로 안면의 지각운동을 맡고 있다.

(6) 제6뇌신경(외선신경, Abducens nerve)

가장 길고 손상되기 쉬운 신경으로 외전신경 또는 가돌림신경이라고 하며, 교뇌의 아래 모서리에서 시작된다.

안구의 외측곧은근을 지배하는 외향신경의 손상은 복시나 초점 곤란 현상을 유발하기도 하며 안구의 회전에 관여한다.

(7) 제7뇌신경(안면신경, Facial nerve)

운동신경으로 안면의 표정근을 지배하는 운동신경과 미각에 관여하는 지각신경 및 부교감신경섬유가 포함된 혼합신경이다.

(8) 제8뇌신경(청신경, Vestibulocochlear nerve)

감각신경으로 정달팽이신경이라고도 하며, 지각신경이다. 평형감각을 담당하는 전정신경과 청각을 담당하는 달팽이신경으로 구분되는 내이신경은 속귀에서 들어오는 정보를 뇌에 전달하는 기능을 한다.

(9) 제9뇌신경(설인신경, Glossopharyngeal nerve)

혼합신경으로 혀와 인두에 분포하는 설인신경은 지각과 운동신경을 지닌 연수의 전외측에서 시작된다. 지각신경은 혀 뒤쪽 1/3 부위의 점막에 분포하며, 미각과 지각을 담당한다. 또한 운동신경은 인두근의 운동과 이하 분비신경을 지배한다.

(10) 제10뇌신경(미주신경, Vagus nerve)

조절신경으로 뇌에서 시작하여 가슴 부위를 거쳐 복강에 분포된 신경으로 뇌신경 중 가장 길고 복잡한 신경이다. 미주신경의 구성은 지각, 운동 및 분비를 조절하는 혼합신경으로 이루어져 있으며, 대부분은 부교감신경이다.

미주신경을 구성하는 지각신경은 인두, 후두, 식도, 기관지, 폐, 신장 및 복부 내장 점막의 지각을 감지하고, 부교감신경은 심장근에 분포되어 있다. 운동섬유는 인두, 후두근 등을 지배하는 것으로 인두와 후두의 운동충격을 전달한다.

(11) 제11뇌신경(부신경, Accessory nerve)

운동신경으로 미주신경에서 분리되어 이루어진 운동신경이다. 연수와 척수 상부 부분에서 나온 9~10개의 신경 뿌리와 합쳐져 형성된다.

척수상부 부분에서 나오는 신경섬유는 두피 탈모 관리 시 근육 이완의 포인트가 되는 승모근과 흉쇄유돌근 기근을 지배하며, 연수에서 시작되는 신경섬유는 인두, 후두, 연구개의 근육을 지배한다.

(12) 제12뇌신경(설하신경, Hypoglossal nerve)

운동신경으로 혀밑신경이라고도 하며, 구개혀근을 제외한 모든 혀의 근육에 분포하는 운동신경이다.

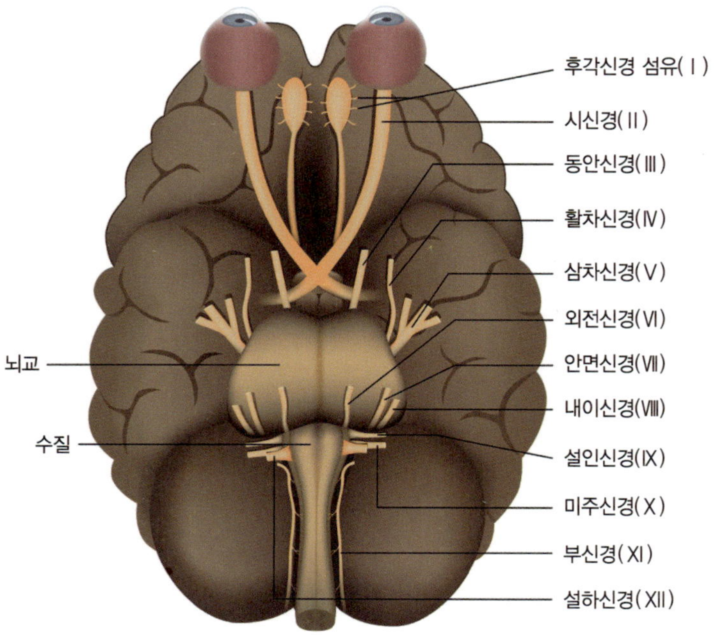

[그림 4-4] 뇌경계

6) 척수신경

척수신경(Spinal nerve)은 척수 앞뿔 쪽의 운동신경과 뒷뿔 쪽의 감각신경, 자율신경 일부가 합쳐진 신경으로, 각 척추뼈 사이에서 갈라져 나오고 총 31쌍이 존재한다. 신경이 나오는 부위에 따라 경수신경 8쌍, 흉수신경 12쌍, 요수신경 5쌍, 천수신경 5쌍, 미수신경 1쌍으로 구분된다.

척수신경은 지각신경인 후근과 운동신경인 전근으로 구성되어 있으며, 전근과 후근은 척추 사이 구멍에서 만나 척수신경을 형성한다. 형성된 척수신경은 척추 사이 구멍을 나와 교감신경절을 연결하는 교통가지를 이룸과 동시에 앞가지와 뒷가지로 나누어진다.

나누어진 전지와 후지는 지배구역이 분명하게 나누어지는 것으로 앞가지는 몸통의 복부 부위 및 사지를 지배하며, 뒷가지는 몸통과 등 쪽을 지배한다. 이러한 작용을 하는 앞·뒷가지는 모두 혼합성의 신경으로 피부로 가는 지각신경 및 골격근으로 가는 운동신경을 지니고 있다.

2 자율신경계

생명 유지에 있어 절대적으로 필요한 호흡, 흡수, 대사, 순환, 배설, 생식의 기능과 관련된 오장육부 및 호르몬을 지배하는 신경으로, 인간의 의지와 상관없이 자동으로 작용하는 신경을 자율신경(Autonomic nervous system)이라 한다.

자율신경은 식물신경이라고도 하는데, 모발의 성장에 있어서는 모세포의 분열과 연관이 있고, 교감신경과 부교감신경으로 구분된다.

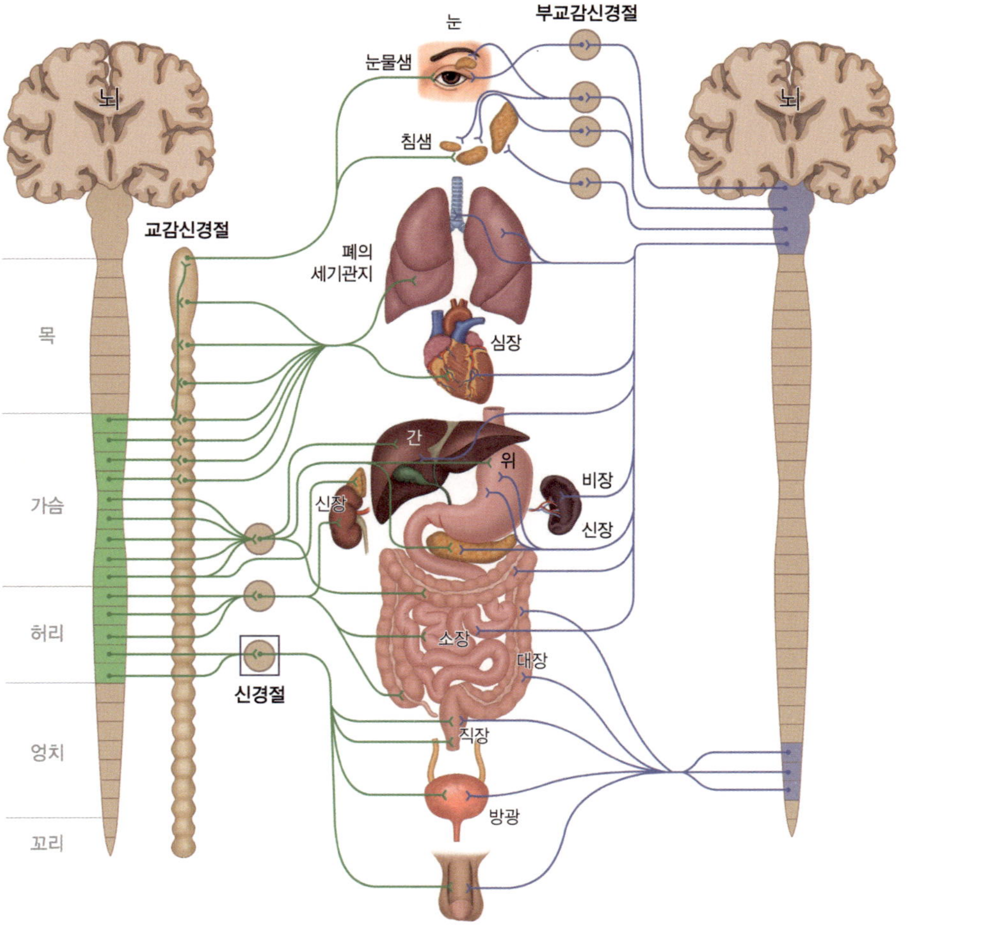

[그림 4-5] 자율신경계

1) 교감신경계

교감신경계(Sympathetic nervous system)는 자율신경계의 일종으로 일반적으로 긴장이 되는 상황에 처했을 때 활성화된다. 자극이 없을 때도 항상 약간 활성화되어 있고, 자극을 받으면 활성화 정도가 높아진다.

교감신경계가 활성화되면 도파민을 분비하여 투쟁·도피반응이 일어나며, 의식적인 생각 없이 스스로 조절되는 것을 알려져 있다.

교감신경의 체내 작용은 맥박 수를 증가시켜 심장기능을 촉진하는 한편, 소화기능을 억제하는 작용을 한다. 또한 혈관을 수축시키며, 한선의 분비를 촉진하고 모발에서는 입모근을 수축시키는 등 스트레스와 관련이 깊다.

2) 부교감신경계

부교감신경계(Parasympathetic nervous system)는 교감신경계와 함께 자율신경계를 구성하며, 의지와 관계없이 움직이는 모든 장기에 분포해 그 기능을 조절한다.

절후섬유의 숫자가 많지 않고, 절전섬유에 비해 짧아 지배영역이 한정된 부교감신경은 뇌간과 천수에서 시작된다.

부교감신경의 절전섬유는 중뇌에서 시작되는 동안신경(제3뇌신경), 연수에서 시작되는 얼굴신경(제5뇌신경), 설인신경(제7뇌신경), 미주신경(제10뇌신경) 속에 포함된다. 천수에서는 골반신경이 되어 지배장기 가까운 곳에 있는 종말 신경절 내에서 뉴런을 교체한 후 절후섬유가 되어 분비선이나 평활근에 도달한다.

부교감신경의 기능은 교감신경과 길항작용을 하는 것으로 부교감신경이 긴장하면 동공은 축소되고, 침액, 땀, 눈물의 분비는 증가한다.

혈관은 확장하고 심장박동은 감소하며, 식도, 위, 장관, 췌장 등에서의 분비는 증가한다. 또 이외에도 전신의 가로무늬근에 분포해 긴장, 영양에 관여한다.

단원학습정리 · 04

1. 인체에서 내·외부로부터의 자극과 환경 변화에 적절하게 반응을 하는 중요한 기관이 신경계이다.

2. 말초신경에서 전달된 자극에 대해 반응을 하는 중추신경계와 중추신경계의 통신망 기능을 하는 말초신경계로 구성된다.

3. 중추신경계는 뇌와 척수에 존재하며, 인체 자극에 대한 흥분의 중심부 기능을 수행한다.

4. 중추신경계에 정보 전달을 하고 중추신경계의 명령을 전달하는 기능을 한다.

5. 중추신경계의 뇌와 척수는 인체 신경조직의 98%를 포함하고 부위에 따라 기능을 달리하며, 내부에는 감각뉴런, 운동뉴런, 연합뉴런이 존재하고 있어 자극 전달에 관여하고 있다.

6. 감각뉴런은 감각기관을 통하여 자극을 생성하게 되고, 이러한 자극은 전기신호의 형태로 중추신경계로 전달하여 그에 맞는 반응을 하게 된다.

7. 운동뉴런은 감각기관을 통해 들어온 생체신호는 중추신경계의 연합뉴런에 전달, 종합적인 판단을 하게 되는데, 이러한 결과는 다시 전기신호의 형태로 실제 작동하는 반응기(Effector)에 전달된다.

8. 연합뉴런은 감각뉴런을 통해 자극이 들어오게 되면 중추신경계는 그 자극을 처리한 후 운동뉴런을 통해 반응을 내놓게 된다.

9. 뇌의 가장 큰 부분으로 뇌의 형성에 가장 늦게 생성되는 조직이다. 뇌는 좌우 2개의 반구로 나뉘어 있으며, 반구는 뇌들보에 의해 연결되어 있다.

10. 대뇌의 기능은 운동 조절기능, 감각 인식 및 해석기능, 언어 전달기능, 항상성 유지, 학습과 기억기능, 호르몬 분비기능 등이 있다.

11. 소뇌는 중추신경계의 일부분으로 대뇌의 기능을 보조하여 자발적 운동의 조절과 평형을 유지하는 기관으로, 조화로운 운동이 가능하게 하고 우리 몸의 균형을 잡는데 중추적인 역할을 한다.

12. 간뇌는 뇌의 가장 앞쪽의 부위에 속하는 부분으로 시상, 시상상부, 시상후부, 시상하부로 나뉜다. 간뇌는 감각 정보를 수용하여 대뇌피질로 전달하는 기능을 한다..

13. 시상은 뇌간과 전뇌 사이에 위치하고, 고삐와 송과선을 포함하는 시상상부, 자율신경과 연결된 시상하부와 연결되어 있다.

14. 송과체에서 분비되는 멜라토닌은 성선자극호르몬을 억제하는 호르몬으로 생체리듬을 조절하는 기능을 한다.

15. 말초신경계는 중추신경계에서 뻗어 나와 온몸으로 퍼져 나간다. 말초신경이 출발하는 장소에 따라서 12쌍의 뇌신경과 31쌍의 척수신경으로 구분한다.

16. 척수신경은 척수 앞뿔 쪽의 운동신경과 뒤뿔 쪽의 감각신경, 자율신경 일부가 합쳐진 신경으로 각 척추뼈 사이에서 갈라져 나오고 총 31쌍이 존재한다.

17. 자율신경계는 생명 유지에 있어 절대적으로 필요한 호흡, 흡수, 대사, 순환, 배설, 생식의 기능과 관련된 오장육부 및 호르몬을 지배하는 신경으로 인간의 의지와 상관없이 자동으로 작용한다.

18. 교감신경계는 자율신경계의 일종으로 일반적으로 긴장이 되는 상황에 처했을 때 활성화된다. 자극이 없을 때도 항상 약간 활성화되어 있으며 자극을 받으면 활성화의 정도가 높아진다.

19. 부교감신경계는 교감신경계와 함께 자율신경계를 구성하며, 의지와 관계없이 움직이는 모든 장기에 분포해 그 기능을 조절한다.

20. 부교감신경의 기능은 교감신경과 길항작용을 하는 것으로 부교감신경이 긴장하면 동공은 축소하고, 침액, 땀, 눈물의 분비는 증가하며, 혈관은 확장하고 심장박동은 감소하고 식도, 위, 장관, 췌장 등에서의 분비는 증가하고 연동은 항진한다.

실습과제 · 04

1. 실습 진행(실습 소요시간 : 30분) : 작성 후 발표 진행

1) 두개피와 신경계를 통해 건강한 두개피 관리에 관하여 설명하시오.

2) 신경계 및 자율신경계와 인체의 건강관리에 관하여 설명하시오

chapter

05

호르몬학

학·습·목·표

◈ 호르몬과 호르몬의 종류에 관하여 이해하고 설명할 수 있다.

◈ 탈모와 호로몬의 이해를 통해 고객 상담에 적용할 수 있다.

Trichologist

1 호르몬의 이해

호르몬(Hormone)은 그리스어로 자극하다(Hrmao)의 뜻에서 유래하였다. 인체 내에 세포를 자극하는 자극제의 역할을 한다. 별도의 도관을 가지고 있지 않은 호르몬을 내분비선에서 분비되는 내분비물질로, 혈액 혹은 림프와 함께 이동하면서 표적기관을 조절하여 신체 생리기능의 항상성을 유지한다.

호르몬의 항상성 유지기능은 신체가 외부 혹은 내부적으로 받는 스트레스와 같은 자극에도 잘 적응하도록 조절해 준다.

1) 호르몬의 역할

체내에서 분비되는 다양한 종류의 호르몬은 상호 보완작용 또는 억제작용을 통하여 항상성을 유지하는 기능을 한다.

우리 몸의 호르몬 기능은 체액의 내부 환경을 일정하게 유지, 신체의 성장과 발달의 조절, 성적 성숙의 촉진, 성적 리듬 유지, 생식과정의 조정, 에너지 생산율 조절, 대사율 안정 그리고 신체가 스트레스나 위기 상황에 잘 대처하도록 도와준다.

호르몬의 조절 중추는 간뇌의 시상하부이며 피드백의 기능이 있다. 호르몬의 양이 필요량보다 부족하면 조절 중추에 의해 호르몬분비가 촉진되며, 필요량보다 많으면 호르몬분비가 억제되어 호르몬의 분비량을 일정하게 조절한다.

2 호르몬의 종류

호르몬은 생성되는 방식에 따라 내분비호르몬, 측분비호르몬, 자가분비호르몬으로 구분된다.

1) 내분비호르몬

내분비호르몬은 췌장, 부신, 갑상선과 같이 특정 선에서 바로 혈액으로 분비되어 표적기관에 작용하는 호르몬을 칭하며, 다음과 같은 호르몬이 있다.

① 췌장에서 분비되는 인슐린, 글루카곤이 있다.

② 부신피질에서 분비되는 부신피질호르몬이 있다.

③ 뇌하수체전엽에서 분비되는 성장호르몬이 있다.

④ 갑상선에서 분비되는 갑상선호르몬이 있다.

⑤ 난소에서 분비되는 에스트로겐이 있다.

⑥ 고환에서 분비되는 테스토스테론이 있다.

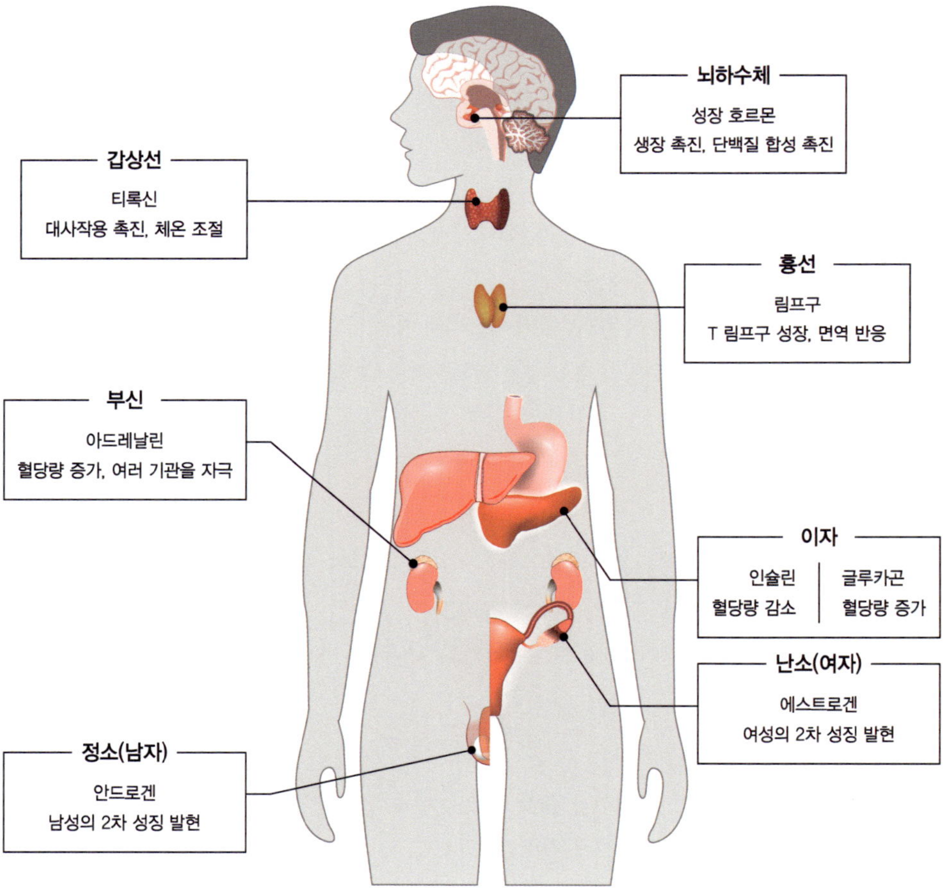

[그림 5-1] 호르몬의 종류와 작용

2) 측분비호르몬

측분비호르몬은 시상하부에서 뇌하수체로 방출되는 호르몬과 같이 혈액을 통해 분비되지 않고 미리 정해져 있는 짧은 경로를 통해 방출되는 호르몬을 말한다. 다음과 같은 호르몬이 여기에 해당한다.

① 송과체에서 분비되는 멜라토닌, 세라토닌이 있다.

② 시상하부에서 분비되는 방출호르몬이 있다.

3) 자가분비호르몬

자가분비호르몬은 생체 내 세포의 분비물을 통해 작용하는 호르몬으로 세포에서 합성되는 생리활성물질인 에이코사노이드(Eicosanoide)가 대표적인 자가분비호르몬이다.

에이코사노이드는 세포와 세포 사이의 정보를 전달하는 역할을 하는 호르몬으로 여타의 모든 호르몬에 영향을 미치며, 노화에 따른 내분비호르몬 감소 시 호르몬의 정보전달에 관여한다.

4) 뇌하수체호르몬

체내의 호르몬분비를 조율하는 호르몬으로 전반적인 신진대사 운영에 중요한 작용을 한다고 말할 수 있다.

뇌하수체호르몬의 이상은 인체 신진대사에 큰 영향을 줄 정도로 많은 부분을 차지하고, 모발과 관련하여 직접 작용하지는 않는다.

뇌의 밑 부분에 있는 완두콩 크기의 뇌하수체에서 분비되는 호르몬을 뇌하수체호르몬이라 한다. 완두콩 크기의 뇌하수체는 0.5~0.6g 정도의 아주 작은 내분비기관으로 혈관계와 직접적인 관계를 맺고 있으며, 위치에 따라 전엽(Anterior pituitary), 중엽(Intermediate pituitary), 후엽(Posterior pituitary)으로 구성되어 있다.

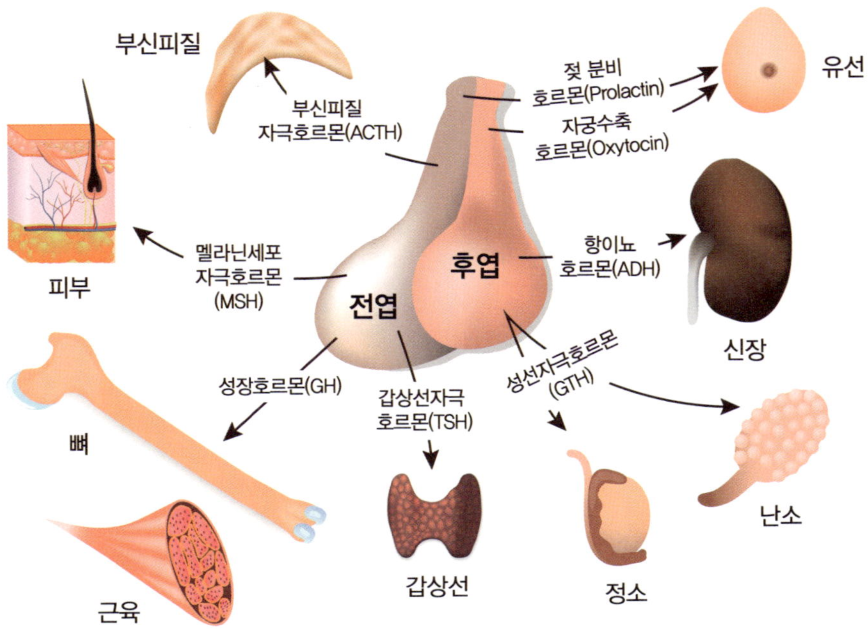

[그림 5-2] 뇌하수체 호르몬

(1) 전엽호르몬

① 성장호르몬(Growth hormone, GH) : 단백성(폴리펩티드)의 호르몬으로, 뼈의 성장, 단백질합성 등 대사를 촉진하여 성장을 촉진한다.

② 갑상선자극호르몬(Thyroid stimulating hormone, TSH) : 전신의 세포에 작용하여 산화를 촉진한다. 혈중 갑상선호르몬 농도에 따라서 분비가 조정된다.

③ 부신피질자극호르몬(Adrenocorticotropic hormone. ACTH) : 부신피질을 자극하여 주로 글루코코르티코이드를 분비시킨다. 혈중 부신피질호르몬의 농도에 따라서 분비가 조절된다.

④ 성선자극호르몬(Gonado tropic hormone, GTH) : 성선을 자극하는 호르몬의 총칭이며, 여성에게서는 난포자극호르몬(Follicle stimulating hormone, FSH)과 황체형성호르몬(Luteinizing hormone, LH)이 있고, 난소에 작용하며 상호보완적으로 난포의 성숙, 배란을 재촉하여 항체

를 형성시킨다. 남성에게서는 정자형성호르몬(Spermatogenic hormone)과 간질세포자극호르몬(Interstitial Cell Stimulating Hormone, ICSH)이 상호 보완하여 정소에 작용하며, 정자형성, 남성호르몬의 생성 등을 하고 있다.

⑤ 황체자극호르몬(Luteotropic hormone, LTH) : 유선의 발육을 촉진하고, 유즙을 분비시킨다. 또한 황체의 유지 및 분비를 촉진한다.

(2) 중엽호르몬

멜라닌세포자극호르몬(Melanocyte stimulating hormone)이 분비되어 멜라닌세포의 멜라닌 과립을 세포 내에 확산시킨다.

(3) 후엽호르몬

① 항이뇨호르몬(Antidiuretic hormone, ADH) : 신장의 원위세뇨관에 작용하여 물의 재흡수를 촉진한다. 체액 삼투압의 상승, 탈수 상태 등의 시기에 분비된다. 또 말초혈관의 평활근에 작용하여 수축시키기 위해서 혈압을 상승시킨다.

② 옥시토신(Oxytocin) : 자궁근에 작용하여 평활근을 수축을 일으키게 하고, 유선의 근상피세포에 작용하여 수축시켜 모유를 분비하게 한다.

③ 엔도르핀(Endorphin) : 엔도르핀이라는 이름은 내인성의 모르핀과 같은 물질인 Endogenous morphine에서 연유한다. 1976년에 동물 뇌의 시상하부 뇌하수체후엽에서 추출된 물질을 분석한 결과 모르핀과 같은 펩타이드 성분이 확인되었다. 모르핀을 대표로 하는 마약성 진통약의 수용체인 오피에이트(아편제) 수용체에 결합한다.

5) 갑상선호르몬

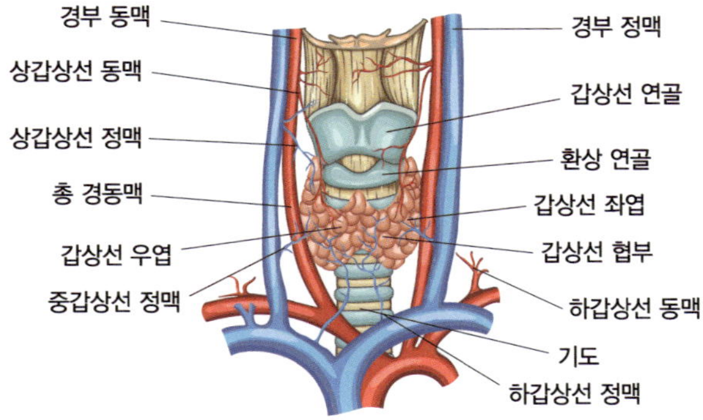

[그림 5-3] 갑상선의 구조

혈관을 통하여 갑상선까지 도달한 요오드 성분에 의하여 만들어지는 호르몬으로 신체 기초대사 조절에 관여한다. 갑상선호르몬의 생성과 조절은 뇌하수체전엽에서 분비되는 갑상선자극호르몬(TSH)의 작용으로 이루어진다.

탈모라는 관점에서 볼 때 갑상선호르몬의 이상 분비는 모발의 비정상적인 발육과 동시에 관리 예후가 좋지 않고 주로 눈썹 산의 바깥쪽인 두상의 측두부에 많이 작용한다.

갑상선 이상에 의해 모발의 건조 현상이 나타날 수 있으므로 모발 진단 시 단순히 화학약품 및 외적인 부분에 의해 나타난 현상인지 내분비 계통에 의해 발생한 문제인지 파악하여 관리의 선택을 결정지어야 하며, 여성의 경우 남성과 비교하면 갑상선 관련 질병의 발병률이 높아 관리에 신중해야 한다.

(1) 갑상선호르몬의 작용

① 모든 조직에 있어서 성장호르몬과 유사하다.

② 모낭 활동을 촉진 휴지기에서 성장기로 전환한다.

③ 타이록신(Thyroxin,T4)이라는 호르몬을 분비한다.

④ 세포의 대사율을 높여 성장과 분화를 촉진한다.

⑤ 부신을 자극하며 부신피질호르몬인 코티솔을 분비한다.

(2) 갑상선기능 저하증

갑상선저하증은 성인에게서는 여성에게 많으며 기초대사율의 감소로 인한 체중의 증가, 권태감, 무기력, 추위에 대한 민감 및 월경이상 등의 특징을 갖는다.

① 탈모관련 증상 : 확산성 탈모증을 일으키며 겨드랑이털과 음모가 적어지는 경향이 있다.

(3) 갑상선기능 항진증

갑상선항진증은 갑상선 기능이 과도로 활동하고 있는 상태로 기초대사의 증가에 따른 갑상선증, 자율신경계의 장애, 크레아틴(Creatine) 대사의 장애를 특징으로 한다.

① 탈모관련 증상 : 과다한 발한과 피지생성, 체중감소, 체온이 높아짐으로써 열에 대해 민감, 신경질, 근육 허약, 반짝이는 눈, 갑상선종의 특징이 있다.

6) 부신피질호르몬

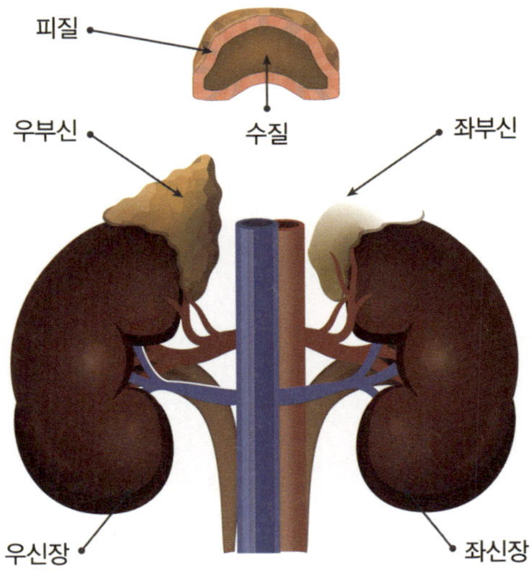

[그림 5-4] 부신피질

부신은 신장 위에 2개를 갖고 있으며, 바깥쪽 부분을 피질, 안쪽 부분을 수질, 탈모와의 연관성은 대부분 부신피질에 영향을 받게 된다.

부신에서 분비되는 호르몬으로 당질 코르티코이드, 염류 코르티코이드, 부신성 안드로겐 등 3종류의 호르몬이 분비되고 있으며, 수분의 균형유지 및 당분의 대사, 면역에 관여한다.

탈모에 있어서 부신피질호르몬이 미치는 영향은 남성형 탈모의 경우 직접적인 요인은 없지만, 이차적인 영향에 의해 여타의 탈모 현상 및 두개피 문제 등이 나타날 수 있다.

부신성 안드로겐호르몬의 경우에는 분비량이 소량이라 남성형 탈모에 미치는 영향이 크지 않지만, 기타 호르몬분비가 인체 면역기능 및 당분 대사, 혈액량 등과 같은 인체 신진대사에 중요하게 작용하므로 부신피질의 이상 현상에서도 직접적이지는 않지만, 이차적으로 탈모 현상이 나타나는 것이다.

부신피질에서는 소량의 남성호르몬이 생산되어 여성의 경우 남성호르몬의 증가 요인이 되며, 부신피질호르몬제는 보통 스테로이드제라고 한다.

(1) 부신피질호르몬의 작용

① 면역계 조절(당질 코르티코이드)

② 당질 대사에 관여(당질 코르티코이드)

③ 나트륨의 신장 재흡수(염류 코르티코이드)

(2) 부신피질 저하 시

① 확산성 탈모

② 빈혈이 생긴다.

③ 겨드랑이털이 감소한다.

④ 신경이 극도로 쇠약해진다.

⑤ 피부 기미 현상이 나타난다.

⑥ 피로감과 함께 체중이 저하된다.

⑦ 애디슨병의 원인이 될 수 있다.

(3) 부신피질 항진 시

① 기름기를 유발한다.

② 확산성 탈모가 생긴다.

③ 쿠싱증후군의 원인이 될 수 있다.

④ 체중 증가에 따른 과도한 지방이 축적된다.

(4) 코티솔(Cortisol)

부신피질에서 분비되는 스트레스호르몬으로, 코티솔은 외부의 스트레스와 같은 자극에 맞서 몸이 최대의 에너지를 만들어 낼 수 있도록 하는 과정에서 분비되어 혈압과 포도당 수치를 높이는 것과 같은 역할을 한다. 그러나 휴지기에서 생장기로의 시작을 방해한다.

7) 남성호르몬

테스토스테론(Testosterone)은 남성의 고환에 존재하는 라이디히세포(Leydig cell)에서 분비되는 호르몬으로 남성은 하루 평균 약 7mg, 여성은 하루 평균 약 0.3mg이 생산된다. 근육량 증가, 목소리 변화, 정자생성, 피지분비, 남성의 생식기 발달, 체모, 성욕 등의 변화에 관여한다.

혈중 테스토스테론의 농도는 지속적으로 일정 수치가 유지되는 것이 아니라, 남성의 경우에는 20세 이후 점차 감소하는 반면, 여성은 사춘기 이후 비슷한 수치의 농도를 유지하는 것이 특징이다.

탈모와의 관계에서도 다양한 형태로 차이를 보이지만, 탈모인과 비탈모인의 남성호르몬 농도 변화에는 큰 차이가 없다. 남성호르몬의 탈모에 대한 작용은 남성호르몬 자체보다 환원효소와의 작용을 통한 대사물질인 DHT(Dihydrotestosterone)의 작용이 영향을 준다.

디하이드로테스토스테론은 테스토스테론의 약 10% 정도가 환원효소(5-α Reductase)에 의해 전환되며, 테스토스테론보다 약 10배 강력한 효과를 지니고 있다. 주로 전립선, 피부 등에 작용하며, 유전인자를 지닌 모낭에도 작용하여 연모화를 유발하는 데 직접 관여한다.

(1) 남성호르몬의 작용

① 근육 형성, 체형, 지방 분포 및 피지분비에 영향을 준다.

② 수염, 체모, 성기, 후두의 형성과 성장에 영향을 준다.

③ 정자생성 및 성욕 증진과 월경, 음낭의 성장작용을 한다.

(2) 테스토스테론의 작용

체모의 성장에 관여하고, 여드름 생성에 관여, 남성의 외부생식기 생성, 앞이마(헤어라인)가 후퇴하며, 전립선 비대증을 유발한다.

8) 여성호르몬

여성호르몬은 크게 난포호르몬과 황체호르몬으로 나뉜다. 난포호르몬은 사춘기 이후 분비가 증가하여 여성의 생식기 발육을 촉진하고 폐경기 이후에는 그 분비량이 급격히 감소하거나 정지한다. 체내에서 에스트론, 에스트라디올, 에스트리올의 3가지 물질의 형태로 존재한다.

황체호르몬은 여성의 임신과 관련이 있는 호르몬으로 수정란의 착상을 돕거나, 임신을 유지하며, 체온을 상승시키는 작용을 한다. 여성호르몬의 분비량 변화는 여성의 생식기 변화 외에도 모발, 피지선의 피지분비, 여성의 복부비만 등과 같은 인체 여러 곳에서 다양하게 나타난다. 특히 모발의 경우 폐경기 이후가 되면서 탈모량이 증가하는 경우가 종종 있다.

폐경기 이후에 발생하는 여성 탈모의 경우에는 피지분비의 이상 및 정신적 불안정, 남성호르몬의 변화 등이 같이 나타나 두피, 탈모 관리에 있어서도 관리 예후가 좋지 않다.

(1) 여성호르몬의 작용

① 심근경색과 골다공증을 예방한다.

② 뼈 생성과 체액 균형을 유지한다.

③ 남성의 정자세포 활동성에 영향을 준다.

④ 피지분비(피부) 및 순환기(혈관)에 영향을 준다..

9) 멜라토닌

간뇌의 송과선에서 세로토닌에 의해 생성되는 물질로 일몰 후 분비되는 호르몬으로 강력한 산화 방지물질이며, 테스토스테론, 성장호르몬, 코르티솔 등의 호르몬분비에 관여한다.

멜라토닌은 일조량이 짧아지는 겨울철에 많이 분비되며, 체내에서 저지방 콜레스테롤의 수치를 낮추고, 신체 리듬 조절, 노화 방지 등의 기능을 한다.

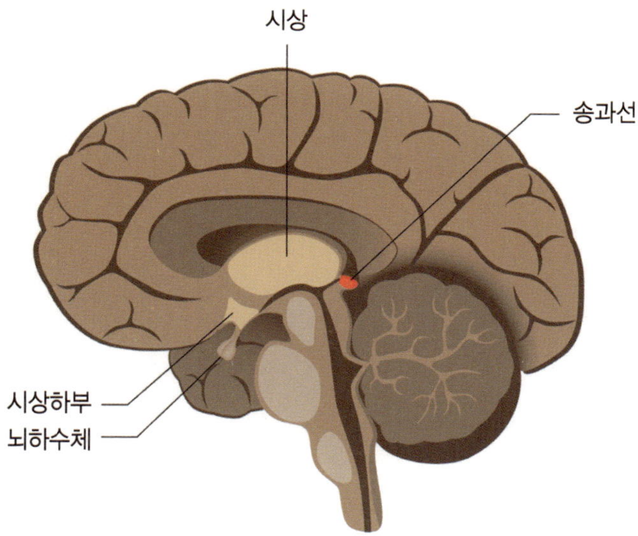

[그림 5-5] 송과선

단원학습정리 · 05

1. 호르몬은 그리스어로 자극하다의 뜻인 Hrmao에서 유래하였다. 인체 내에 세포를 자극하는 자극제의 역할을 한다.

2. 체내에서 분비되는 다양한 종류의 호르몬은 상호 보완작용 또는 억제작용을 통하여 항상성을 유지하는 기능을 한다.

3. 내분비호르몬은 췌장, 부신, 갑상선과 같이 특정 선에서 바로 혈액으로 분비되어 표적기관에 작용하는 호르몬을 칭한다.

4. 측분비호르몬은 시상하부에서 뇌하수체로 방출되는 호르몬과 같이 혈액을 통해 분비되지 않고, 미리 정해져 있는 짧은 경로를 통해 방출되는 호르몬을 말한다.

5. 자가분비호르몬은 생체 내 세포의 분비물을 통해 작용하는 호르몬으로 세포에서 합성되는 생리활성물질인 에이코사노이드(Eicosanoide)가 대표적인 자가분비호르몬이다.

6. 뇌하수체호르몬은 체내의 호르몬분비를 조율하는 호르몬으로 전반적인 신진대사 운영에 중요한 작용을 한다고 말할 수 있다.

7. 뇌하수체호르몬은 뇌의 밑 부분에 위치하여 뇌하수체에서 분비되는 호르몬으로 위치에 따라 전엽, 중엽, 후엽으로 구성되어 있다.

8. 전엽호르몬은 성장호르몬, 갑상선자극호르몬, 부신피질자극호르몬, 성선자극호르몬, 황체자극호르몬으로 나눠진다.

9. 중엽호르몬은 멜라닌세포자극호르몬(Melanocyte stimulating hormone)이 분비되어 멜라닌세포의 멜라닌과립을 세포 내에 확산시킨다고 한다.

10. 후엽호르몬은 항이뇨호르몬, 옥시토신, 엔도르핀을 생성한다.

11. 갑상선호르몬의 생성과 조절은 뇌하수체전엽에서 분비되는 갑상선자극호르몬(TSH)의 작용으로 이루어진다.

12. 갑상선저하증은 성인에게서는 여성에게 많으며 기초대사율의 감소로 인한 체중의 증가, 권태감, 무기력, 추위에 대한 민감 및 월경이상 등의 특징을 갖는다.

13. 갑상선항진증은 갑상선 기능이 과도로 활동하고 있는 상태로 기초대사의 증가에 따른 갑상선증, 자율신경계의 장애, 크레아틴(Creatine) 대사의 장애를 특징으로 한다.

14. 부신은 신장 위에 2개를 갖고 있으며, 바깥쪽 부분을 피질, 안쪽 부분을 수질, 탈모와의 연관성은 대부분 부신피질에 영향을 받게 된다. 부신에서 분비되는 호르몬으로 당질 코르티코이드, 염류 코르티코이드, 부신성안드로겐 등 3종류의 호르몬이 분비된다.

15. 부신피질에서 분비되는 스트레스 호르몬으로 코티솔은 외부의 스트레스와 같은 자극에 맞서 몸이 최대의 에너지를 만들어 낼 수 있도록 하는 과정에서 분비되어 혈압과 포도당 수치를 높이는 것과 같은 역할을 한다.

16. 테스토스테론(Testosterone)은 남성의 고환에 존재하는 라이디히세포(Leydig cell)에서 분비되는 호르몬으로 남성은 하루 평균 약 7mg, 여성은 하루 평균 약 0.3mg이 생산되며, 근육량 증가, 목소리 변화, 정자생성, 피지분비, 남성의 생식기 발달, 체모, 성욕 등의 변화에 관여한다.

17. 남성호르몬의 탈모에 대한 작용은 남성호르몬 자체보다는 환원효소와의 작용을 통한 대사물질인 DHT의 작용이 영향을 준다. 디하이드로테스토스테론은 테스토스테론의 약 10% 정도가 환원효소(5-α Reductase)에 의해 전환되며, 테스토스테론보다 약 10배의 강력한 효과를 지니고 있다.

18. 여성호르몬은 크게 난포호르몬과 황체호르몬으로 나누어지며, 난포호르몬은 사춘기 이후 분비가 증가하여 여성의 생식기 발육을 촉진하고 폐경기 이후에는 그 분비량이 급격히 감소하거나 정지한다. 체내에서 에스트론, 에스트라디올, 에스트리올의 3가지 물질의 형태로 존재한다.

18. 황체호르몬은 여성의 임신과 관련이 있는 호르몬으로 수정란의 착상을 돕거나, 임신을 유지하며 체온을 상승시키는 작용을 한다.

19. 멜라토닌은 간뇌의 송과선에서 세로토닌에 의해 생성되는 물질로 일몰 후 분비되는 호르몬으로 강력한 산화 방지물질이며, 테스토스테론, 성장호르몬, 코르티솔 등의 호르몬분비에 관여한다.

실습과제 · 05

1. 실습 진행(실습 소요시간 : 30분) : 작성 후 발표 진행

1) 호르몬과 탈모 및 인체의 영향에 관한 연관성에 대하여 설명하시오.

2) 호르몬분비 이상으로 두개피부의 문제가 된 사진을 스크랩하시오.

chapter

06

영양학

학·습·목·표

- ◈ 두개피 관리에 필요한 영양성분에 관하여 이해하고 설명할 수 있다.
- ◈ 두개피 건강을 위한 영양에 관하여 이해하고 설명할 수 있다.
- ◈ 고객 상담 시 고객의 식생활 개선에 조언할 수 있다.

① 두개피 영양

음식 등을 섭취하여 혈액과 근육, 뼈, 피부, 모발 등 여러 가지 체내성분을 합성한다. 인체의 성장발달에 필수적인 물질로서 에너지를 공급하며, 사람의 생명과 건강을 유지해 주는 역할을 한다. 이를 구성하는 5대 영양소에는 탄수화물, 단백질, 지방, 비타민, 무기질이 있다.

1) 탄수화물

탄수화물(Carbohydrates)은 체세포에 에너지를 공급시키는 중요한 역할로 에너지 공급의 주된 요인이 대부분 탄수화물에서 얻어지는 포도당이다.

당질은 가수분해가 되어 생성되는 단당류의 수에 따라 단당류와 이당류, 다당류 등으로 분류한다.

① 단당류는 한 분자의 당으로만 이루어졌으며, 포도당, 과당, 갈락토스가 있다. 이당류는 맥아당과 자당, 유당이 있다.

② 다당류는 여러 분자의 단당류가 결합한 것으로 전분과 글리코겐이 있고 식생활에서 가장 많이 섭취하는 식이섬유소이다.

③ 포도당은 이당류와 다당류가 소화로 분해될 때 만들어지는 최종 산물로 혈액 속을 지속적으로 순환하고 몸의 모든 세포가 사용할 수 있도록 만들어졌다.

[표 6-1] 탄수화물의 분류

구분		특징
단당류	포도당	혈중에 존재
	과당	과일즙, 벌꿀
	갈락토오스	동물의 유즙
이당류	맥아당(포도당+포도당)	식혜
	자당(포도당+과당)	일명 설탕, 과일, 사탕수수
	유당(포도당+갈락토오스)	동물의 유즙
올리고당	3~4개의 단당류	감미료
다당류	전분(식물에 존재)	곡류, 감자류, 콩류
	글리코겐(동물에 존재)	조개류, 굴, 균류, 효모
	식이섬유소	곡류, 채소

2) 단백질

단백질(Protein)은 유기화합물로 생명 유지에 있어 필수 영양소이며, 여러 종류의 아미노산들이 모여 인체의 구성성분을 이룬다.

모발의 주성분은 경케라틴 단백질로 약 18종의 아미노산으로 구성되어 있으며, 아미노산에는 인체 내에서 합성되지 않고 식품으로 섭취하여야 하는 필수 아미노산과 인체 내에서 합성 가능한 비필수 아미노산이 있다.

[표 6-2] 아미노산의 종류

구분	종류	
필수 아미노산	아르기닌(Arfinine)	히스티딘(Histidine)
	이소루이신(Isoleucine)	루이신(Leucine)
	리신(Lysine)	메티오닌(Methionine)
	페닐알라닌(Phehylalanine)	트레오닌(Threonine)
	트립토판(Tryptophan)	발린(Valine)
비필수 아미노산	알라닌(Alanine)	아스파라긴(Asparagine)
	아스파라긴산(Aspatic acid)	시스틴(Cystine)
	시스테인(Cysteine)	글루타민(Glutamine)
	글루타민산(Glutamic acid)	글리신(Glycine)
	프롤린(Proline)	티로신(Tyrosine)

3) 지질

지질(Lipoid)은 지방의 동의어로 사용되기도 한다. 탄수화물보다 산소분자를 적게 함유하고 있으므로 같은 양이라도 더 많은 에너지를 생산해낸다.

지질 중 체내에서 합성하지 못하는 지방산은 외부에서 음식물로 꼭 섭취해야 하는데 이를 필수 지방산이라 한다. 또한 리놀레산(Linoleic acid), 리놀렌산(Linolenic acid), 아라키돈산(Arachidonic acid) 등이 있다.

지방은 힘과 열을 내는 에너지의 원료로 체지방이 되거나 호르몬의 생리 활동에 관여한다. 식품 중에 존재하는 지방은 포화지방산과 불포화지방산으로 분류할 수 있다.

[표 6-3] 필수지방산의 종류와 기능

구분	지방산	작용	급원
N-6계 (오메가6)	리놀레산	항피부염 인자, 성장인자	옥수수유, 대두유, 해바라기씨
	아라키돈산	세포막 구조기능 유지	육류
N-3계 (오메가3)	리놀렌산	성장인자	호두, 밀배아, 대두, 카놀라유
	EPA	혈중 콜레스테롤 감소	참치, 정어리, 고등어, 연어 등
	DHA	뇌의 구성성분	

4) 비타민

비타민은 유기화합물로 신진대사작용, 기능 유지, 성장을 위해 필수적인 영양소이다. 체내에서는 만들 수 없으며, 지용성 비타민과 수용성 비타민으로 구분한다.

비타민 A, D, E, K는 지용성 비타민에 속하며, 비타민 B 복합체와 비타민 C, P 등은 수용성 비타민에 속한다.

지용성 비타민은 체내에 축적되어 이용할 수 있지만 수용성 비타민은 체내에 축적되지 않으므로 매일 필요량을 섭취하여야 한다.

비타민의 기능은 탄수화물, 단백질, 지방 대사에 보조효소로 이용되며, 세포 성장을 촉진, 상처의 치유기능, 질병 예방 등 다양한 기능을 한다.

[표 6-4] 지용성 비타민

종류	작용	결핍	과잉	식품
비타민 A (retinal)	부신과 갑상선기능, 골격 성장, 항산화 작용	야맹증, 두피 건조증 등	피부 및 모발 건조, 피부박리 등	계란, 우유, 치즈, 당근, 시금치, 브로콜리, 살구 등
비타민 D (칼시페놀)	탈모 후 모발재생, 뼈성장, 칼슘과 인의 대사	구루병, 골다공증, 건선경화증 등	탈모, 구토, 신장이나 심장 손상 등	난황, 간, 고등어, 정어리, 참치, 우유, 버섯 등
비타민 E (tocopherol)	피부 노화방지, 혈액순환 촉진, 항산화 작용	성장불량, 근육 및 신경세포의 손상 등	건성피부, 빈혈, 수족냉증, 피부염 등	대두류, 견과류, 과일, 채소 등
비타민 K (필로퀴논)	혈액응고, 세포신진 대사의 산화	피부염, 혈액응고지연 등	신생아의 경우 출혈 등	해조류, 곡류의 배아, 푸른 채소 등

5) 무기질

체내에서 무기질은 4%로 구성되어 있으며, 미네랄이라고도 한다. 무기질은 에너지원은 아니지만, 여러 가지 생리기능을 조절한다. 소화액이나 세포 안과 주위에 있는 체액을 만들고 유지하는 데 필요하다.

인체의 건강을 유지하는 데 필요한 무기질은 대량 무기질과 미량 무기질을 포함하여 21종이 있다.

[표 6-5] 대량 무기질

종류	작용	결핍	식품
칼슘(Ca)	골격, 치아의 형성, 혈액의 응고 등	골다공증, 탈모, 골격 및 치아, 근육통, 불면증 등	육류, 우유, 해조류, 뼈째 먹는 생선, 굴 등
인(P)	골격과 치아의 형성, 영양소 흡수와 운송 등	피부건조, 피곤함, 근육 약화, 내분비장애 등	우유, 유제품, 곡류, 콩류, 미꾸라지, 해조류 등
나트륨(Na)	근육의 자극 및 수축, 체내 수분 순환 등	저혈압, 집중력 저하, 피로감, 불안, 근육경련 등	젓갈, 김치, 간장, 가공식품, 짠 음식 등
염소(Cl)	혈액의 pH와 삼투압과 물의 균형유지 등	소화흡수 저하 등	육류, 생선, 곡류, 콩류, 채소, 달걀, 견과류 등
칼륨(K)	세포액의 보전 및 정상적인 삼투압과 수분의 균형유지 등	신경질환, 권태감, 두피 탄력 저하, 불면증 등	어패류, 콩류, 곡류, 오렌지, 바나나 등
마그네슘(Mg)	신경자극 전달, 근육 이완, 골격과 치아의 구성 등	눈떨림, 근육수축과 신경의 불안정, 피로감 등	견과류, 코코아, 대두, 통밀, 해조류 등
황(S)	조직의 호흡작용, 생물적 산화과정에 관여 등	모발이나 피부, 손톱을 약하고 거칠게 함	양파, 마늘, 치즈, 유제품, 아스파라거스 등

6) 중금속

중금속은 밀도(Density) 4 이상의 금속원소를 일컫는 용어로 인체에 해로운 영향을 준다. 체내에 들어온 유해 중금속은 체내 물질과 결합해 잘 분해되지 않는 유기 복합체를 형성하고, 형성된 유기 복합체는 외부로 쉽게 배출되지 않고 간장, 신장 등의 장기나 뼈에 쌓이게 된다.

중금속은 혈액 생산을 방해하고 중추신경을 마비시키는 유해한 영향을 미치므로 주의해야 하는 물질이다.

(1) 중금속의 구분

① 생리기능을 유지하는데 필요한 필수 중금속인 아연, 철, 구리 등

② 인체에 유해한 중금속으로 알루미늄, 수은, 납, 카드뮴, 비소 등

[표 6-6] 중금속의 종류

종류	특징	작용
알루미늄(Al)	조리 도구, 알루미늄 호일, 탈취제, 식탁용 소금, 일부 재산제 등	변비, 식욕 저하, 에너지 저하, 근육경련, 기억력 감퇴, 건망증 등
수은(Hg)	폴리염화비페닐(PCB), 살균제, 치아 충전제, 농약 등	감각손상, 식욕과 체중 저하, 불면증, 어지럼증, 두통, 감정적 장애 등
납(Pb)	석유, 납, 수도관파이프, 페인트, 일부 연모제 등	두통, 기억력 저하, 신장의 문제, 아이들의 과다활동성, 학습장애 등
카드뮴(Cd)	담배와 담배연기, 살충제 카드뮴을 함유한 수도관을 따라 흐르는 물 등	수치가 높으면 신장 손상, 폐 문제, 고혈압, 피로감, 체중감소 등
비소(As)	살충제, 살균제, 일부 의약품 등	붉은 발진, 근육 쇠약, 설사, 전반적인 에너지 부족 등

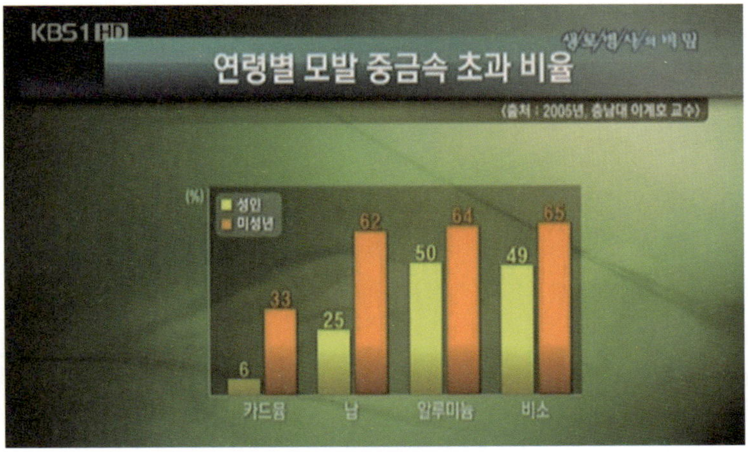

[그림 6-1] 모발 중금속 비율

2 두개피 건강을 위한 영양

1) 물

인체에서 가장 필요한 영양소는 물이며 이를 대체할 수 없는 영양소는 없다. 적당한 물의 섭취는 신체의 노폐물을 체외 배설과 함께 혈액과 조직액의 순환을 도와 신진대사의 기능을 촉진해 준다.

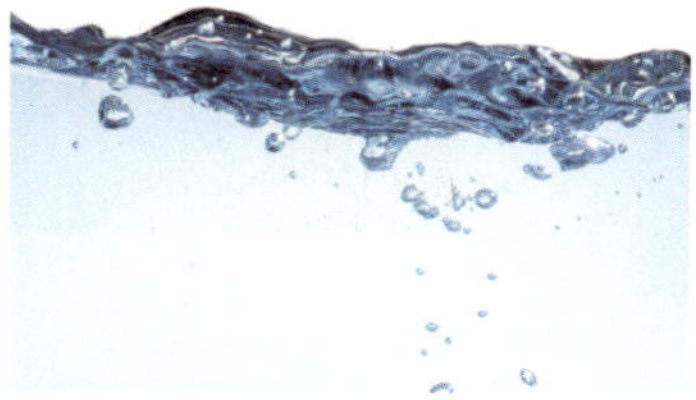

물이 필요량보다 적게 섭취될 경우 두피가 얇아져서 혈액순환이 저하되고 두피 건강이 나빠지게 된다. 물은 성인 평균 체중의 약 45~65%를 차지하며, 하루 적정 섭취량은 1.5~2L이다.

- 종류 : 생수, 육각수, 알칼리수 등

2) 콩류

콩은 식물성 단백질 식품군으로 단백질은 신체조직의 구성성분으로 필요하다. 또한 체내 신진대사에 관여하는 것으로 특히 피의 생성과 기능 및 면역기능에 관여한다.

모발 성장촉진에 있어 단백질은 모발생성의 근본인 혈액 및 호르몬 등 신진대사기능의 정상화와 피부염 등을 예방하고, 모발의 구성성분인 아미노산의 주공급원이다. 단백질의 원활한 공급은 모발 건강의 근본인 동시에 모발생성에 있어 필요한 부분이다.

단백질은 스트레스와도 깊은 관련이 있는 부분으로 면역력 및 세포조직의 약화 등을 막아주는 작용을 하므로, 스트레스로 인한 피부염 및 각종 신체 문제에 영향을 준다.

- 종류 : 검은콩, 검은깨, 우유, 찹쌀, 메밀, 두부, 간 등

3) 해조류

해조류는 각종 미네랄, 요오드, 비타민 등의 영양소를 풍부하게 함유하고 있어 모발의 성장뿐만 아니라 혈관질환인 동맥경화, 고혈압 등의 예방에도 효과적이기 때문에, 모발의 영양을 전달하는데 필수적인 혈액순환에 도움을 준다. 체내에 대한 해조류의 작용은 부족하기 쉬운 칼슘의 섭취로 균형 있는 영양섭취에 도움을 준다.

- 종류 : 미역, 다시마, 김, 조개류, 어류, 장어 등

4) 과일 및 야채

녹황색 채소 및 과일에 다량 함유된 비타민은 에너지를 직접 생성해내지는 않지만, 신진대사 기능에 필수로 비타민 부족은 체내 에너지 합성에 장애 요인으로 작용하며 모발 및 두피에 대해서도 영향을 미친다.

- 종류 : 사과, 배, 복숭아, 포도, 토마토, 파, 시금치, 쑥갓, 버섯, 생강, 마늘, 솔잎, 목이버섯, 연근 등

5) 견과류

견과류는 건강에 좋은 오메가3 지방산을 다량 함유하고 있어 혈압이나 콜레스테롤을 낮추는 데 도움이 되며, 심장질환, 심근경색, 당뇨에도 좋다.

- 종류 : 호두, 아몬드, 잣, 캐슈넛, 땅콩, 헤이즐넛, 피스타치오, 해바라기씨, 각종 씨 등

3 파이토케미컬

[그림 6-2] 파이토케미컬

파이토케미컬(Phytochemical)의 어원은 그리스어의 식물을 뜻하는 피토(Phyto)와 화학물질 케미컬(Chemical)의 합성어로, 채소와 과일에 들어있는 식물성 화학물질을 말한다. 이는 식물이 병원균이나 해충, 미생물 등으로부터 자신을 보호하기 위해 만들어내는 일종의 보호물질로 파이토케미컬은 상당수의 의약품에 활용되고 있다.

인체에 항산화 작용, 세포 손상 억제, 면역기능 향상 등에 영향을 주고 이를 제7의 영양소로도 불린다.

1) 레드푸드(Red food)

① 폴리페놀 성분은 발암물질을 수용성으로 만들어 몸 밖으로 내보내는 작용을 한다.

- 종류 : 토마토, 사과, 딸기, 수박, 자두, 석류, 붉은 고추, 대추, 오미자 등

② 라이코펜은 남성 전립선을 튼튼하게 하고 폐암을 예방하는 효과가 있다.

- 종류 : 구아바, 파파야, 핑크 자몽, 수박, 토마토 등

③ 캡사이신은 혈액 응고의 위험을 줄여서 심혈관계 질환을 예방한다.

- 종류 : 붉은 고추

④ 플라보노이드는 암세포의 성장을 억제한다.

- 종류 : 적포도, 블루베리, 체리, 붉은 양배추 등

2) 그린푸드(Green food)

① 설포라페인 성분이 혈압과 혈중 콜레스테롤을 낮추며, 위염을 일으키는 헬리코박터 파일로리균을 억제하는 작용도 한다.

- 종류 : 브로콜리, 양배추, 아스파라거스, 셀러리, 오이, 시금치, 매실, 녹색 파프리카, 피망, 아보카도, 키위 등

② 인돌이 다량 함유돼 있어 발암물질로부터 몸을 보호하고, 간의 독소를 빼는 역할을 하는 것으로 알려져 있다.

- 종류 : 배추, 양배추, 케일과 같이 녹색 잎사귀 야채 등

③ 루테인과 제아잔틴 성분은 눈을 건강하게 한다.

- 종류 : 완두콩, 아보카도, 키위, 시금치 등

3) 블랙푸드(Black food)

① 플라보노이드 성분이 함유돼 있어 노화 방지와 항암 작용 등의 효능이 있다.

- 종류 : 검은쌀, 검은깨, 검은콩, 오징어 먹물, 김, 미역, 다시마 등

② 셀레늄과 레시틴의 여러 무기질과 비타민이 플라보노이드와 함께 상승효과를 나타낸다.

- 종류 : 검은색 곡류와 해조류 등

③ 이소플라본은 여성 호르몬(에스트로겐)의 역할을 하여 갱년기 장애 극복에 도움이 된다.

- 종류 : 검은 콩

4) 화이트푸드(White food)

① 안토크산틴은 노화 억제와 항암작용을 한다.

- 종류 : 마늘, 양파, 무, 감자, 버섯, 도라지, 콩나물, 생강, 바나나, 배, 백도 등

② 알리신은 혈중 콜레스테롤을 낮추어 고혈압과 동맥경화를 예방한다.

- 종류 : 마늘, 양파의 매운 맛

③ 사포닌은 항암작용을 통해 암세포의 증식을 억제한다.

- 종류 : 감자류

④ 제니스테인과 다이아드제인, 파이코스테롤은 항암작용과 골다공증 위험을 감소시킨다.

- 종류 : 대두, 두부, 두유, 콩가루

5) 옐로푸드(Yellow food)

① 베타카로틴은 노화와 암세포 생성을 억제하는 성분이 있다.

- 종류 : 늙은 호박, 노랑 파프리카, 유자, 파인애플, 망고, 당근, 밤, 호박, 파파야, 귤, 오렌지, 감, 살구, 황도 등

② 베타카로틴과 약간의 알파카로틴은 야간 시력과 건강한 피부에 필수적인 비타민 A로 전환되어 야맹증, 안구건조증, 백내장 등을 예방하고, 세포 분화 등에 도움이 된다.

- 종류 : 야채나 과일 등

6) 두개피 건강을 위해 피해야 할 음식

① 인스턴트 및 패스트푸드

② 카페인 식품

③ 동물성 지방이 많은 음식

④ 단 음식

⑤ 짜고 자극적인 음식

⑥ 캔 음료 및 통조림

[표 6-7] 음료별 카페인 함량

종류	카페인 함량	종류	카페인 함량
두통약	50mg	초콜릿	16~28mg
종합감기약	10~15mg	초콜릿(다크)	34mg
커피 아이스크림	20~33mg	콜라류	13~25mg
초콜릿 아이스크림	10mg	자양강장제	30mg
녹차 아이스크림	50~100mg	캔커피	45~47mg
우유(커피맛)	45~47mg	프라푸치노 커피	78mg
요구르트(커피맛)	36mg	홍차	20~60mg
아이스티(레몬맛)	37.3mg	우롱차	20~60mg
케이크	36mg	녹차	15~25mg
껌(커피맛)	32mg	코코아	6~7mg

단원학습정리 · 06

1. 음식 등을 섭취하여 혈액과 근육, 뼈, 피부, 모발 등 여러 가지 체내성분을 합성하여 인체의 성장발달에 필수적인 물질로서 에너지를 공급한다.

2. 인간의 생명과 건강을 유지해 주는 역할을 한다. 이를 구성하는 5대 영양소에는 탄수화물, 단백질, 지방, 비타민, 무기질이 있다.

3. 탄수화물은 체세포에 에너지를 공급시키는 중요한 역할로, 에너지 공급의 주된 요인이 대부분 탄수화물에서 얻어지는 포도당이다.

4. 당질은 가수분해가 되어 생성되는 단당류의 수에 따라 단당류와 이당류, 다당류 등으로 분류한다.

5. 단백질(Protein)은 유기화합물로 생명 유지에 있어 필수 영양소이며, 여러 종류의 아미노산들이 모여 신체의 구성성분을 이룬다.

6. 지질은 지방의 동의어로 사용되기도 한다. 탄수화물보다 산소분자를 적게 함유하고 있으므로 같은 양이라도 더 많은 에너지를 생산해낸다.

7. 비타민은 유기화합물로 신진대사작용, 기능유지, 성장을 위한 필수 영양소이다. 체내에서는 만들 수 없으며, 비타민은 지용성 비타민과 수용성 비타민으로 구분한다.

8. 지용성 비타민은 체내에 축적되어 이용할 수 있지만, 수용성 비타민은 체내에 축적되지 않으므로 매일 필요량을 섭취하여야 한다.

9. 비타민의 기능은 탄수화물, 단백질, 지방 대사에 보조효소로 이용되며, 세포 성장을 촉진, 상처의 치유기능, 질병 예방 등 다양한 기능을 한다.

10. 체내의 구성은 탄수화물, 단백질, 지방, 물이 96%이며, 무기질이 4%로 구성되어 있다. 에너지원은 아니지만, 여러 가지 생리기능을 조절한다.

11. 두개피 건강을 위한 영양은 물, 콩류, 해조류, 녹황색 야채 및 과일, 녹차, 신장에 좋은 약초, 블랙푸드 등이 있다.

실습과제 · 06

1. 실습 진행(실습 소요시간 : 30분) : 작성 후 발표 진행

1) 두개피 관리에 필요한 영양성분에 관하여 설명하시오.

2) 두개피 건강을 위한 영양에 관하여 설명하시오.

chapter

07

두개피 관리를 위한 아로마요법

Trichologist

학·습·목·표

◈ 아로마 오일에 관한 이론을 바탕으로 건강한 두개피 관리를 위해 설명할 수 있다.

◈ 두개피 관리를 위한 아로마 블랭딩을 할 수 있다.

◈ 아로마 오일을 활용하여 두개피 관리용 제품에 활용할 수 있다.

1 아로마테라피(Aromatherapy)의 이해

아로마요법의 어원은 향기를 뜻하는 “Aroma”와 치료를 뜻하는 “Therapy”가 합쳐져서 만들어진 합성어로, 향기 나는 식물에서 추출한 휘발성 정유의 기운을 이용하여 사람의 몸과 마음을 치유하고, 면역력을 길러주며, 정신적, 신체적, 사회적, 환경적인 면에서 탁월한 치유 효과를 가져오는 향기 요법을 의미하여 대체의학으로 쓰이고 있다.

아로마테라피라는 용어는 1920년대 프랑스 화장품 화학자인 르네 모리스 가타포세(Rene Maurice Gattsfosse)가 처음 만든 용어로, 실험 도중 사고로 입은 심한 화상 부위에 라벤더 오일(Lavenda oil)을 사용하게 되면서 아로마 오일의 강력한 방부 효과, 상처치유 효과, 통증 완화 효과를 알게 되어 그는 아로마 연구에 일생을 바치게 되었다.

아로마 오일은 구강과 코를 통해 흡입하거나 피부로 체내에 흡수되어 인간의 몸과 마음의 균형을 회복시키는 자연요법이라고 할 수 있다. 즉, 아로마 오일은 코의 후각 신경을 통해 뇌에 전달되어 인간의 기억, 감정, 호르몬 등에 영향을 미치기도 하고, 바이러스나 세균에 대항하는 성질이 있어 혈관 확장이나 수축 등 치료에 효과를 줄 수 있다.

아로마테라피는 인체의 스트레스를 완화하고, 세포 면역력을 개선하며, 몸의 치유력을 향상하는 것이 목표라고 할 수 있다.

Tip	호주의 아로마테라피스트 살바토레(Salvatore Battaglia)는 식물 향유로 병을 치유하는 의미로는 아로마테라피보다 에센셜 오일테라피라는 용어가 더 적합하다고 정의한다.

1) 전인 치료적 의미(육체적, 정신적 치료)

아로마테라피“Aromatherapy”는 프랑스 화학자인 가티포세(Gattefosse)가 1928년에 과학저널에서 언급한 프랑스어 “아로마테러피(Aromatherapie)”에서 기원한다. 에센셜 오일의 특성을 증명하면서 그 당시에는 전통적인 약과 동등하게 보았다. 또한 의학적인 근거를 가지고 에센셜 오일을 이용한 요법으로 아로마테라피를 발전시켰다. 그로 인하여 현대 과학 및 실험에 기초한 아로마테라피 체제를 만들었다.

로버트 티져랜드(Robert tisserand)의 저서 "Art of aromatherapy"에서 여러 가지 측면에서 사람들에게 임상적인 효과를 보이고 발전하게 된 계기가 되었다. 의학적인 측면에서의 아로마테라피는 프랑스의 경우 의학적인 훈련을 받은 의사들에 의해 시행되는 의학적 아로마테라피에 대한 것을 의미한다.

프랑스 의사들은 에센셜 오일을 이용해 전염성 질병의 임상 치료를 해왔으며, 암 치료에 에센셜 오일과 의학적 식물요법을 광범위하게 사용한 프랑스 의사는 아로마 오일을 내복 사용하는 것에 관하여 "아로마테라피의 내복에 대한 우리의 견해는 매우 명백하다. 아로마 오일이 신체의 각기 다른 기관에 매우 뚜렷한 효과를 주는 약품이긴 하지만 그것들은 의학적인 통제하에서 적용해야 한다"라며 무분별하게 섭취하는 것에 주의를 기울여야 한다고 강조하였다.

2) 아로마의 흡수경로

아로마 에센셜 오일은 피부와 호흡기를 통해서 흡수된다. 아로마 에센셜 오일은 피부와 호흡기를 거쳐 폐를 통해 혈관으로 들어가 온몸으로 흡수되며, 신경계를 통해 뇌신경을 직접 자극하여 몸과 마음을 건강하게 한다.

(1) 피부를 통한 흡수(마사지)

아로마 오일은 향, 휘발성, 농도 등이 강하기 때문에 피부의 지질에 침투, 흡수를 원활하게 만들어 주기 위해 캐리어 오일을 블렌딩하여 사용한다. 이렇게 캐리어 오일과 함께 사용된 에센셜 오일은 소변, 땀, 폐를 통한 호흡 등의 방법으로 체외로 배출된다.

일반적인 사람의 경우 반나절, 즉 6시간가량 지나면 아로마 오일의 성분이 땀, 소변, 호흡 등의 방법으로 모두 배출되어 체내에 남아 있지 않게 된다.

① 피부를 재생시키는 효과가 있다.

② 림프관 모세혈관에 영향을 미친다.

③ 피부를 통해서 아로마가 효과를 준다.

④ 한 가지 아로마 오일을 오랜 시간 자주 사용 시 유해한 경우도 있다.

(2) 후각기능을 통한 흡수

① 코의 점막에 있는 후각세포에서 후각신경을 거쳐 대뇌의 변연계에 전달된다.

② 변연계는 시상하부를 자극하고, 시상하부는 다시 뇌하수체에 자극을 전달한다.

③ 시상하부가 자율신경계에 영향을 주기 때문에 향기로 뇌에 영향을 미친다.

(3) 폐를 통한 흡수

① 이산화탄소와 산소의 교환 시 탈산화된 폐정맥을 통해서 폐로 돌아간다.

② 폐순환을 통해서 산소와 혈액을 계면활성하는 기관이다. 이곳에서 아로마의 향은 혈액 속에 녹아들어 모세혈관을 통해 온몸으로 흡수된다.

③ 폐동맥(산소가 적은 혈액이 흐름) → 모세혈관 → 공기를 통해 들어온 아로마 향 → 폐정맥으로 폐순환을 하는 과정에서 폐를 통한 흡수가 이루어진다.

3) 아로마의 흡수방법

(1) 흡입방법에 따른 사용

① 건조 흡입법

손수건이나 거즈에 아로마 오일을 1~2방울 떨어뜨려 코로 흡입하는 방법이다.

② 수증기 흡입법

유리볼에 끓인 물을 담고 한 김 뺀 후 블렌딩한 아로마 오일이나 단독의 아로마 오일을 떨어뜨린 후 수건으로 감싸 증기를 가둔 후 증기를 코로 흡입하는 방법을 수증기 흡입법이라 한다.

뜨거운 물 1리터에 아로마 오일 1방울을 떨어뜨려 5~10분 정도 한다. 뜨거운 김에 얼굴이 상하지 않도록 얼굴과 유리볼 사이에 적당한 거리를 두고 수증기 흡입법을 한다. 미온수, 냉수 순으로 얼굴을 씻어 마무리한다.

③ 램프 확산법

디퓨져(diffuser)를 이용해서 5평 기준으로 2~3방울을 사용하며, 발향 시 후각세포의 피로를 풀어주기 위해 장시간(3시간 이상)은 사용하지 않는다.

(2) 목욕법

① 전신욕, 반신욕, 좌욕, 족욕, 수욕, 스파 등의 방법으로 사용한다.

② 전신욕의 경우 6~8방울, 반신욕의 경우 3~5방울을 사용한다.

③ 15~20분 정도 지난 후 씻어낸다.

④ 족욕 시 비금속 대야에 물 1리터를 담아 아로마 오일 1~2방울 떨어뜨린 후 10~15분 후 씻는다.

주의사항
아로마는 금속이랑 접촉했을 때 변화하기 때문에 비금속을 사용한다. 아로마 오일 중 자극을 줄 수 있는 오일은 희석제(올리브리퀴드, 우유, 와인 등)에 먼저 혼합한 후 사용하도록 한다. 욕조 테두리에 붙거나 피부에 붙기 때문에 희석제를 사용하는 것이 좋다.

(3) 습포법

① 물(냉수 · 온수) 1리터에 아로마 오일 1~2방울을 떨어뜨려 거즈 또는 수건을 적셔서 통증 부위에 올려놓는다.

② 온열 습포방법은 만성 통증, 즉 생리통, 신경통, 근육통 등에 좋다.

③ 차가운 습포방법은 급성질환, 즉 편두통, 두통, 뻐나 인대의 손상 등에 좋다.

(4) 마사지

아로마 오일을 이용한 마사지는 피로 해소와 근육 이완 효과 및 정신적 안정감을 느낄 수 있으며, 아로마테라피 효과를 볼 수 있다. 이때 아로마 오일은 피부와 코를 통해 우리 몸에 전달된다. 피부를 통하여 흡수된 아로마 오일은 모세혈관과 림프샘을 통해서 우리 몸에 전달되고, 코를 통해 전달된 아로마 오일은 후각신경과 폐세포를 통해 몸속으로 전달된다.

① 몸속에 전달되기까지 20분에서 2시간이 걸린다.

② 캐리어 오일에 2~3%로 희석해서 사용한다.

③ 10밀리리터에 2방울 1%

마사지 사용 시 주의사항
심장병 환자, 암과 같은 심각한 질환이 있는지 확인한다. 심한 부상을 당한 사람이나 전염성 질환 환자, 고열 등을 확인한다. 염증 상태, 정맥류, 피부 감염증 환자, 혈전증 등의 상태를 확인한다. 심한 천식, 고혈압, 간질 환자, 임산부, 어린이, 노약자 등에 사용 시 주의를 요한다.

(5) 스킨케어

피부 유형에 맞는 아로마 오일을 선택하여 화장품이나 세안제 또는 피부 관리 시 사용한다.

(6) 치약 또는 가글

잇몸질환, 차멀미, 감염, 입덧에 효과가 있다.

① 라벤다, 제라늄, 페퍼민트, 티트리를 블렌딩하여 칫솔에 묻혀 양치하거나 150mL의 물에 1~2방울 떨어뜨려 15초 이상 가글하는 방법으로 사용한다.

(7) 음용법

유럽에서는 반드시 의사의 처방에 따라 안전하다고 입증된 아로마 오일을 캡슐에 넣어서 먹기도 하고, 꿀물이나 음료수 또는 차에 한두 방울 타서 마시기도 한다.

4) 아로마의 효과적인 적용

(1) 아로마 오일 사용 전 주의사항

아로마테라피는 의료를 대신하는 것은 아니다. 생활 속에서 몸과 마음의 균형을 맞추고 생활의 질을 높이는 데 큰 역할을 할 수 있다. 그러나 사람의 체질에 따라 알레르기가 나타날 수 있으므로 사용 전 반드시 내 체질에 맞는지 확인을 하여야 한다.

(가) 패치테스트와 사용한 혼합비율 기록하기

① 팔 안쪽(피부가 민감한 쪽)에 오일 2방울을 방수밴드에 떨어뜨려 붙인다.

② 일반적으로 1시간~48시간이 지나 이상이 없을 시 사용이 가능하다.

③ 패치테스트 시 48시간 진행할 경우 사용하고자 하는 아로마 오일의 2배의 농도 또는 양의 오일을 적용한다.

패치테스트를 통해 양성 반응이 생긴 경우(붉은 반점 또는 가려움증, 염증 등)에 순한 비누로 즉시 피부 표면을 씻어 오일을 제거하고, 필요하다면 피부를 진정시키기 위해 알로에베라겔을 바른다.

주의사항 : 아로마 오일 자체만 사용해서 화상을 입기도 한다.
처치시간과 빈도에 따라 그에 맞는 사용방법을 생각하자. 보완적 테라피라는 것을 잊지 말자. 사람마다 향에 대한 기호는 다양하다.

(2) 운동 시 도움이 되는 활용법

① 혈액이나 림프액의 순환을 도와 요산이나 젖산 같은 몸속 노폐물의 배출을 돕는다.

② 진정작용과 자율신경 조절에 도움을 줘서 흥분을 가라앉히고 편안한 시간을 가질 수 있게 한다.

③ 근육을 따뜻하게 하고 긴장을 완화하며, 근육 이완, 혈액순환 촉진 등에 도움을 준다.

[표 7-1] 증상별 도움이 되는 아로마 오일

관절염	라벤더, 로즈, 유칼립투스, 파인, 세이지, 페퍼민트, 캐모마일
근육통	라벤더, 로즈마리, 세이지, 시나몬, 유칼립투스, 마조람, 타임, 레몬글래스, 쥬니퍼베리
수분정제(부종)	라벤더, 제라늄, 쥬니퍼베리, 파인, 로즈마리
긴장완화	라벤더, 샌달우드, 레몬, 프랑킨센스
어깨결림	라벤더, 로즈마리, 페퍼민트, 레몬, 마조람, 레몬글래스

2 오일의 종류와 활용

1) 스위트 바질(Sweet basil)

건강한 피부와 노화된 피부에 사용 가능하며, 스트레스와 피로가 누적되었을 때 사용하면 유용하기 때문에 걱정이 많아 잠이 오지 않거나 소화가 안 되거나 집중력이 떨어져 있을 때, 두통, 불면증, 신경 쇠약일 경우에 이러한 증상을 완화하는 데 효과적이다.

- 추출부위 : 꽃과 잎
- 추출방법 : 수증기 증류법
- 학명 : Ocimum basilicum

① 증상 : 무기력증, 설사, 위산과다, 위경련, 류머티즘, 경련, 경직, 근육통, 몸살, 감기, 기관지염, 천식, 기침 등에 효과적이다.

② 사용방법 : 목욕, 마사지, 피부 관리, 방향욕, 모발 관리의 방법으로 사용한다.

③ 주의사항 : 임산부와 민감성 피부에 사용을 금지한다.

2) 그레이프프룻(Grapefruit)

과실이 포도송이처럼 열린다고 하여 그레이프프룻이라는 이름이 붙여졌다. 종명인 paradisi는 천국이라는 뜻이다. 그 이름처럼 기분 전환에 효과적이며 자신감을 올려주는 상쾌한 향을 낸다.

비타민 C의 함유가 높고 면역력 강화와 모발 성장을 촉진하고 피부세포를 건강하게 한다. 지성, 여드름 피부에 좋으며 두피 개선 효과가 있다. 또한 림프순환과 혈액순환에 도움을 주어 부종과 독소 배출을 도우며, 또한 식욕 촉진제나 데오드란트로도 활용되고 있다.

• 추출부위 : 과피
• 추출방법 : 냉·압착법
• 학명 : Citrus paradisi

① 증상 : 숙취, 어깨결림, 여드름, 다이어트, 냉증, 동맥경화 예방, 소화촉진에 효과적이다.

② 사용방법 : 마사지, 목욕, 피부 관리, 모발 관리, 향수, 습포, 방향욕 등의 방법으로 사용한다.

③ 주의사항 : 고농도로 오랜 시간 사용을 금하고 광독성이 있으므로 사용 후 직사광선에 닿지 않도록 한다.

3) 네놀리(Neroli)

비터 오렌지의 꽃에서 추출한 에센셜 오일이다. 달콤하고 따뜻하며 활력을 주는 향이며, 네롤리라는 이름은 이탈리아 네롤라 안나 마리아 트레밀레 공주의 이름에서 따온 것으로 네롤리 오일을 애용한 공주였다.

정신적인 부분을 담당하는데 탁월한 효과가 있어 항우울증, 방부, 항박테리아, 스트레스 완화, 신경 강화에 효과가 있다. 또한 무독성, 무자극성으로 영유아들의 목욕에 극미량 사용하면 보통을 완화하고 숙면을 유도하는 효과가 있다.

• 추출부위 : 꽃
• 추출방법 : 수증기 증류법
• 학명 : Citrus aurantiu

① 증상 : 임신선 예방, 노화 피부, 예민성 피부, 색소침착, 기미, 주근깨, 붉은 피부 완화에 효과가 있으며 세포 재생을 돕는다.

② **사용방법** : 마사지, 습포, 목욕, 스킨케어의 방법으로 사용한다.

③ **주의사항** : 향기가 강하므로 농도를 연하게 해서 사용하고 운전 중, 학업 중엔 사용을 자제한다.

4) 라벤더(Lavender)

척박한 환경에서 약효를 가지며 자라는 여러해살이풀이다. 야생의 라벤다는 줄기와 꽃이 작고 향이 진하다. 아로마의 어머니라는 닉네임을 가지고 있으며 응급상비약처럼 사용하는 아로마의 하나로, 소량 사용 시 원액을 그대로 사용할 수 있는 에센셜 오일 중 하나이다.

상쾌하고 달콤함이 느껴지는 허브향으로 이탈리아에서는 주부들이 빨래할 때 라벤더 수풀 위에 널고, 꽃잎으로 베개를 만드는 등 살균 소독의 효과와 전염병 예방의 효과를 이용하여 사용하였다.

- 추출부위 : 꽃과 잎
- 추출방법 : 수증기 증류법
- 학명 : Lavender angustifolia

① **증상** : 심리적, 육체적 안정뿐 아니라 염증성 피부, 세포재생, 피부염, 가려움증, 대상포진, 임신선, 치질, 화상, 건선, 습진류, 천식 예방, 갱년기, 생리통, 여드름, 아토피 등에 사용할 수 있다. 탈모방지와 고혈압 조절에도 사용하며 라벤더 하나만 사용하는 것보다는 티트리와 함께 블렌딩하여 사용하는 것이 효과적이다.

② **사용방법** : 목욕, 마사지, 피부 관리, 모발 관리, 발향의 방법으로 사용한다.

③ **주의사항** : 임신 초기엔 주의가 필요하다.

5) 티트리(Tea tree)

상향으로 신선한 캠퍼향을 발산하며, 살균과 소독작용이 강하다. 정맥 순환을 촉진하여 체액의 울체를 제거한다. 화농성 여드름과 비듬, 포진, 무좀, 구강청정제, 비듬, 모낭충, 사마귀와 티눈 제거 등에 효과적이다.

- 추출부위 : 잎
- 추출방법 : 수증기 증류법
- 학명 : Melaleuca alternifolia

① 증상 : 면역력 강화 효과가 뛰어나 천식, 기관지염, 감기, 독감에 효과가 있으나, 희석이 20%가 넘으면 정상 피부에 자극이 될 수 있으며 극소량 사용 시 원액의 사용도 가능하다. 이에 면봉에 티트리 에센셜 오일 원액을 찍어 화농성 여드름에 흡수를 시키면 염증이 확연히 가라앉는다.

② 사용방법 : 목욕, 마사지, 피부 관리, 모발 관리, 발향의 방법으로 사용한다.

③ 주의사항 : 임신 초기엔 사용을 금하고 민감한 사람은 피부에 자극이 될 수 있으므로 사용에 주의가 필요하다.

6) 레몬(Lemon)

상향으로 가볍고 산뜻하며 신선한 시트러스향이다. 고대에는 과피를 문질러 벌레를 쫓았으며, 영국에서는 괴혈병을 예방하고 치료하는 데 사용되었고, 이뇨, 독소 배출에 과즙을 사용하였다. 항우울증, 항스트레스, 불면증, 기분전환 등에 사용하며 심한 지성 피부와 수렴제로 이용되기도 한다. 여드름 피부와 지성 피부, 모공수축에 효과가 있으며, 감기, 인플루엔자, 기관지염, 천식 완화에 도움을 준다. 그러나 푸로쿠마린류가 들어있으므로 광독성이 있어 피부에 바른 후에 햇빛이 닿지 않도록 한다.

- 추출부위 : 과피
- 추출방법 : 냉·압착법
- 학명 : Citus limon

① 증상 : 소화촉진, 췌장의 체액 분비 촉진, 변비, 섬유질 분해작용에 효과가 있으며, 술로 인한 중독증에도 효과가 있다. 손톱이나 입술이 거칠어졌을 때 사용하며 데오드란트 효과가 뛰어나다.

② 사용방법 : 목욕, 마사지, 피부 관리, 모발 관리, 향수, 습포, 발향의 방법으로 사용한다.

③ 주의사항 : 광독성이 있으므로 피부에 바른 후에 햇빛이 닿지 않도록 한다.

7) 레몬글래스(Lemongrass)

상향으로 허브와 시트러스향을 가지고 있으며 다년초로서 손으로 비벼 보면 레몬과 비슷한 향기가 난다고 하여 이름이 붙여졌다. 더운 지방에 많은 열병이나 감염증을 예방하는 데 사용되었다.

- 추출부위 : 잎
- 추출방법 : 수증기 증류법
- 학명 : Cymbopogon citratus

① 증상 : 진통과 항우울, 항미생물, 수렴, 탈취, 항진균, 살충, 신경 강화, 장내 가스 제거, 공기정화의 기능이 있으며, 노화 피부와 셀룰라이트 분해를 촉진하고 산후우울증, 불안, 근심, 정신적 안정, 곤충 퇴치, 데오드란트에 효과가 있다.

② 사용방법 : 목욕, 마사지, 피부 관리, 모발 관리, 발향의 방법으로 사용한다.

③ 주의사항 : 입욕 시 희석의 농도가 진하면 피부가 따가울 수 있으므로 원액 사용을 금지한다. 또한 안압을 높이므로 녹내장이 있는 사람은 과도한 사용을 자제하고 임신 중에 사용하지 않는다.

8) 로즈 오또(Rose otto)

향기의 연구는 장미에서 시작해서 장미로 끝난다는 말이 있다. 중향과 하향의 중간으로 달콤하고 진한 꽃향과 강한 언더톤을 띠는 장미향으로, "향기의 여왕"으로 불린다. Rose는 그리스 rodon(붉은)에서 유래하였고, otto는 "꽃의 정수" 또는 "향수"를 의미하는 페르시아어 "attar"에서 유래했다. 피부재생과 노화 방지에 효과적이며, 무독성, 무자극의 성분이다.

- 추출부위 : 꽃
- 추출방법 : 수증기 증류법
- 학명 : Rosa damascena

① 증상 : 강한 소염작용으로 피부의 염증, 가려움증, 건선, 흉터, 색소침착, 눈 그늘, 정맥류, 임신선 예방 등을 치유하고, 피부에 수분을 공급하고 수렴작용을 도와준다. 신경 불안을 안정시키고 불면증과 우울증을 완화해준다.

② 사용방법 : 목욕, 마사지, 피부 관리, 모발 관리, 향수, 습포, 발향의 방법으로 사용한다.

③ 주의사항 : 임신 초기에는 사용을 삼간다.

9) 로즈앱솔루트(Rose absolute)

로즈 오또보다 더 화려하고 장미 같은 느낌을 주는 프로럴 향기가 난다. 디마스크로즈나 캔티폴리아 종 장미에서 유기용매법으로 추출한 에센셜 오일로, 로즈 오또와 주요 성분은 거의 같으나 성분의 비율이 크게 달라 향의 느낌도 다르다. 로즈 앱솔루트는 페닐 에틸알코올 성분이 압도적으로 많이 들어있다.

- 추출부위 : 꽃
- 추출방법 : 유기용매법
- 학명 : Sosa centifolia

① 증상 : 불감증, 우울, 두려움, 질투, 갱년기, 생리통, 생리불순, 월경 전 긴장증, 고혈압, 기미, 흉터, 색소침착, 눈 그늘, 임신선, 정맥류 등을 치유하고 수분을 공급하고 수렴작용을 도와준다.

② 사용방법 : 목욕, 마사지, 피부 관리, 모발 관리, 향수, 습포, 발향의 방법으로 사용한다.

③ 주의사항 : 소량만 사용하며 임신 초기에는 사용을 금한다.

10) 로즈우드(Rosewood)

프로럴 우드계열이며, 에센셜 오일을 추출할 수 있을 만큼 자라는 데 15년이 걸린다. 벌목할 때 주위에 장미향이 가득하였다고 하여 로즈우드라는 이름을 갖게 되었으며, 한때 무분별한 벌목으로 멸종위기에 처했으나 지금은 브라질 정부가 계획적으로 나무를 관리하고 있다. 로즈우드 에센셜 오일은 편안하게 긴장을 풀어주는 효능이 있다.

- 추출부위 : 목질부
- 추출방법 : 수증기 증류법
- 학명 : Aniba rosaeodora

① 증상 : 불안, 무기력증, 스트레스, 식욕부진, 피로, 기관지염, 구내염, 감기, 중이염, 여드름, 모세혈관 확장증, 주름, 기미, 주근깨, 굳은살, 임신선, 모발 관리에 효과가 있다. 티트리, 팔마로사, 제라늄과 블렌딩하여 무좀이나 손톱 백선 같은 진균성 피부염에 도움이 된다.

② 사용방법 : 목욕, 피부 관리, 마사지, 모발 관리, 발향의 방법으로 사용한다.

③ 주의사항 : 사용량을 지켜서 사용한다.

11) 유칼립투스(Eucalyptus)

코알라가 먹는 잎으로 잘 알려진 유칼립투스 잎은 호주에서는 만병통치약으로 애용해 왔다. 활성 주성분은 1.8-시네올(1.8-cineole)이다. 1.8시네올은 거담 효과가 탁월한 효능이 있다.

- 추출부위 : 잎
- 추출방법 : 수증기 증류법
- 학명 : Eucalyptus globulus

① 증상 : 감기, 기침, 카타르, 부비강염, 호흡기 감염증 등 기관지에 좋은 기능이 있으며, 근육통과 관절염에도 효과가 있다. 또한 여드름, 지성 피부, 모발 관리에 효과가 있다.

② 사용방법 : 목욕, 피부 관리, 마사지, 모발 관리, 발향의 방법으로 사용한다.

③ 주의사항 : 고농도로 사용 시엔 신장에 자극을 줄 수 있고 고혈압과 간질 환자, 임산부와 유아는 사용을 금한다.

12) 유자(Yuzu)

활력을 되찾게 하는 향으로 피부를 희게 한다. 우울증 해소에 좋으며 불안, 긴장, 스트레스, 불면에 좋다. 소화가 잘 안 되어 입맛이 없는 경우에도 유자향을 맡으면 개선이 된다.

- 추출부위 : 과피
- 추출방법 : 냉·압착법
- 학명 : Citrus junos

① **증상** : 신경통, 냉증, 요통, 탈모, 동상, 상처에 좋은 효과를 기대해 볼 수 있다.

② **사용방법** : 목욕, 피부 관리, 마사지, 모발 관리, 발향의 방법으로 사용한다.

③ **주의사항** : 광독성이 있어서 사용 후 햇빛이 닿지 않도록 해야 한다.

13) 로즈마리(Rosemary)

중향의 상큼하고 신선한 향으로 탈모방지용 샴푸와 비듬용 샴푸에 주로 사용되며, 혈액순환을 도와주고 근육통에 효과적이다. 지중해 지역이 원산지로 스페인, 프랑스, 이탈리아, 튀니지 지역 등에서 풍부하게 재배되고 있으며, 영국에서는 악귀를 쫓아준다고 믿었으며, 스페인에서는 부적으로 나무를 몸속에 지니고 다녔다고 한다.

- 추출부위 : 꽃과 잎
- 추출방법 : 수증기 증류법
- 학명 : Rosmarinus officinalis

① 증상 : 기억력과 집중력을 상승시키고 치매 방지에도 효과가 있다고 전해진다.

② 사용방법 : 목욕, 피부 관리, 마사지, 모발 관리, 발향의 방법으로 사용한다.

③ 주의사항 : 임신 중이나 간질환자, 고혈압 환자는 사용을 금지한다.

14) 라임(Lime)

신선함이 강한 감귤류의 짙고 달콤한 향을 지니고 있고, 증류된 라임 오일은 음식과 음료로 광범위하게 사용되고 있다.

- 추출부위 : 과피
- 추출방법 : 냉·압착법
- 학명 : Citrus aurantifolia

① 증상 : 방부, 항바이러스, 수렴, 살균, 소독, 해열, 지혈, 살충, 강장 효과가 있으며, 피부에는 수렴제로 피지 생산을 억제하여 지성 피부와 여드름 관리에 효과적이다.

② 사용방법 : 목욕, 피부 관리, 마사지, 모발 관리, 발향의 방법으로 사용한다.

③ 주의사항 : 광독성이 있어서 사용 후 햇빛이 닿지 않도록 해야 한다.

15) 버가못(Bergamot)

상향으로 달콤한 과일향을 가지고 있으며 진통, 항우울, 무기력증 완화, 불면증에 효과가 있다.

- 추출부위 : 과피
- 추출방법 : 냉·압착법
- 학명 : Citrus bergamia

① **증상** : 여드름 피부와 지성 피부, 헤르페스에 사용할 수 있고, 식욕부진과 소화, 복통의 경감 및 소화불량에 효과적으로 작용한다.

② **사용방법** : 목욕, 피부 관리, 마사지, 모발 관리, 향수, 습포, 발향의 방법으로 사용한다.

③ **주의사항** : 광독성이 있어서 사용 후 햇빛이 닿지 않도록 해야 한다.

16) 미르(Myrrh)

하향으로 날카로움 발삼향과 스파이시한 향을 가지고 있으며, 4000년 정도의 역사를 지닌 가장 오래되고 유명한 향기성 물질이다. 미라를 만드는 데 방부제로 사용되었고 성경에는 동방의 세 박사가 예수 탄생을 기뻐하며 선물했다는 기록이 있다.

- 추출부위 : 수지
- 추출방법 : 수증기 증류법
- 학명 : Cimmiphora molmol

① **증상** : 기억력 상승, 무기력증, 평화로움, 심신안정에 도움이 되며, 건성 피부와 예민한 피부 진정의 효과가 있으며, 노화 피부나 흉터를 완화하고 세포재생을 돕는다.

② 사용방법 : 목욕, 피부 관리, 마사지, 모발 관리, 발향의 방법으로 사용한다.

③ 주의사항 : 무독성, 무자극성이나 임신 중 사용을 금지한다.

17) 만다린(Mandarin)

상향으로 달고 신선한 시트러스향으로 다른 감귤류보다 껍질을 벗기기 쉬워서 먹기 편하고 당도도 매우 높다. 만다린과 텐저린은 같은 종으로 텐저린은 영어권에서, 만다린은 기타 언어권에서 광범위하게 사용된다.

- 추출부위 : 과피
- 추출방법 : 냉·압착법
- 학명 : Citrus reticulate

① 증상 : 항경련, 담즙분비, 소화촉진, 이뇨, 진정의 작용을 하며 산만한 아이나 예민한 아이에게 좋다. 네롤리와 함께 사용하면 임신 중 튼살 방지, 여드름 피부나 홍반, 지성 피부에 효과적이다.

② 사용방법 : 목욕, 피부 관리, 마사지, 모발 관리, 향수, 습포, 발향의 방법으로 사용한다.

③ 주의사항 : 광독성이 낮은 것으로 알려져 있으나 사용 후 햇빛에 닿는 것은 주의를 필요로 한다.

18) 블랙페퍼(Black pepper)

후추과에 속하며 상향으로 신선하고 마른 나무향과 따뜻하고 매운 향을 지녔으며, 중세까지 고기의 보관, 음식 냄새 제거용으로 사용하였다. 또한 한의학과 아유르베다에서는 구풍, 몸을 데워주는 작용, 배설작용 등에 사용한다.

- 추출부위 : 말린씨
- 추출방법 : 수증기 증류법
- 학명 : Piper nigurm

① **증상** : 항통증, 방부, 발한, 이뇨, 해열, 위장강화 등에 효과가 있으며, 류머티즘 관절염, 근육통, 어깨 결림, 근육의 경직 등을 완화한다. 빈혈 예방과 타박상, 동상으로 인한 순환장애에 효과적이다.

② **사용방법** : 목욕, 피부 관리, 마사지, 모발 관리, 발향 방법으로 사용한다.

③ **주의사항** : 얼굴 피부 관리 시에는 사용하지 않는다. 그리고 임신 초기엔 사용을 금한다.

19) 사이프러스(Cypress)

중향의 달콤한 발사믹향을 가지고 있으며, 히포크라테스는 출혈을 동반하는 증상에 사이프러스를 사용하여 지혈 효과, 농루, 잇몸 출혈, 잦은 기침과 천식 등에 효과적이다.

- 추출부위 : 과실과 잎
- 추출방법 : 수증기 증류법
- 학명 : Cupressus sempervirens

① **증상** : 세포의 활동을 활성화하여 노폐물을 체외로 방출시키고 생리불순, 무월경, 폐경기 문제에 효과적이다. 여드름, 지성피부, 과도하게 땀이 나는 피부, 소포염, 비듬 치료 효과가 있다.

② **사용방법** : 목욕, 피부 관리, 마사지, 모발 관리, 발향의 방법으로 사용한다.

③ **주의사항** : 피부가 민감한 사람들에겐 주의를 요구하고, 임신 초기엔 사용을 금한다.

20) 샌들우드(Sandalwood)

하향의 부드럽고 달콤한 나무향 또는 머스크향으로 힌두교, 불교 등에서 종교의식에 사용되었다.

- 추출부위 : 목질부
- 추출방법 : 수증기 증류법
- 학명 : Santalum album

① 증상 : 스트레스, 정신적 안정, 최음 효과가 있으며, 튼살, 염증성 피부뿐 아니라 모든 피부 유형의 피부 관리에 사용되며, 살균, 방부, 진정효과가 있어 건성 모발에 수분을 공급하거나 화장수, 방부제 등으로 사용된다. 또한 습진, 마른버짐 등 가려움증이나 염증을 치료한다.

② 사용방법 : 목욕, 피부 관리, 마사지, 모발 관리, 발향의 방법으로 사용한다.

③ 주의사항 : 임신 초기엔 사용을 금하고 우울증이 있을 땐 단독 사용을 피하는 것이 좋다.

21) 시더우드(Cederwood)

하향으로 약간의 캠퍼향과 따뜻한 발사믹향으로 전통적으로 풍요함, 다산, 정적인 강함을 상징하며, 고대 이집트에서는 미라의 방부처리, 화장품, 향수용으로 사용되었다.

- 추출부위 : 목질부
- 추출방법 : 수증기 증류법
- 학명 : Cedrus atlantica

① 증상 : 월경불순, 관절염, 셀룰라이트 분해에 작용하며 지루성 두피와 지성 모발, 지성 비듬과 지루성 탈모 예방에 효과가 있고, 원형 탈모 환자의 두피 관리 오일로 사용된다.

② 사용방법 : 목욕, 피부 관리, 마사지, 모발 관리, 발향의 방법으로 사용한다.

③ 주의사항 : 임신 중 복용하게 되면 태아에게 위험하며, 임신 중 또는 수유 중 사용을 금한다.

22) 일랑일랑(Ylang ylang)

중하향으로 강한 꽃향과 부드러운 발삼향을 지니고 있으며 '꽃이 흔들리다'라는 의미의 필리핀어 along-ilang에서 유래하였다. 인도네시아에서는 신혼부부의 침대에 일랑일랑꽃을 펼쳐놓기도 했다.

- 추출부위 : 꽃
- 추출방법 : 수증기 증류법
- 학명 : Cananga odorate

① 증상 : 항우울, 방부, 최음, 진정, 신경안정 등의 증상 완화에 도움이 되고, 두피를 자극하여 탈모를 예방할 수 있으며, 모발 성장과 모발 보호제로 사용하여 과로와 스트레스로 인한 두통 치료에 소량을 사용하면 효과가 있다.

② 사용방법 : 목욕, 피부 관리, 마사지, 모발 관리, 향수, 발향의 방법으로 사용한다.

③ 주의사항 : 다량 사용 시 오히려 두통을 유발할 수 있다. 집중할 일이 있을 때는 사용을 피하는 것이 좋다.

23) 재스민(Jasmine)

중하향의 따뜻하고 강렬한 기름진 꽃향으로 해가 진 후 꽃봉오리가 부풀어 올라 더 강한 향기를 내기 때문에 밤의 여왕으로 불린다.

- 추출부위 : 꽃
- 추출방법 : 유기용매법, 냉침법
- 학명 : Jasminum officinalis

① 증상 : 항우울증, 분만보조, 진정 등의 신경질환에 사용되고 모든 피부에 사용 가능하며 탄력과 건성, 민감성, 지성에 효과가 크다.

② 사용방법 : 목욕, 피부 관리, 마사지, 모발 관리, 발향의 방법으로 사용한다.

③ 주의사항 : 아토피나 알레르기성 피부에는 사용을 금하며, 극소량 사용을 권하며, 집중력이 필요할 때는 사용을 금한다.

24) 제라늄(Geranium)

중향의 풀잎과 장미향을 지니고 있으며 250개 이상의 자연종과 수백 개의 교배종, 수천 개의 재배종이 있으며, 여러해살이 수목으로 잎은 뾰족하고 끝은 톱니 모양이며 꽃은 작고 분홍색이다.

- 추출부위 : 꽃과 잎
- 추출방법 : 수증기 증류법
- 학명 : Pelargonium graveolens

① 증상 : 항염, 항박테리아, 항진균 효과로 건선 습진, 여드름, 농가진에 효과가 있으며, 셀룰라이트 관리와 발목 부종 해소에 사용된다. 피지생성 조절, 건성 피부, 지성 피부, 복합성 피부 등 모든 피부에 사용되며, 상처나 멍이 든 곳 치유에 효과적이다.

② 사용방법 : 목욕, 피부 관리, 마사지, 모발 관리, 발향의 방법으로 사용한다.

③ 주의사항 : 무독성, 무자극이지만 개인에 따라 피부염이나 알레르기를 일으킬 수 있다.

25) 소나무(Pine)

상향의 달콤하고 상쾌한 향으로 강한 항바이러스, 항박테리아 성분으로 천식, 기관지염에 효과적이며, 피로와 스트레스, 원기회복에 도움이 된다.

- 추출부위 : 솔잎
- 추출방법 : 수증기 증류법
- 학명 : Pinus sulvestris

① 증상 : 피부재생 효과가 뛰어나 건성 피부와 상처 난 피부, 주름진 피부에 효과가 있다. 마사지, 습포, 목욕 시 적용하거나 연고로 사용하기도 한다.

② 사용방법 : 목욕, 피부 관리, 마사지, 모발 관리, 발향의 방법으로 사용한다.

③ 주의사항 : 산화된 오일은 피부발진이 일어날 수 있다.

26) 패츄리(Patchouli)

진정작용과 최음 효과가 있으며 정맥의 순환을 돕는다.

- 추출부위 : 잎
- 추출방법 : 수증기 증류법
- 학명 : Pogostemon patchouli

① 증상 : 마음이 우울하거나 생각이 많은 사람의 생각을 정리하는 데 도움을 주며, 마음의 병으로 폭식하는 일이 생길 때 향기를 맡으면 식욕을 조절하는 데 도움을 준다.

② 사용방법 : 목욕, 피부 관리, 마사지, 모발 관리, 발향의 방법으로 사용한다.

③ 주의사항 : 임신 초기엔 사용을 금하고 중, 후기에도 소량을 사용하며, 몸 상태를 체크하면서 사용한다.

27) 프랑킨센스(Frankincense)

모든 피부에 사용 가능한 에센셜 오일로 면역력 강화와 항알레르기 작용도 한다. 나무의 수지에서 추출한 에센셜 오일로 발향법을 사용하면 삼림욕의 효과를 기대할 수 있다.

- 추출부위 : 수지
- 추출방법 : 수증기 증류법, 유기용제법
- 학명 : Boswellia carterii

① 증상 : 마사지, 습포, 입욕 시에 사용하며, 피부의 수분감을 올려주는 베이스 노트의 에센셜 오일이다.

② 사용방법 : 목욕, 피부 관리, 마사지, 모발 관리, 발향의 방법으로 사용한다.

③ 주의사항 : 임신 초기에 사용을 금한다.

28) 저먼캐모마일(German chamomile)

항염증과 항이스타민 효과가 뛰어나서 아토피성 피부, 건성 피부와 같이 건조한 피부와 상처가 있는 피부의 재생을 돕는다. 색상은 짙은 푸른색을 띤다.

- 추출부위 : 꽃
- 추출방법 : 수증기 증류법
- 학명 : Matricaria recutica

① **증상** : 복통, 소화촉진, 위통, 생리통에 사용되었으며, 유럽에서는 가정의 상비약으로 마당에서 많이 재배하였다.

② **사용방법** : 목욕, 피부 관리, 마사지, 모발 관리, 발향의 방법으로 사용한다.

③ **주의사항** : 향이 진하므로 다른 에센셜 오일의 향을 덮는 경우가 있어 소량 사용을 권하며, 임신 초기엔 사용을 금하고 중, 후기에도 사용 시 소량 사용을 권한다.

29) 로만캐모마일(Roman chamomile)

그리스 사람들은 "대지의 사과"라는 뜻으로 "Chamai melon"으로 불렀을 정도로 연한 사과향이 난다. 습포, 마사지, 화장품 등에 다양하게 사용 가능하며, 어린이부터 노인까지 모든 연령에서 사용 가능한 활용도가 높은 오일이다.

- 추출부위 : 꽃
- 추출방법 : 수증기 증류법
- 학명 : Anthemis nobilis

① 증상 : 진통, 항염, 복통, 장내 가스제거, 소화촉진, 모세혈관 확장증, 눈 밑 다크서클, 가려움증, 갑작스러운 트러블에 사용 시 효과가 있으며, 마음이 불안정할 때 마음을 진정시키는 효과가 있어 갱년기 여성에게도 효과적이다.

② 사용방법 : 목욕, 피부 관리, 마사지, 모발 관리, 발향의 방법으로 사용한다.

③ 주의사항 : 향이 진하므로 다른 에센셜 오일의 향을 덮는 경우가 있어 소량 사용을 권하며, 임신 초기엔 사용을 금하고 중, 후기에도 사용 시 소량 사용을 권한다.

30) 펜넬스윗(Fennel sweet)

몸의 독소를 제거하고 효과적인 소화제이다. 다이어트 시 많이 사용되는 에센셜 오일로 포만감을 주고 셀룰라이트 분해에도 도움을 준다.

- 추출부위 : 씨앗
- 추출방법 : 수증기 증류법
- 학명 : Foeniculum vulgare

① 증상 : 다이어트 시 문제가 되는 피부 탄력에도 개선 효과가 있어 많이 사용되고 있다.

② 사용방법 : 목욕, 피부 관리, 마사지, 모발 관리, 발향의 방법으로 사용한다.

③ 주의사항 : 간질환자와 임산부는 사용을 금한다.

31) 쥬니퍼베리(Juniper berry)

연기 냄새를 연상하게 하는 스모키향과 따뜻하고 달콤한 향이 난다. 발향 시 숲에서 나는 나무 냄새와 같아 산림욕을 하는 효과를 낸다.

해독작용이 뛰어나고 고혈압 환자들이 많이 사용하는 오일이다.

- 추출부위 : 열매
- 추출방법 : 수증기 증류법
- 학명 : Juniperus communis

① **증상** : 신경안정과 항바이러스, 항균작용이 있으며, 피부 수렴 효과가 있다.

② **사용방법** : 목욕, 피부 관리, 마사지, 모발 관리, 발향의 방법으로 사용한다.

③ **주의사항** : 신장 질환이 있는 사람과 임신 중에는 사용을 금하고 고농도로 사용 시 피부에 자극이 되므로 주의한다.

32) 클라리세이지(Clarysage)

투명하다(Clear)를 의미하는 clarus에서 유래했으며, 클라리세이지의 성분 중에는 에스테르가 풍부하여 진정에 도움이 되는 아로마로 알려져 있다.

- 추출부위 : 꽃과 잎
- 추출방법 : 수증기 증류법
- 학명 : Salvia sclarea

① **증상** : 진정작용이 뛰어나며 행복감을 증진하는 작용을 한다. 항염증, 항염, 항바이러스, 항진균, 호르몬분비 조절에 효과적이다.

② **사용방법** : 목욕, 피부 관리, 마사지, 모발 관리, 발향의 방법으로 사용한다.

③ **주의사항** : 임신 중에 사용을 금한다. 강력한 진정작용으로 졸음을 유발하기 때문에 운전 전이나 공부를 하기 전, 음주 후에는 사용을 금하고 있다.

33) 캐롯씨드(Carrot seed)

야생당근의 씨에서 추출한 오일이다. 젖은 흙내음이 나는 독특한 향기를 가지고 있다. 디톡스가 필요할 때 많이 사용하는 아로마 오일이다.

- 추출부위 : 씨
- 추출방법 : 수증기 증류법
- 학명 : Daucus carota

① 증상 : 림프액과 정맥의 혈액순환을 돕고 신장, 간장, 담낭, 췌장의 기능 강화에 작용한다. 모발 관리, 피부 관리, 마사지, 입욕제로 사용한다.

② 사용방법 : 목욕, 피부 관리, 마사지, 모발 관리, 발향의 방법으로 사용한다.

③ 주의사항 : 임신 중에는 사용을 금한다.

34) 페퍼민트(Peppermint)

청량한 느낌이 드는 상쾌하고 달콤하고 시원함이 느껴지는 향을 가지고 있다. 페퍼민트는 혈압을 높이지만 아주 극소량을 사용할 땐 혈압을 낮추는 역할을 하며, 신경을 안정시키고 기의 밸런스를 맞추며 면역기능도 활성화한다.

- 추출부위 : 꽃과 잎
- 추출방법 : 수증기 증류법
- 학명 : Mentha piperita

① 증상 : 소화불량, 피로, 집중력 저하, 무기력증, 멀미, 타박상에 효과적이다.

② 사용방법 : 목욕, 피부 관리, 마사지, 모발 관리, 가글, 발향의 방법으로 사용한다.

③ **주의사항** : 임산부는 사용을 금하고 노약자나 혈압이 높은 사람, 간질 환자는 사용을 금한다. 많은 양을 사용 시 체온이 떨어지므로 몸이 냉한 사람은 희석해서 소량을 사용한다.

35) 스피아민트(Spearmint)

스피아민트는 가글에 많이 사용되고 있으며 페퍼민트와 유사한 특성이 있지만, 페퍼민트보다 멘톨 성분이 적어 피부 자극이 적다. 시원하고 청량하며 달콤한 향을 가진다.

- 추출부위 : 잎
- 추출방법 : 수증기 증류법
- 학명 : Mentha spicata

① **증상** : 지성 피부에 적합하며 소화기계에 좋은 효과를 가지고 있어 발향의 방법으로 많이 사용된다.

② **사용방법** : 목욕, 피부 관리, 마사지, 모발 관리, 가글, 발향의 방법으로 사용한다.

③ **주의사항** : 임산부는 사용을 자제해야 하지만 입덧 시엔 양치컵에 물을 가득 담아 스피아민트 1방울을 넣고 가글을 하면 입덧이 가라앉는 효과가 있어 가글용이나 발향용은 사용해도 좋다. 많은 양을 사용 시 체온이 떨어지므로 몸이 냉한 사람은 희석해서 소량을 사용한다.

36) 마조람(Marjoram)

무독성, 무자극, 비민감성이며 상큼하고 달콤한 향과 매콤하면서 부드러운 캠퍼향이 나는 꿀풀과의 허브이다.

- 추출부위 : 잎과 꽃
- 추출방법 : 수증기 증류법
- 학명 : Origanum majorana

① 증상 : 림프액과 정맥의 혈액순환을 돕고 신장, 간장, 담낭, 췌장의 기능 강화에 작용한다. 모발 관리, 피부 관리, 마사지, 입욕제로 사용한다.

② 사용방법 : 목욕, 피부 관리, 마사지, 모발 관리, 발향의 방법으로 사용한다.

③ 주의사항 : 임신 중에는 사용을 금한다.

37) 오렌지스윗(Orange sweet)

오렌지 껍질에는 상쾌한 향을 그대로 가지고 있다. 우울하거나 불안감 해소, 스트레스를 완화하는 데 도움을 준다.

- 추출부위 : 과피
- 추출방법 : 냉압착
- 학명 : Citrus sinensis

① 증상 : 소화 기능을 도우며 설사나 변비 치유에도 효과가 있다. 감기, 기관지염에 좋으며, 피부의 독소를 제거하고 피부를 맑게 하는 데 효과적이다.

② 사용방법 : 목욕, 피부 관리, 마사지, 모발 관리, 발향의 방법으로 사용한다.

③ 주의사항 : 햇빛에 민감하므로 사용 후 4~6시간 이내에는 직사광선을 피해야 한다.

38) 시나몬리프(Cinnamon leaf)

강력한 살균력과 항균작용으로 전염성 질병에 효과가 크며, 잎에서 추출한 시나몬리프 오일은 껍질에서 추출한 오일보다 좀 더 자극이 적어 비누, 세제, 크림, 로션, 향수로 다양하게 사용되고 있다.

- 추출부위 : 잎
- 추출방법 : 수증기 증류법
- 학명 : Cinnamomum zeylanicum

① 증상 : 따뜻한 성질로 오한, 초기 감기 등에 효과적이다. 소화불량에도 좋은 효과가 있다. 근육을 강화하는 마사지 오일에 블렌딩하여 사용해도 효과적이다.

② 사용방법 : 목욕, 피부 관리, 마사지, 모발 관리, 발향의 방법으로 사용한다.

③ 주의사항 : 임산부에겐 사용을 금한다. 피부 사용 시 소량 사용을 권한다.

39) 시나몬바크(Cinnamon bark)

가지가 무성하며 높이가 15m까지 자라는 상록수이다. 향은 따뜻하고 온화한 느낌을 준다. 잎에서 추출한 아로마 오일보다 향이 강하고 날카롭지만, 시나몬이 가지는 따뜻한 느낌은 그대로 가지고 있다. 해충이 싫어하는 향으로 널리 알려져서 해충기피제에 많이 사용되고 있다.

- 추출부위 : 나무껍질
- 추출방법 : 수증기 증류법
- 학명 : Cinnamomum zeylanicum

① 증상 : 모기퇴치용 스프레이에 많이 사용된다.

② 사용방법 : 주로 발향의 방법으로 사용한다.

③ 주의사항 : 임산부에겐 사용을 금한다. 특히 시나몬바크는 시나몬리프보다 피부에 더 자극이 될 수 있으므로 아주 소량을 사용하거나 노약자의 경우엔 피부 사용을 금한다.

3 캐리어 오일의 이해

1) 캐리어 오일의 의미

캐리어 오일은 식물에서 추출한 100% 오일을 의미하며, 이러한 캐리어 오일은 피부에 잘 흡수가 되도록 도와주는 역할을 하는 오일로, 에센셜 오일과 혼합하여 사용하는 오일을 의미한다.

캐리어(Carrier)는 "옮겨준다" 의미로 에센셜 오일을 인체에 침투시켜 주는 식물성 오일을 뜻한다. 순전히 에센셜 오일의 입장에서만 지어진 이름이며, 에센셜 오일을 피부에 원액 그대로 사용할 수 없어서 식물의 견과, 꽃, 씨, 열매 등에서 추출한 식물성 오일을 피부 속으로 운반해 준다는 뜻에서 캐리어 오일이라 부른다. 그러나 단순히 에센셜 오일만을 이동시켜 주는 역할뿐 아니라 캐리어 오일 자체로도 충분한 효능과 역할을 하고 있다.

캐리어 오일에는 비타민 A, 비타민 E, 올레산, 리놀렌산 같은 불포화지방산, 미네랄 등의 유효한 성분들을 가지고 있으며, 사용하고자 하는 용도 및 피부의 상태에 맞게 캐리어 오일을 선택하여 사용한다면 더 좋은 효과를 즐길 수 있다.

2) 캐리어 오일의 대표적인 영양성분

(1) **비타민 A** : 상피조직을 정상적으로 유지하고 성장을 촉진하며, 피부세포나 점막을 건강하게 유지시킨다.

(2) **비타민 D** : 칼슘의 흡수와 건강한 뼈, 치아 및 피부의 성장에 필요하며 근육을 활성화한다.

(3) **비타민 E(토코페롤)** : 항산화 기능이 있고 세포막의 구성성분인 불포화지방산이 파괴되는 것을 막아 세포의 손상을 예방한다.

(4) **비타민 F** : 생명 유지에 필수적인 다가 불포화지방산이며, "필수 지방산"이라 부르며 반드시 체외로부터 음식물로 섭취·공급되어야 한다.

① 리놀레산 : 오메가6 지방산

- 피부세포막 구성요소이며 피부 표면 밑의 지질 보호막층을 강화하며 수분 손실을 막는 역할을 한다.
- 리놀레산 결핍 시 성장지연, 조기 노화, 콜라겐 섬유의 힘이 약화하며, 상처 회복이 지연되고, 탈모를 유발하기도 한다.
- 감마리놀렌산은 항염, 혈액 응고, 여성호르몬 조절에 중요한 역할을 하며, 프로스타글라딘 형성을 돕는다.

② 리놀렌산 : 오메가3 지방산

- 리놀렌산은 'a-리놀렌산'이라고 불리며 체내 결핍 시 성장지연, 근육 약화, 팔다리 저림 등 주요 심혈관계 기능장애 및 피부의 건조함, 손톱의 이상, 모발의 윤기가 사라진다.
- 리놀렌산은 아마씨, 캐놀라 오일과 등푸른 생선에 풍부하다.

안정적인 포화지방산은 몸에 들어가면 혈관 내에 자리를 잡고 쌓이게 되고 불완전한 지방산은 몸 안에서 일을 하려고 돌아다니기 때문에 운동성도 있고 배출도 쉬워진다. 예를 들어, 식물성 기름인 마가린은 불포화지방산인 기름을 포화상태로 트렌스화시켜 만든다.

3) 캐리어 오일의 특징

(1) 상온에서 캐리어 오일은 모두 액상으로 존재한다.

(2) 모든 에센셜 오일은 캐리어 오일에 잘 섞여 피부에 흡수된다.

(3) 아로마테라피를 사용 시 자연스럽게 피부에 유효한 성분을 전달한다.

(4) 캐리어 오일은 약용연고, 패치, 기능성 화장품에 사용되는 추세이다.

(5) 불포화지방산은 피부를 통해 흡수가 잘되고 인체가 필요로 하는 곳에 유효한 작용을 한다.

(6) 냉·압착(50~60도) 방식으로 추출, 즉 과도한 열을 가하지 않아야 영양성분이 보존된 오일이어야 한다.

(7) 식품용과 달리 대부분의 아로마용 캐리어 오일에 포함된 불포화지방산의 함량을 보존하고, 산화를 방지하기 위해 고온에서 추출하지 않고 냉·압착법으로 추출한다.

4) 아로마테라피에 사용되는 캐리어 오일의 조건

(1) 직접 피부에 도포해도 안전해야 한다.

(2) 강한 냄새가 적은 것으로 사용한다.

(3) 식물에서 추출된 식물성 오일이어야 한다.

(4) 미네랄 오일과 식용유는 사용하지 않는다.

(5) 부드러운 마사지가 될 수 있도록 윤활성이 좋아야 한다.

(6) 안정적이어서 열이나 빛에 노출되어도 쉽게 변하지 않아야 한다.

(7) 냉·압착, 즉 과도한 열을 가하지 않아야 영양성분이 보존된 오일이어야 한다.

(8) 끈적임이 적고 부드러워야 한다(단, 아보카도 오일, 윗점 오일은 제외).

5) 미네랄 오일을 사용하지 않는 이유

(1) 미네랄 오일은 석유에서 추출한 고도로 정제된 광물유로 오일의 70% 이상이 액상 페트롤라툼이다.

(2) 아기 피부는 수분 증발을 막아주는 오일막을 형성해 베이비 오일을 많이 사용하는데, 영유아의 경우 피부의 지질이 탄탄하기 때문에 광물유로 피부로 잘 흡수되지 않지만, 나이가 들어 지질이 빠져나간 성인이 미네랄 오일을 바르면 흡수되어 부작용을 일으킬 수 있다.

(3) 미네랄 오일의 코팅 효과는 피부호흡과 자연 보습인자인 영양성분과 수분흡수를 차단하여 피부의 자가 면역성을 저하시키며, 피부의 독소 배출 능력을 방해하므로 피부질환을 유발할 수 있다.

(4) 정상적인 피부 기능과 세포 발육을 방해하여 피부의 조기 노화를 촉진할 수 있다.

(5) 아로마테라피에서는 인체의 지질 성분과 구조가 비슷하고 영양성분이 풍부한 천연 식물성 오일을 사용한다.

6) 캐리어 오일의 정제과정

(1) 검제거(탈검)

① 유지를 채유할 때 발생한 불순물의 제거를 뜻한다. 일반적으로 혼합기와 원심 분리기를 사용하여 탈검과정을 진행한다. 60~90도의 과정에서 인지질을 주성분으로 하는 검이나 다당류, 탄수화합물 복합체가 제거된다. 검분은 유재라고 불리고, 레시틴의 원료로 가공·판매하며, 이 과정에서 엽록소 성분도 분리되어 따로 가공·판매된다.

(2) 중화

① 알칼리용액을 이용한 유지의 가수분해되는 과정이다. 온도는 70~80도에서 이루어진다.

② 오일에 가성소다와 탄산소다를 첨가해서 저어주면 오일에 있는 유리 지방산이 비누로 변하게 되고, 온수로 씻어 비누를 씻어내고 나면 오일이 남는다.

(3) 색소제거(탈색)

① 110도의 온도에서 클레이를 이용해서 색소를 제거하는 과정이다.

② 베타카로틴(카로티노이드 탄화수소 색소의 하나), 플라보노이드(탄소 골격을 갖는 식물 색소를 통틀어 이르는 말), 엽록소, 비누 잔류물을 완전히 제거한다.

③ 일부 생산자들은 엽록소를 제거하고 구리 성분을 함유한 색소를 첨가해서 비정제 오일처럼 보이게 하므로 주의해야 하며, 이 과정에서 오일의 필수지방산들이 유독성 과산화물과 지방산 결합물로 변하기도 한다.

(4) 탈취

① 240~270도의 고온에서 탄소필터와 스팀을 이용해서 30~60분 동안 행하여 냄새는 제거가 되지만, 오랜 시간 고온에서 오일을 탈취하여 비타민 E가 파괴된다. 비타민 E의 파괴는 아쉬운 부분이지만, 냄새와 함께 농약 잔류물 같은 독성물질이 제거된다.

(5) 비결정화

① 오일을 저온에 보관 시 결정이 생기고 뿌옇게 되는데, 이를 예방하기 위해서 오일을 냉각시켜 생긴 결정을 필터로 걸러내는 과정이다.

② 보존제 첨가과정에서 제거된 항산화 물질인 베타카로틴이나 비타민 E 대신 BAH(butylated hydroxyanisole)나 BHT(butylated hydrixytoluene)와 같은 인공 항산화제를 첨가하여 오일의 보존 기간을 늘린다.

7) 비정제 캐리어 오일

(1) 정제 오일을 많이 사용해본 사람이 사용하는 건 괜찮지만 정제 오일 사용 경험 없이 비정제 오일을 바로 사용할 시 트러블의 원인이 되기도 한다.

(2) 캐리어 오일은 생산과정에서 정제 정도에 따라 정제와 비정제 오일로 나뉘며, 일반적으로 시중에서 판매되는 오일은 정제 오일이다.

(3) 비정제 오일은 식물에서 추출한 천연의 상태로 특유의 색과 향이 있어 화장품 원료로 사용하기에 적합하지 않아 화장품 회사는 정제 오일을 선호한다. 보통 생산과정에서부터 비정제 오일보다는 정제 오일을 더 많이 생산하고 있다.

(4) 비정제 오일의 경우 생산과정이 단순하지만, 희귀성 때문에 가격이 더 비싼 경우가 많다.

(5) 식물 고유의 풍부한 영양소의 효과를 누리기 위해서는 비정제 오일을 사용하는 것이 바람직하다.

8) 캐리어 오일의 농도에 따른 구분

(1) 가벼운 오일 : 지성 피부 또는 모든 피부(포도씨 오일, 해바라기씨 오일, 호호바 오일 등)

(2) 중간 정도 오일 : 건성 피부(로즈힙, 윗점, 스윗 아몬드 등)

(3) 무거운 오일 : 건성 피부(아보카도 등)

9) 캐리어 오일의 종류

(1) 올리브 오일(Olive oil)

냉·압착으로 얻어진 오일을 원심 분리하여 윗부분에 뜨는 오일을 추출하여 나온 오일을 가지고 활용한다.

(2) 로즈힙 오일(Rose hip oil)

레티놀을 함유하고 있어 항노화 작용이나 화상에 사용하면 효과가 좋다.

① 피부 미용효과에 우수하여 고급 화장품 원료로 사용한다.

② 남아메리카-안데스, 칠레, 페루에서 자생하는 들장미 열매(hip)를 건조 후 씨에서 추출하는 오렌지색의 오일이다.

③ 레티놀, 비타민 C를 함유하여 잔주름, 잡티, 여드름, 화상 상처, 방사선 치료로 인한 피부 손상에 사용한다.

④ 출산 후 튼살 예방 등에 사용하며, 아보카도 오일이나 카렌듈라 오일과 블렌딩하여 사용한다.

(3) 호호바 오일(Jojoba oil)

① 모든 염증과 세균에 대한 억제 능력이 있다.

② 관절염, 건선, 습진, 여드름 치료 등에 사용한다.

③ 산화가 잘 안 되고 안정적이어서 고급 화장품에 사용한다.

④ 인체의 피지와 유사한 구조를 가지고 있어 콜라겐과 유사한 밀립 같은 물질과 함께 피지 균형에 사용한다.

⑤ 다년생 콩과 식물인 호호바에서 추출하는 노란 액상 씨를 으깨면 다량의 왁스에스테르(지방산 + 글리세롤 → 에스테르결합)인 호호바 오일이 만들어진다.

(4) 마카다미아 넛트 오일(Macadamia nut oil)

① 피부 온도를 높여준다.
② 잘 산패되지 않아 보존성이 좋다.
③ 오후 원산지 나무 과육을 냉·압착으로 추출한다.
④ 건성 피부, 노화 피부에 적합, 저자극성, 땀구멍을 열어준다.
⑤ 팔미톨레익산은 피부 노화를 감소하는 물질이 있어 피부를 촉촉하게 한다.
⑥ 어린이 피지와 유사한 팔미톨레익산을 21% 함유하여 피부 노화에 탁월하다.

(5) 스윗 아몬드 오일(Sweet almond oil)

① 가격이 저렴하다.
② 약간의 끈적거림이 있다.
③ 우리가 먹는 아몬드를 냉·압착하여 추출한다.
④ 비타민 A, B, B2, B6, E와 무기질이 풍부하다.
⑤ 건성 피부, 거칠고 갈라진 피부에 사용한다.
⑥ 콜레스테롤 수치를 낮추는 효과가 있다.
⑦ 가려움증, 습진, 건선, 피부염, 관절염에 사용한다.
⑧ 탄수화물이 거의 없고 당뇨병이 있어도 아몬드를 섭취할 수 있다.
⑨ 견과류 알레르기가 있는 사람은 알레르기 유무를 확인하고 사용하는 것이 좋다.

(6) 살구씨 오일(Apricot kernel oil)

① 지성 타입이 적당하다.
② 민감성 여드름에 사용한다.
③ 무기질과 비타민을 함유한다.
④ 불포화지방산 함량이 많고 피부에 흡수율이 높다.
⑤ 아미그다인(수용성 성분) : 인체의 효소와 합성하면 청산가리(수산화암모늄)의 독성을 띠므로 피부 사용에 주의를 요구한다.

(7) 아보카도 오일(Avocado oil)

① 보습효과가 뛰어나다.
② 비타민 A, B, D 함량이 높다.
③ 수분이 부족한 피부의 가려움증에 효과가 있다.
④ 레시틴 함유, 엽록소가 함유되어 약간 초록빛이다.
⑤ 아몬드 오일보다 더욱 건조하고 갈라진 피부에 사용한다.
⑥ 조금 두꺼운 느낌이고 겨울철 피부가 갈라질 때 립스틱 제조에 사용한다.

(8) 보리지 오일(Borage oil)

① 개봉 후 2개월 이내에 사용한다.
② 주름 완화, 수분 보충, 습진, 건선에 사용한다.
③ 필수 지방산인 감마리놀렌산(Gamma Linolenic Acid; GLA)을 20% 이상 함유한다.
④ 감마리놀렌산(GLA)의 부족은 콜라겐 부족을 가져와 피부 노화를 일으킨다.
⑤ 보리지 오일은 빛, 열, 습도, 공기에 불안정하여 어둡고 찬 곳에 보관한다.
⑥ 감마리놀렌산(GLA)은 피부세포벽을 구성하며 수분을 유지하는 피부에 핵심적인 물질이다.

(9) 달맞이 꽃 오일(Evening primrose oil)

① 감마리놀렌산(GLA)이 10%, 비타민, 무기질 함유, 생리통, 혈압 강하, 콜레스테롤 수치 저하, 갱년기 장애, 건선, 습진, 잔주름, 피부가 노화되는 것을 막아준다.
② 불포화지방산이 70% 이상으로 산화 가능성이 커 개봉 후 1~2개월 이내에 사용해야 한다.

(10) 포도씨 오일(Grape seed oil)

① 수분 유지제(Emollient)로 사용한다.
② 포도씨를 말린 후 갈고, 가온(70~75도) 압착 추출한다.
③ 매우 가벼운 느낌으로 지성, 여드름 피부에 적합하다.
④ 비타민, 무기질, 단백질, 다량의 리놀렌산(보습효과가 좋다)을 함유한다.

(11) 코코넛 오일(Coconut oil)

① 입자가 매우 미세해서 다른 것들을 흡착해서 배출하는 기능을 한다.

② 포화지방을 가지고 있지만, 몸 안에서 불포화지방의 일을 한다.

(12) 세인트 존스워트 오일(St. John's wort oil)

① 성요한의 풀이라고 하는 허브의 노란꽃을 버진 올리브유에 담가 강한 햇볕에 쬐면 플라보노이드와 색소 하이페리신이 증가한다.

② 항염증 작용과 흥분한 신경을 완화하는 효과가 있어 신경통, 좌골신경통, 화상, 타박상에 사용한다.

③ 하이페리신 성분은 우울증에 효과가 있어 독일에서는 추출물을 우울증 치료제로 사용한다.

(13) 해바라기씨 오일(Sunflower seed oil)

① 느낌이 가볍고 유쾌하다.

② 해바라기씨는 30% 오일을 함유한다.

③ 피부 트러블, 삐거나 타박상, 관절통, 염증에 좋다.

④ 다량의 불포화지방산인 리놀렌산을 60% 함유한다.

⑤ 비타민 A, B, D와 E(주된 성분), 미네랄을 함유한다(모든 피부에 사용).

⑥ 매리골드, 세인트존스워트 등의 함침 오일(다른 약성이 있는 약효나 색을 가라앉히는 오일)을 만들 때 사용한다.

(14) 윗점 오일 또는 맥아 오일(Wheatgerm oil)

① 건성 피부에 사용하는 건선, 습진에 사용한다.

② 맥아 알레르기가 있는 사람은 사용을 금지한다.

③ 특히 비타민 E 성분이 다량 함유되어 피부재생 효과가 있다.

④ 항산화 작용으로 다른 캐리어 오일의 보존제 역할을 할 수 있다.

⑤ 냄새가 강하고 사용감이 무거워 다른 캐리어 오일과 혼합하여 사용한다.

⑥ 밀의 눈(5% : 전체 영양성분의 25%)을 짠 것, 단백질, 무기질, 비타민을 함유한다.

④ 아로마 블렌딩

캐리어 오일과 아로마 오일을 혼합하는 것을 블렌딩이라 하며, 블렌딩할 때 캐리어 오일에 대한 아로마 오일의 농도는 저농도에서 시작해서 고농도로 가는 것이 바람직하다. 일반적으로 피부에 적용하는 마사지의 농도로는 2~3%, 얼굴과 같이 얇은 피부와 노약자의 경우는 1% 미만을 적용한다(바디 마사지를 위해서 15~20mL 정도의 블렌딩 오일을 사용한다).

① 블렌딩을 할 때 혼합되는 아로마 오일간의 균형을 끌어내는 능력이 중요하다.
② 아로마 오일들은 다른 오일들과 섞여서 균형을 이루어 시너지 효과를 볼 수 있다.

1) 아로마 오일의 노트

(1) 아로마 오일의 향이 퍼져나가는 속도

① 노트는 공기에 닿는 순간부터 향기가 퍼질 때까지의 속도를 의미한다. 이는 톱(Top), 미들(Middle), 베이스(Base)의 3단계로 분류된다. 서로 다른 노트의 오일을 골라 조합하면 향기가 퍼져나가는 속도가 달라져 시간의 흐름에 따라 각기 다른 느낌의 향기를 느낄 수 있다.
② 전통적인 방식의 블렌딩은 각각의 노트가 조화롭게 있어야 하지만, 자극적인 블렌딩을 원할 경우 탑 노트만 사용하고 진정을 위한 블렌딩일 경우엔 베이스 노트만을 사용할 수 있다.

(가) 탑 노트

- 공기 중에서 가장 빨리 휘발하며 맨 처음 맡을 수 있는 향으로 오래가지는 못하지만, 블렌딩에 있어서 전체적인 향의 성격을 결정짓는 중요한 역할을 하고 있다.
- 탑 노트의 오일은 신체 적용 시에도 가장 빨리 작용한다.
- 이 오일들은 심신의 상태를 자극하여 고양하는 향이다.
- 탑 노트 성분으로는 바질, 버가못, 유칼립투스, 자몽, 쥬니퍼베리, 레몬, 라임, 만다린, 네놀리, 오렌지, 페퍼민트, 파인, 티트리 등이 있다.

(나) 미들 노트

- 중간 정도의 휘발성을 가지고 있는데 탑 노트와 베이스 노트 사이에서 균형감을 이끌어 주는 역할을 하며 향을 부드럽게 만들어 주는 역할을 한다.
- 미들 노트에 해당하는 오일은 주로 신체의 균형을 잡아주는 작용을 한다.
- 블랙페퍼, 시더우드, 캐모마일, 클라리세이지, 제라늄, 진저, 재스민, 라벤다, 레몬글래스, 마조람, 팔마로사, 로즈, 로즈마리, 로즈우드, 일랑일랑 등이 있다.

(다) 베이스 노트

- 가장 기본이 되는 향으로 비교적 오래도록 향을 유지한다.
- 베이스 노트의 오일은 휘발성이 강한 아로마 오일의 휘발속도를 지연시키는 고정제로서, 향을 오래 지속시켜 주고 전체적인 배합을 안정되고 향을 유지해 주는 작용을 한다.
- 베이스 노트에 해당하는 오일은 심신을 안정시키고 이완시키는 작용을 한다.
- 나무나 수지에서 얻어진 오일들이 베이스 노트에 해당한다.
- 프랑킨센스, 미르, 샌달우드, 베티버, 패츄리 등이 있다.

[표 7-2] 에센셜 오일의 향 분류

향분류	향	유지기간	효과	대표 에센셜 오일
상향 탑 노트 (Top note)	용기를 개봉했을 때 최초로 느끼는 향으로 코를 쏘는 듯 강하고 시원, 상큼한 향	약 3~24시간	호흡기 질환, 향수, 방향제, 살균, 항염, 항균, 혈액순환	오렌지, 레몬, 페퍼민트 타임, 로즈마리, 바질, 티트리, 유칼립투스 등
중향 미들 노트 (Middle note)	중간 정도의 속도로 향이 발산하는 것으로 부드럽고 따뜻한 느낌이며 향기로운 향	약 2~3일	신경안정, 소화기증 회복, 스트레스 완화, 불면증 치료	라벤더, 마조람, 로즈마리, 제라늄, 네롤리, 재스민, 카모마일, 불가리안 등
하향 베이스 노트 (Base note)	마지막에 느끼는 향으로 서서히 발향되고 긴 시간 유지되는 향으로, 심오하고 안정감 있으며 마음을 편안하게 하는 향	약 7일	최음제, 신경안정, 피부 진정, 호르몬 조절, 세포 재생	로즈우드, 샌들우드, 일랑일랑, 재스민, 시더우드, 벤조인 등

2) 노트별 배합비율

프랑스 조향사 장 샤를르(Jean carles)는 전형적인 향수 블렌딩의 비율을 탑 : 15~25%, 미들 : 30~40%, 베이스 : 45~55%로 정의하였다. 한국 사람들은 탑 : 미들 : 베이스 비율(5 : 3 : 2)을 사용하는데, 탑 노들을 가장 많이 사용하는 경향이 있다. 이는 향에 대한 민감도가 높아서 탑 노들을 많이 사용하면 향에 대한 부담감이 감소하여 사용하기에 용이하다.

읽어두기 : 오일 10ml의 계산 = 오일 드롭병의 200방울

1% 오일 : 아로마 오일 2방울 + 캐리어 오일 10ml
2% 오일 : 아로마 오일 4방울 + 캐리어 오일 10ml
3% 오일 : 아로마 오일 6방울 + 캐리어 오일 10ml
충분한 경험이 생길 때까지는 4가지 이상을 섞지 않는다.

① 얼굴 마사지 베이스 양의 0.1~1%

② 전신 마사지 베이스 양의 1~2%

③ 부분 마사지 베이스 양의 2~2.5%

④ 국소도포 베이스 양의 2~2.5%

(1) 연령별 아로마 오일의 사용

① 1세 미만(팅크처, 허브티, 방향 증류수 중심으로 사용) : 팅크처 사용 시 저먼캐모마일이나 캐런듈라 등을 주로 사용하고 캐롯씨드 오일이나 만다린을 사용한다.

② 1~3세(팅크처, 방향 증류수, 허브티) : 아로마 오일은 주로 라벤더, 로만캐모마일, 티트리, 캐롯씨드, 만다린, 저먼캐모마일 위주로 사용한다. 희석농도는 0.1~0.2%를 기준으로 한다.

③ 3~7세(팅크처, 방향 증류수, 허브티) : 3세까지는 같은 아로마 오일 위주로 사용하고, 희석농도는 3~5세는 0.2~0.5%, 5~7세는 0.5~1% 정도로 한다. 처음 사용할 때는 30ml 캐리어 오일에 2~3방울 희석해서 사용한다.

④ 7~12세(체질, 병적 증상, 몸 상태 등에 따라 사용이 금지된 아로마 오일을 제외하고 모두 사용) : 희석농도는 0.5~1%가 기준이며 일반 성인의 절반 정도 연하게 낮추어 사용한다.

⑤ 65세 이상(사용 금지된 아로마 오일을 제외하고 모두 사용) : 고령자는 아로마 오일의 농도를 연하게 낮추어 사용한다.

⑥ 일반 성인의 절반 정도가 적당하다.

⑦ 혈압이나 지병에 따라 피해야 할 오일을 확인 후 사용한다.

3) 향의 유형에 따른 블렌딩

(1) **플로러향** : 향기로운 꽃향, 우드와 프룻, 달고 케케묵은 향, 몇몇 허브향 등과 잘 어울리며 캠퍼향과는 어울리지 않는다.

(2) **프룻향** : 달콤하고 신선한 과일향, 덜 비싸고 블렌딩하기 쉬우며, 플로럴과 우드와는 잘 어울리지만, 캠퍼향과는 맞지 않는다.

(3) **그린향** : 막 베어낸 풀이나 나뭇잎 또는 나뭇가지를 연상시키는 상쾌한 향이다. 소량이라면 어떤 에센셜 오일과도 잘 섞인다.

(4) **허브향** : 약초 향과 같은 허브향, 캠퍼, 나무향과 잘 어울리며, 플로럴과 사용할 때 신중하게 사용해야 한다.

(5) **캠퍼향** : 약 냄새 같은 느낌으로 코를 톡 쏘는 듯한 강한 향, 플로럴향과 블렌딩은 엉망이 되기 쉽고 프룻향과 잘 블렌딩되지 않는다. 또한 허브향, 나무향과 사용하면 좋다.

(6) **스파이시향** : 자극적이며 향신료를 연상시키는 톡 쏘는 향으로 아주 적은 양을 사용하면 어떤 블렌딩과도 잘 어울린다.

(7) **나무향** : 따뜻한 느낌을 주는 나무향이다. 어느 오일과도 잘 섞이며, 따뜻한 느낌을 만들어내고 용기를 준다.

(8) **얼스향 :** 흙냄새, 깊이가 있으며 어떤 블렌딩은 향을 끌어내리기도 한다. 대략 3~10%가 적당하며, 과용하지 않는 것이 좋다.

4) 두개피 관리용 오일 만들기

두개피 유형에 따른 두피 관리 오일을 만드는 방법은 표 7-3과 같으며, 사용방법은 두개피를 세정한 후 트리트먼트 오일을 바르고 두피를 자극할 수 있는 지압과 마사지를 한 후 따뜻한 오일이 효과적으로 흡수되도록 따뜻한 수건으로 감싼다.

[표 7-3] 두개피 유형에 따른 오일 만들기

두개피 종류	블렌딩 방법(3% 희석)
정상두피	호호바 오일 10mL + 제라늄 3방울 + 일랑일랑 3방울
건성두피	호호바 오일 10mL + 샌달우드 2방울 + 로즈우드 2방울 + 팔마로사 2방울
지성두피	호호바 오일 10mL + 레몬 2방울 + 일랑일랑 2방울 + 로즈마리 2방울
비듬성두피	호호바 오일 10mL + 로즈마리 3방울 + 유칼립투스 3방울
민감성두피	호호바 오일 10mL + 샌달우드 2방울 + 카모마일 2방울 + 라벤더 2방울
탈모성두피	호호바 오일 30mL + 로즈마리 6방울 + 라벤더 8방울 + 시더우드 4방울(3% 희석)

단원학습정리 ◆ 07

1. 아로마테라피의 어원은 향기를 뜻하는 "Aroma"와 치료를 뜻하는 "Therapy"가 합쳐져서 만들어진 합성어로, 향기 나는 식물에서 추출한 휘발성 정유의 기운을 이용하여 사람의 몸과 마음을 치유하고 면역력을 길러주며, 정신적, 신체적, 사회적, 환경적인 면에서 탁월한 치유 효과를 가져오는 향기요법을 의미하여 대체의학으로 쓰이고 있다.

2. 전인 치료적 의미는 육체적, 정신적 치료를 의미한다. 아로마테라피 "Aromatherapy"는 프랑스 화학자인 가티포세(Gattefosse)가 1928년에 과학저널에서 언급한 프랑스어 "아로마테러피(Aromatherapie)"에서 기원한다. 에센셜 오일의 특성을 증명하면서 그 당시에는 전통적인 약과 동등하게 보았다.

3. 아로마테라피의 역사는 선사시대 이전까지 거슬러 올라갈 수 있으며, 인류의 역사와 함께 끊임없이 계승·발전되어 왔다.

4. 아로마 에센셜 오일은 피부와 호흡기를 통해서 흡수된다. 아로마 에센셜 오일은 피부와 호흡기를 거쳐 폐를 통해 혈관으로 들어가 온몸으로 흡수되며, 신경계를 통해 뇌신경을 직접 자극하여 몸과 마음을 건강하게 한다.

5. 아로마 오일의 흡수경로는 후각, 폐, 피부, 림프계, 구강을 통해 인체로 흡수된다.

6. 아로마의 흡수방법으로는 건조 흡입법, 수증기 흡입법, 램프 확산법, 목욕법, 습포법, 마사지, 스킨케어, 음용법 등이 있다.

7. 사전 주의사항으로 생활 속에서 몸과 마음의 균형을 맞추고 생활의 질을 높이는 데 큰 역할을 할 수 있다. 그러나 사람의 체질에 따라 알레르기가 나타날 수 있으므로 사용 전 반드시 내 체질에 맞는지 확인을 하여야 한다.

8. 아로마 오일의 생물학적 역할은 상처치유 작용, 항미생물 억제작용, 증산억제작용, 곤충과 동물에 대한 방어작용, 곤충과 같은 수분 매체 유인, 식물과 식물의 경쟁 또는 타감 작용 등으로 구분된다.

9. 에센셜 식물의 뿌리, 수지, 줄기, 껍질(목질부), 과피, 과실, 잎, 꽃에서 추출하며 추출 부위에 따라 효능과 적용 부위에 차이를 두고 있다.

10. 캐리어 오일은 식물에서 추출한 100% 오일을 의미한다. 캐리어 오일은 피부에 잘 흡수되도록 도와주는 역할을 하는 오일로 에센셜 오일과 혼합하여 사용하는 오일을 의미한다.

11. 캐리어 오일의 대표적인 영양성분은 비타민 A, 비타민 D, 비타민 E(토코페롤), 비타민 F를 함유하고 있다.

12. 캐리어 오일의 특징은 상온에서 모두 액상으로 존재하며, 모든 에센셜 오일은 캐리어 오일에 잘 섞여 피부에 흡수된다. 아로마요법을 사용 시 자연스럽게 피부에 유효한 성분을 전달하고, 오일은 약용연고, 패치, 기능성 화장품에 사용되는 추세이다. 불포화지방산은 피부를 통해 흡수가 잘되고 인체가 필요로 하는 곳에 유효하게 작용하며, 냉·압착(50~60도) 방식으로 추출, 즉 과도한 열을 가하지 않아야 영양성분이 보존된 오일이어야 하고, 식품용과 달리 대부분의 아로마용 캐리어 오일에 포함된 불포화지방산의 함량을 보존하고, 산화를 방지하기 위해 고온에서 추출하지 않고 냉·압착법으로 추출한다.

13. 아로마테라피에 사용되는 캐리어 오일의 조건
(1) 직접 피부에 발라도 안전해야 한다.
(2) 강한 냄새가 적은 것으로 사용한다.
(3) 식물에서 추출된 식물성 오일이어야 한다.
(4) 미네랄 오일과 식용유는 사용하지 않는다.
(5) 부드러운 마사지가 될 수 있도록 윤활성이 좋아야 한다.
(6) 안정적이어서 열이나 빛에 노출되어도 쉽게 변하지 않아야 한다.
(7) 냉·압착, 즉 과도한 열을 가하지 않아야 영양성분이 보존된 오일이어야 한다.
(8) 끈적임이 적고 부드러워야 한다(단, 아보카도 오일, 윗점 오일은 제외).

14. 캐리어 오일과 아로마 오일을 혼합하는 것을 블렌딩이라 하며, 블렌딩할 때 캐리어 오일에 대한 아로마 오일의 농도는 저농도에서 시작해서 고농도로 가는 것이 바람직하다.

15. 아로마 오일의 노트는 아로마 오일의 향이 퍼져나가는 속도를 말하며, 노트는 공기에 닿는 순간부터 향기가 퍼질 때까지의 속도를 의미한다. 이는 톱(Top), 미들(Middle), 베이스(Base)의 3단계로 분류된다. 서로 다른 노트의 오일을 골라 조합하면 향기가 달라져 또 다른 향기를 느낄 수 있다.

16. 아로마테라피에 필요한 오일은 에센셜 오일과 캐리어 오일이 있다. 아로마 오일은 휘발성이 강하나 캐리어 오일은 에센셜 오일의 휘발성을 방지하여 피부에 효과적으로 에센셜 오일을 흡수시킬 수 있는 베이스 오일이다.

17. 아로마 오일은 증류되는 과정에서 휘발되는 속도에 따라 상향, 중향, 하향으로 분류된다.

18. 향기 전문가인 카레스(Carles)는 전형적인 향수 블렌딩의 비율을 탑 : 15~25%, 미들 : 30~40%, 베이스 : 45~55%로 정의하였다. 한국 사람들은 탑 : 미들 : 베이스 비율(5 : 3 : 2)을 사용하는데, 탑 노들을 가장 많이 사용하는 경향이 있다. 이는 향에 대한 민감도가 강하여 탑 노들을 많이 사용하면 향에 대한 부담감이 감소하여 사용하기 용이하다.

19. 아로마 오일은 두피의 피로를 풀어주고 영양분과 산소를 공급하고 모발의 성장을 돕는다. 또한 탈모방지와 염증 방지의 효과가 있고. 우울하고 스트레스 같은 정신적 문제를 해결하는 데 도움이 된다.

실습과제 07

1. 실습 진행(실습 소요시간 : 60분) : 아로마를 활용한 두개피 관리 제품 만들기

1) 아로마 오일을 활용하여 두개피 유형별 관리 제품을 만들어보시오.

Part 2

두개피 관리 실무편

Trichologist

Contents

chapter

01 기기학

학·습·목·표

- ◈ 두개피 진단기에 관하여 이해하고 고객 상담 시 적용할 수 있다.
- ◈ 두개피 관리기기에 관하여 이해하고 고객 관리 시 적용할 수 있다.

Trichologist

1 두개피 진단기기

1) 진단기기의 사용 목적

두개피 상태의 정확한 진단을 위하여 진단용 기기를 사용한다. 이는 체계적이고 과학적인 방법을 통하여 두개피 타입에 맞는 제품을 적용하기 위해 정확한 진단이 필요하며, 이러한 진단을 통하여 고객과의 신뢰 구축은 물론이고 임상 데이터를 활용할 수 있다.

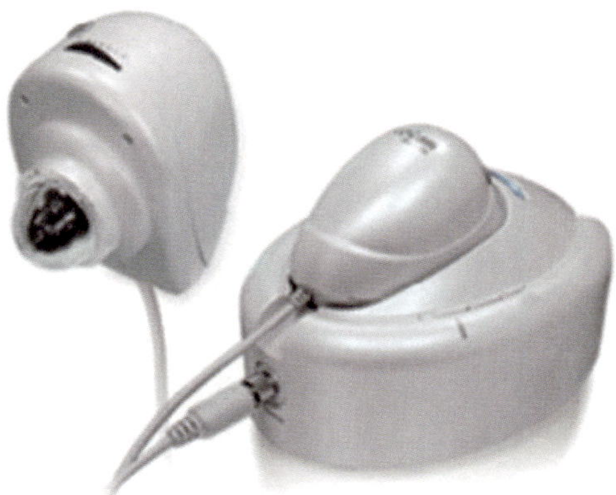

[그림 1-1] 두개피 진단기

2) 진단기기의 종류

(1) 모발 진단기

모발 진단기는 배율 렌즈를 이용하여 고객의 두개피와 모발 상태를 진단하는 것으로, 일반적으로 두개피는 200~400배율의 렌즈, 모발은 600~800배율의 렌즈로 관찰한다.

진단기 사용 전후 진단기 렌즈 부위를 살균 및 소독하고 렌즈와 두개피의 거리를 정확하게 조절하며, 측정 부위가 화면의 중앙에 위치할 수 있도록 세심한 주의가 필요하다.

(2) 현미경

현미경은 일반적으로 모낭충 또는 모근 진단용으로 사용한다. 40배율의 렌즈로 슬라이드 글라스 위에 모낭충이나 모근을 진단한다. 모낭충 발견 시에는 100배율의 렌즈를 사용하여 세균이나 모근의 모양을 진단한다.

3) 진단기의 렌즈활용

[그림 1-2]에서와 같이 렌즈는 사용 목적에 따라 다양하게 제공되고 있다. 이는 정확한 진단을 위하여 원하는 목적에 맞게 활용한다.

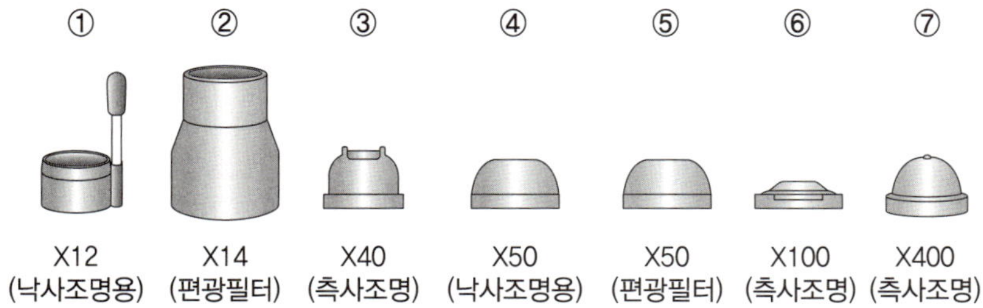

[그림 1-2] 배율별 진단기 렌즈

① ×12 : 피부주름 및 거친 정도를 관찰, 모발 밀도 관찰, 탈모 진행사항을 확인하는데 사용한다.

② ×14 : 광범위한 색소 침착 부위를 관찰하는 데 사용한다.

③ ×40 : 피부 각질, 표피의 선명한 관찰에 사용한다.

④ ×50(낙사조명용) : 피지 과다분비를 관찰하는 데 사용한다.

⑤ ×50(편광필터) : 진피층의 색소 침착 부위와 모세혈관 부위를 관찰하는 데 사용한다.

⑥ ×100 : 피부 모공과 피지량, 각질 등을 관찰하는 데 사용한다.

⑦ ×400 : 모낭 상태, 모발의 건강 상태, 손상 정도를 관찰하는 데 사용한다.

4) 진단기 사용 시 주의사항

① 고객과 일정한 거리를 유지한다.

② 과다한 두피 압박은 주의한다.

③ 렌즈와 두피의 정확한 거리를 조절한다.

④ 사용 전 진단기 렌즈 부위를 살균, 소독한다.

⑤ 진단기를 사용 시 고객의 샴푸 시간을 확인한다.

⑥ 측정부위의 화면위치를 화면 중앙부분에 맞춘다.

⑦ 정상 부위와의 비교분석 및 두피 검사 후 자료를 보관한다.

⑧ 문제부위 → 전두부 → 두정부 →측두부 → 후두부 순으로 진단한다.

2 두개피 관리기기

1) 관리기기의 사용 목적

두개피 관리기기의 사용은 제품을 효과적으로 흡수 및 개선의 극대화를 위하여 사용한다. 관리 시 문제점을 보다 효과적으로 해결하기 위하여 사용하는 제품 또는 제품에 함유된 성분의 효과를 상승시키면서 물리적 작용을 통해 두개피의 문제를 해결할 수 있는 기기를 이용하면 보다 효과적이다.

두개피 관리는 인체에 특수한 조직을 대상으로 한다. 인체는 외부로부터 흡수되는 물질에 대해 스스로 방어작용을 하기 때문이다. 즉, 제품에 대한 인체의 방어작용을 해소하고, 자연치유를 높이기 위해 관리용 기기를 사용한다.

이것은 단순히 손을 이용한 관리방법을 넘어 과학적이고 효과적으로 관리하는 방법이다. 이러한 관리용 기기는 전문가용과 일반용으로 구분한다.

2) 관리용 기기

(1) 릴렉스기기

두개피 관리 전 긴장된 근육을 풀어주기 위해 사용하는 기구로 저주파기와 음파 진동기가 있다.

① 저주파기

- 원리 : 10kHz 이하의 교류 전류를 이용한 관리용 기기이다.
- 효과 : 근육의 통증 및 신경조직을 자극하여 진정시켜 주며 혈액순환을 촉진해 피지 및 땀의 분비를 조절하고, 두피 정상화와 면역력을 향상할 수 있다.

※ 저주파 사용 시 주의사항

- 저주파 기구 사용 전 전문의와 상의가 필요한 경우
- 급성병, 악성종양, 전염병, 임신, 심장 기능 장애, 고열, 비정상적 혈압, 피부감각 이상 혹은 피부병, 의료감각 고통, 특히 감각 고통과 같은 증상 치료 중 사고나 병을 유발할 수 있다.

② 음파 진동기

- 원리 : 미세음파(분당 120회)에서 강한 음파(분당 480회)의 진동을 통해 마시지하는 관리용 기기이다.
- 효과 : 경혈, 근막, 두피 및 얼굴 등 음파진동을 통하여 뭉친 근육 및 신경조직을 자극하여 근육을 이완, 혈액순환을 촉진한다.

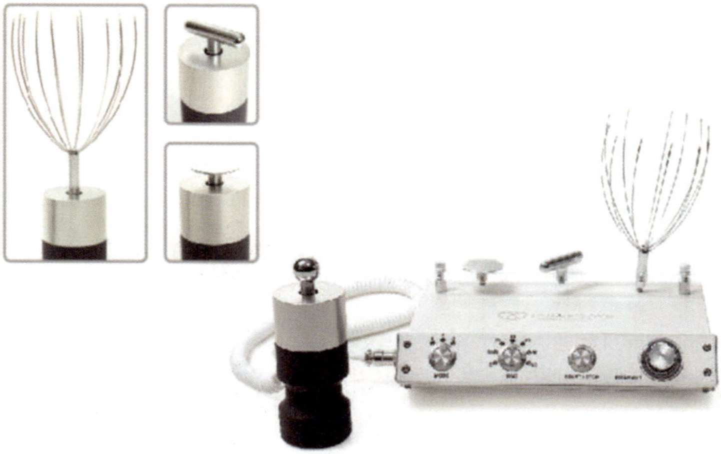

[그림 1-3] 두개피 관리용 음파 진동기

(2) 세정기기

세정기기는 두피나 모발의 피지, 각질, 노폐물을 제거하기 위해 사용하는 기기로, 두개피 스케일링을 통해 모공을 열어주고, 모근의 호흡작용을 촉진하며 영양성분의 흡수가 쉽도록 도와주는 역할을 한다.

① 스티머

스티머는 이온 및 원적외선 등이 미온의 미스트와 함께 나와 두개피에 수분공급을 통해 케라틴 단백질의 연화작용을 도와준다. 두개피 스케일링 시 스케일링 제품의 연화작용과 부작용을 예방하며, 두피와 모발에 수분을 공급시켜 주고 온열작용을 통한 모공확장과 혈액순환을 촉진하기 위해 사용한다.

② 두피 세정기(워터펀치)

노즐의 수압, 수류와 진동을 이용하여 세정하는 기기로 수압 및 수류를 이용하여 모공 주변에 피지, 노화, 각질, 이물질을 제거한다. 진동을 통한 두피 마사지는 혈액순환을 촉진하고 영양분이 모공 내로 흡수되는 것을 높이기 위해 사용한다.

[그림 1-4] 워터펀치

③ 자동 샴푸기

자동 샴푸기는 샴푸 시 의자에 설치된 노즐과 세정 프로그램을 통해서 사용자가 수압과 세정을 최적의 상태로 조절할 수 있는 자동 샴푸기기이다.
의자에 앉아 머리를 뒤로 젖힐 때 목과 허리의 하중을 줄일 수 있도록 몸과 의자가 일체되어 있고 관리사가 일일이 샴푸하는 번거로움을 줄일 수 있는 샴푸기기이다.

④ 제트필

제트필은 두개피부의 미용을 위해 멸균 식염수와 산소를 고압 분사를 통해 미세한 초입자의 물방울로 분사해 피지나 노폐물을 제거한다.

⑤ 진동샴푸 마사지기

진동샴푸 마사지기(분당 1,500회)는 강한 진동을 통하여 두개피를 세정 및 마사지를 함으로써 혈액순환을 활성화하여 두개피 상태를 개선한다. 단, 두개피에 상처나 염증이 있는 부위에 시술할 때는 주의하도록 한다.

(3) 영양침투기기

제품의 피부 흡수를 도와주며 두피 활성화를 위해 사용하는 기기로 고주파기, 적외선, 초음파기, 음이온기, 헤어 레이저기 등이 있고, 의료용으로 메조건이 있다.

① 고주파기

고주파기(초당 100,000사이클 이상)는 교류 전류를 이용하여 인체의 기혈순환통로를 자극, 인체 내부의 면역체계를 증강한다. 고주파는 살균 및 소독을 통해 문제성 두개피를 예방하여 영양흡수와 진정효과를 촉진한다.

② 적외선

적외선은 온열효과와 빛을 이용하여 세포 내를 자극, 두개피 내의 영양침투 및 피부 흡수를 돕고 혈액순환과 근육 이완에 효과가 있으며, 두개피 내 노폐물의 배출에 효능이 있다. 적외선은 영양제품을 도포하기 전 두개피의 물기를 제거하고 조사해 빛의 반사를 방지해야 한다.

③ 초음파기

초음파기는 진동 주파수가 20kHz 이상으로 매우 높아 인간의 청각으로는 들을 수 없는 음파이다. 이러한 음파 중에 매우 빠른 음파를 초음파라 하는데, 초음파를 두개피에 활용하는 이유가 인체에 투여되었을 때 초음파의 진동은 분자 간의 마찰로 열을 발생하여 체온을 약 1'C 정도 올려줌으로써 혈액순환과 신진대사 기능을 촉진하기 때문이다. 이런 초음파에 의한 에너지 변환이 영양의 침투를 쉽게 하는 긍정적인 효과가 있어 두개피 재생 관리에 활용된다.

④ 음이온기

음이온의 잡아당기는 성질을 이용하여 모공의 피지, 노폐물, 각질 등을 제거해준다. 또한 음이온과 양이온을 동시에 사용하여 두개피와 기저세포의 재생을 촉진, 가려움증이나 염증에 대해 살균작용을 하고 제품의 흡수를 촉진한다.

⑤ 헤어 레이저기

레이저광을 이용하여 모발 재생 사이클을 회복시켜 주는 기능이 있다. 두개피에 조사하여 혈액순환을 개선하고, 비듬 질환, 지루성 피부염, 모낭염 치료에 효과적이다.

⑥ 메조건

메조건은 의료용 기기로 모근의 혈류량을 증가시켜 모근을 튼튼하게 만드는 약물을 직접 모근 가까이 주입하는 방법으로, 탈모된 부위에 시술한다. 탈모에 효과적인 약물을 두개피에 직접 주입함으로써 육모 및 발모를 촉진하는 치료방법이다.

[그림 1-5] 근적외선 관리기

단원학습정리 01

1. 진단기의 사용 목적은 두개피 상태의 정확한 진단을 위하여 진단용 기기를 사용한다. 이는 체계적이고 과학적인 제품을 사용하기 위하여 원인의 정확한 진단이 필요하며, 이러한 진단을 통하여 고객과의 신뢰 구축은 물론이고 임상 데이터를 활용할 수 있다.

2. 모발 진단기는 배율 렌즈를 이용하여 고객의 두피와 모발 상태를 진단하는 것으로, 일반적으로 두개피는 200~400배율의 렌즈, 모발은 600~800배율의 렌즈로 관찰한다.

3. 현미경은 일반적으로 모낭충 또는 모근 진단용으로 사용한다. 40배율의 렌즈로 슬라이드 글라스 위에 모낭충이나 모근을 진단한다. 모낭충 발견 시에는 100배율의 렌즈를 사용하여 세균이나 모근의 모양을 진단한다.

4. 두개피 관리기기의 사용은 제품을 효과적으로 흡수 및 개선의 극대화를 위하여 사용한다. 관리 시 문제점을 보다 효과적으로 해결하기 위하여 사용하는 제품 또는 제품에 함유된 성분의 효과를 상승시키면서 물리적 작용을 통해 두피의 문제를 해결할 수 있는 '기기'를 이용하면 보다 효과적이다.

5. 스티머는 이온 및 원적외선 등이 미온의 미스트와 함께 나와 두개피에 수분공급을 통해 케라틴 단백질의 연화작용을 도와준다.

6. 세정기기는 두피나 모발의 피지, 각질, 노폐물을 제거하기 위해 사용하는 기기로 두피 스케일링을 통해 모공을 열어주고, 모근의 호흡작용을 촉진하며, 영양성분의 흡수가 쉽도록 도와주는 역할을 한다.

7. 제품의 피부 흡수를 도와주며 두피 활성화를 위해 사용하는 기기로 고주파기, 적외선, 초음파기, 음이온기, 헤어 레이저기 등이 있다. 의료용으로 메조건이 있다.

8. 고주파기(초당 100,000사이클 이상)는 교류 전류를 이용하여 인체의 기혈순환통로를 자극, 인체 내부의 면역체계를 증강시킨다.

9. 적외선은 온열효과와 빛을 이용하여 세포 내를 자극시켜, 두개피 내의 영양침투 및 피부 흡수를 돕고, 혈액순환과 근육 이완에 효과가 있으며, 두개피 내 노폐물 배출에 효능이 있다.

실습과제 · 01

1. 실습 진행(실습 소요시간 : 30분) : 진단기를 통한 자료 정리

1) 정상 두개피	3) 건성 두개피
2) 지성 두개피	**4) 문제성 두개피**

chapter

02

상담학

학·습·목·표

◈ 고객 상담 기법에 관하여 이해하고 실무에 적용할 수 있다.

Trichologist

1 고객 상담의 정의

고객 상담은 고객과의 의사소통(Communication)을 통하여 자료(Data)를 얻게 된다. 이러한 자료를 전문가의 전문적인 지식과 경험을 통하여 정보(Information)로 가공하고, 고객의 정보와 전문가적인 지식을 바탕으로 고객에게 진행되는 과정 등을 상세하게 설명하고, 제안을 하는 것을 컨설팅 세일즈(Consulting sales)라고 한다.

전문적인 지식을 가진 두개피 관리사가 서비스나 제품을 구매하려는 고객의 궁금한 내용에 관하여 상담하여 주면서 서비스나 제품을 판매하는 방식이 필요하다.

트리콜로지스트(Trichologist)의 고객 상담은 고객과 면대면 대화과정을 통하여 두피 및 모발에 관한 문제점을 시진, 문진, 촉진 등을 통하여 생활방식이나 건강 상태 등을 고려하여 고객에게 해결 방안을 제시, 관리방법으로 실행할 수 있도록 도와주는 과정을 의미한다.

[그림 2-1] 상담의 의미

고객 상담은 고객의 잘못된 두개피 및 모발 관리방법이나 홈케어의 활용, 스트레스 관리, 식이요법 등에 관하여 실질적인 관리와 연관이 있는 부분으로, 상담 시 고객의 일상생활을 중심으로 상담이 충분히 이루어져야 한다.

관리 효과를 상승시키기 위한 것으로 관리센터에서 제품과 기기만으로는 탈모 및 두피의 근본적인 문제점을 관리하는 데 한계가 있기 때문이다. 또한 그로 인한 관리의 상승효과를 높여 재구매를 유도하기 위한 것이다.

고객의 경우 관리 중 나타나는 궁금 사항 및 일상생활과 관련된 부분에 대해서 상담자보다는 실무를 담당하는 트리콜로지스트에 의존하는 고객이 많기 때문이다. 그러므로 상담 시 고객에게 전문지식의 전달보다는 일상생활과 두개피의 문제와 연관하여 설명하는 것이 더욱 효과적이다.

2 고객 상담의 중요성

1) 고객 상담의 목적

고객 상담은 고객과의 대화에서 전문적 지식을 활용하여 문제를 해결하는 과정이며, 두개피 관리 상담의 목적은 3단계로 나눠진다.

① 문제의 원인을 파악하여 정보와 지식을 전달하여 고객의 인식이나 태도를 바꾸도록 도와준다.

② 문제점의 원인을 개선할 수 있게 좋은 생활습관으로 변화하도록 도와준다.

③ 개선된 생활습관을 유지하도록 도와준다.

2) 고객 상담의 필요성

고객 상담은 고객이 현재 나타나는 문제를 인식하고, 그 문제를 개선할 수 있도록 도와주는 것이며, 결과적으로 고객 스스로 생활 전반에 걸쳐 발생할 수 있는 문제를 조절하도록 자율의지를 갖추게 하는 것이다.

3) 고객 상담의 세 가지 요소

두개피 관리에 있어서 트리콜로지스트는 두피와 모발에 대한 문제를 해결하기 위해 고객에게 나타나는 문제의 원인을 파악하여 올바른 관리방법을 조언함으로써 고객의 니즈를 충족시켜 주는 과정이다.

① 목적 : 두개피 및 생활습관 등의 문제점을 개선 및 예방을 목적으로 한다.

② 문제 : 원인을 파악하여 문제점을 제시한다(두개피 등의 문제와 원인 및 생활방식 등).

③ 방안 : 진단된 결과의 문제에 대한 해결방법과 관리방법을 제시한다.

4) 트리콜로지스트의 다섯 가지 요소

두개피 관리 상담은 두개피에 관한 전문지식과 이론을 바탕으로 고객에 대한 따뜻한 배려를 통해 고객의 문제점과 고민을 해결하고자 하는 노력이 필요하다.

① 전문적 지식 : 두피와 모발에 관련한 전문 이론 및 임상 결과로 쌓인 지식을 가지며, 고객과 상담 시 유연한 상담능력을 함양한다.

② 고객과의 신뢰 : 고객으로부터 전문성의 신뢰와 관리효과에 대해 신뢰를 하게 한다.

③ 고객에 대한 배려 : 고객을 진심으로 관리하겠다는 마음가짐을 가진다.

④ 고객에 대한 공감 능력 : 고객의 마음을 이해하는 공감적 능력은 고객의 경험, 감정, 사고, 고민, 문제점을 트리콜로지스트가 고객인 것처럼 듣고 이해하는 능력이다.

⑤ 고객에 대한 수용적 태도 : 수용적 태도는 고객에 대하여 편견이나 판단 없이 고객의 문제, 견해, 태도, 가치와 관계없이 하나의 인격으로 인정하는 것이다.

5) 상담자의 자세

① 큰 소리로 이야기하거나 크게 웃지 않는다.

② 고객에게 반말과 단적인 표현은 하지 않는다.

③ 상담자는 앉아 있을 때 다리를 꼬거나 내려앉지 않는다.

④ 필요하다면 약간의 몸짓을 통하여 고객에게 이해도를 높여준다.

⑤ 효과적인 상담을 위해서는 고객의 말에 귀 기울이는 태도가 중요하다.

⑥ 상담자가 손을 많이 흔들거나 팔짱을 낀다면 고객에게 거만하게 비칠 수 있으므로 주의한다.

⑦ 상담자는 자신의 자세와 몸짓이 어떤 의미를 전달하는지 주의하고 이는 자신이 의도한 것인지를 분명히 파악해야 한다.

⑧ 상담자의 긴장된 태도는 고객에게도 긴장을 유발할 수 있으므로 자연스러운 자세로 고객 방향으로 약간 몸을 기울이는 것이 좋다.

6) 상담자의 복장 및 위생

① 상담자는 명찰을 착용한다.

② 시술하기 편안한 복장을 착용한다.

③ 항상 손톱, 머리 상태, 복장을 깨끗하게 유지하도록 한다.

④ 강한 향수 및 음식물 냄새, 땀 냄새 등이 나지 않도록 한다.

⑤ 신발은 편안한 것을 신고, 구두 소리가 나지 않도록 주의한다.

⑥ 화려한 액세서리(목걸이, 반지, 귀걸이, 발찌)는 주의하도록 한다.

⑦ 늘 주변을 청결히 유지하고, 시술한 도구는 소독하여 균에 감염되지 않도록 한다.

3 고객 상담방법

고객 상담에서는 고객에 관한 일반적인 사항(생활방식 및 식습관 등)과 건강 상태 등을 확인할 수 있는 근거로 활용되며, 고객의 지속적인 관리를 위하여 고객 상담 카드를 작성한다.

1) 두개피 진단

① 1차 진단 : 시진, 촉진, 문진

② 시진 : 두피의 색상, 두피의 각질 상태, 두피의 피지분비량의 여부, 모발에 묻어있는 피지 상태, 모발의 손상 여부를 육안을 통해 파악한다

③ 촉진 : 손에 만져지는 피지 상태, 땀의 분비량, 긁어서 밀려 나오는 각질 여부와 두피의 탄력도, 두피의 경직 상태를 촉각으로 파악한다.

④ 문진 : 상담 카드 및 진단 카드를 작성하기 위하여 고객의 생활방식을 파악하여 고객의 정보를 기재한다.

⑤ 2차 진단 : 두개피 진단기를 통한 진단

- 모발의 굵기
- 모발의 밀집도
- 두개피의 색상
- 모공과 각질 상태
- 두개피의 예민도 및 문제성
- 두개피의 피지량 및 땀의 분비량
- 모발의 길이부터 길이 끝의 손상도

2) 관리프로그램 설정

관리프로그램 설정 단계에서 상담은 고객과 기초자료를 통해 문제에 맞는 구체적인 관리프로그램을 설정하는 것으로, 트리콜로지스트와 고객이 함께 참여하여 의사소통하는 과정이다. 따라서 두개피 특성에 맞는 제품, 관리기기, 마사지프로그램 결정이 중요한 내용이라 할 수 있다.

(1) 관리프로그램

① 두개피 마사지 : 두개피 내 혈액순환을 촉진시킨다.

② 두개피 스케일링 : 두개피 내 피지, 산화 각질, 이물질 등을 제거한다.

③ 두개피 클렌징 : 두개피 타입에 따른 세정제를 선택하여 세정 및 영양을 공급한다.

④ 두개피 영양제 : 두개피 타입별 세정제 사용 후 두피 진단결과에 따른 토닉(앰플) 도포를 진행한다.

3) 관리 중 상담

관리 중 상담은 관리효과를 향상하기 위한 과정으로, 고객에게 정확한 관리프로그램을 통하여 관리하면서 관리 중의 불편사항이나 두개피 호전도에 따른 프로그램 변화 등의 상담을 진행함으로써 관리효과를 증대시키는 데 있다.

(1) 관리 중 상담의 주의사항

① 정확하게 지식전달을 한다.

② 주기적으로 상담한다.

③ 고객의 심리적 안정을 배려한다.

④ 관리 전, 관리 후의 정확한 비교분석을 시행한다.

4) 관리 후 상담

관리 후의 상담은 관리센터에서의 관리가 끝난 상태에서 관리과정상 개선된 두개피 관리 효과를 계속해서 유지하고, 두개피 관리 효과를 지속해서 유지할 수 있도록 생활방식과 두개피 관리요령을 안내해주는 것으로, 트리콜로지스트로서 전문적 지식을 통한 안내와 자세한 설명이 필수이다.

(1) 관리 후 상담의 주의사항

① 고객에 대한 장기적인 관심과 배려를 갖는다.

② 탈모 및 두개피 관리는 평생 관리라는 인식을 주지시킨다.

③ 탈모 및 두개피 관리는 고객의 꾸준한 노력이 필요함을 인식시킨다.

[그림 2-2] 상담을 통한 고객의 합리적 선택

4 진단기를 통한 고객 상담 실무

1) 두피 모발 정밀 진단기기

두피 및 모발 상태의 정확한 상담을 위해서는 두개피를 정확하게 진단하고 판단할 수 있는 진단기기 배율의 렌즈를 활용하는 것이 중요하다.

두개피 진단기기의 사용은 고객에게 자신의 두피 상태를 정확히 알리는 것뿐만 아니라 현재의 두개피 상태를 파악하기 위한 것으로 두피 및 모발 관리의 기본이 된다.

진단 부위와 목적에 따라 진단기기 확대경, 현미경, 유·수분 측정기, pH 측정기기 등이 이용된다. 최근에는 이 기능을 소형화하여 다양한 기능을 한 제품에 아우르는 기기가 소개되고 다양하게 이용되고 있다.

2) 핸디형 두개피 모발 정밀 진단기기

최근에 두개피 관리 전문점을 중심으로 두개피 진단에 활용되고 있는 핸드폰 크기의 핸디형 두개피 모발 진단기기(APMPRO, ARAMHUVIS)는 공간에 제약 없이 활용할 수 있다.

고객 관리 기능이 기본적으로 탑재되어 있고, 탈모 유형, 두피 상태, 두피 밀도, 각질량, 혈관 노출 정도, 모발 두께, 모공 상태, 모발 손상 정도를 진단할 수 있다.

과거의 진단기기는 x5배로 진단하던 것을 최고 x1,000배의 고배율렌즈를 이용하여 모발의 모표피까지 진단하는 것이 가능하고, 진단결과를 초보자도 판단이 쉽게 반전 영상으로 전환할 수 있다.

핸드폰, 태블릿, TV와 연계되어 어떤 기기로도 출력할 수 있어 언제, 어디서든 고객 상담이 자유롭다. 이 책에서는 진단기기를 통한 고객 상담 절차는 아람휴비스의 APMPRO로 진단한 영상을 제공하여 작성하였다.

3) 탈모 유형

일반 영상렌즈로 고객의 전체적인 탈모 유형을 촬영한다.

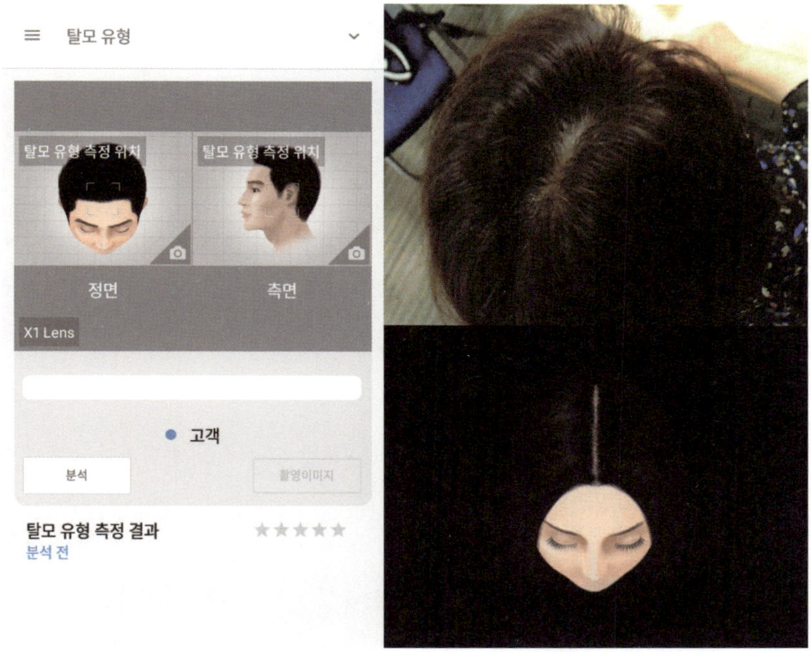

[그림 2-3] 탈모 유형 분석 (자료제공 : 아람휴비스(주))

4) 두개피 진단(진단기 배율 : ×60)

두개피의 상태를 측정하여 진단기기 내에 내장된 두개피 유형의 사진과 비교하여 판단할 수 있다.

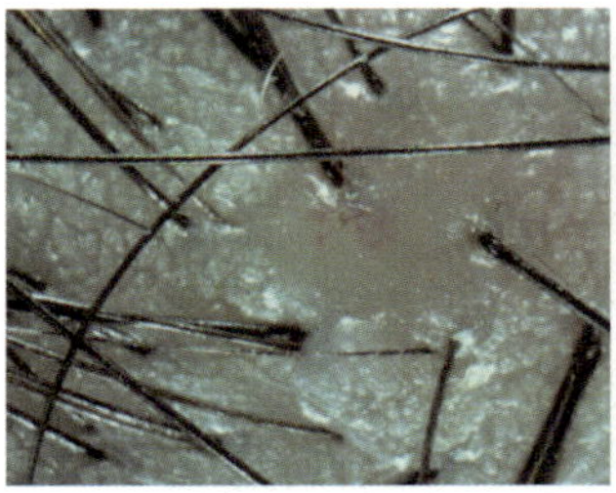

[그림 2-4] 지루성 두개피

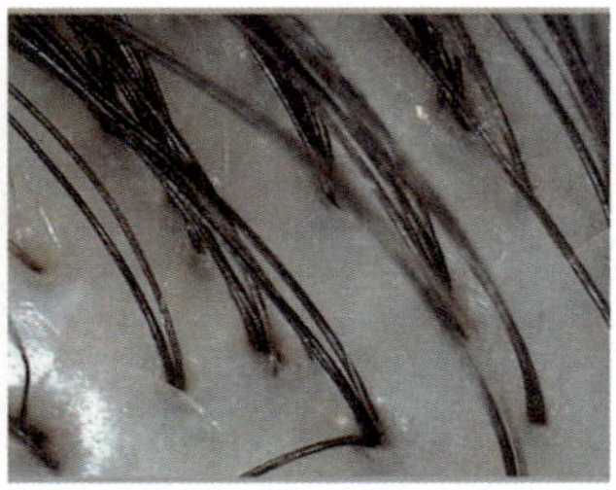

[그림 2-5] 정상 두개피

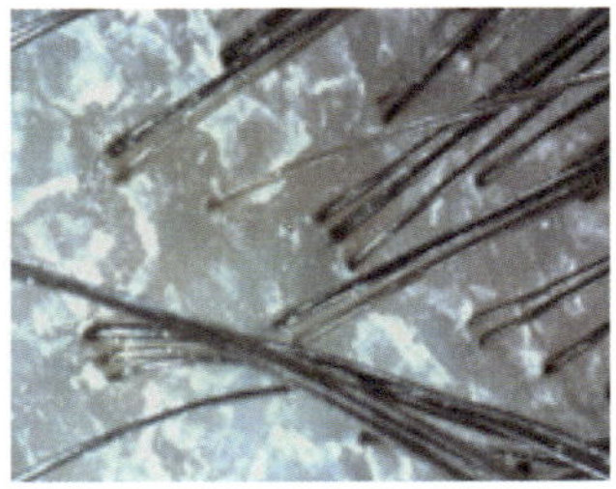

[그림 2-6] 아토피 두개피

(자료제공 : 아람휴비스(주))

5) 모발 밀도(진단기 배율 : ×60)

모발 밀도는 일정 공간(mm^2) 안에 한 모공에서 자라는 모발 수를 측정, 합산하여 전체 모발량을 측정할 수 있다. 또한 평균 모발량과의 비교가 가능하다.

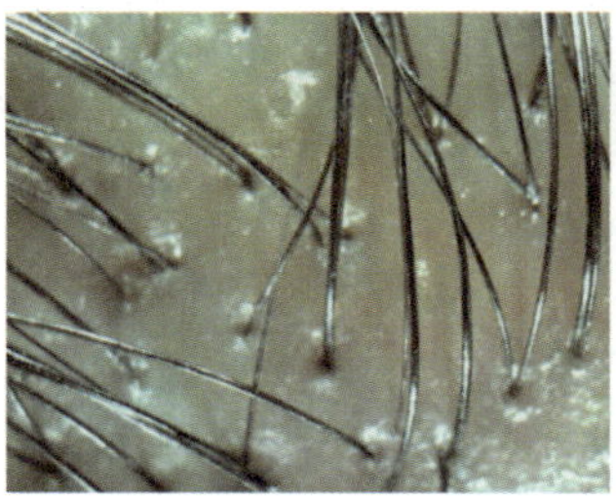

[그림 2-7] 진단영상

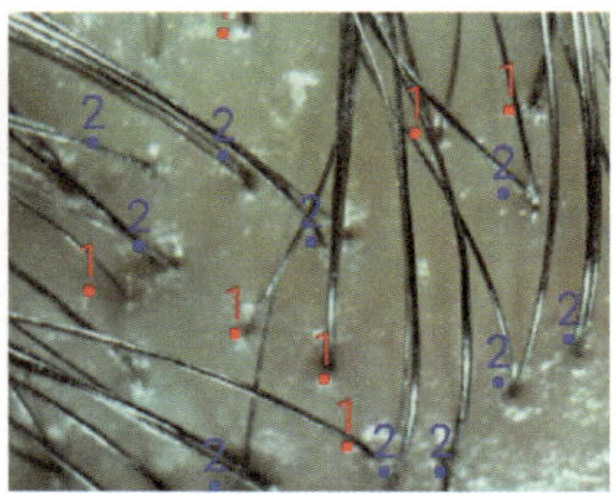

[그림 2-8] 판독영상

(자료제공 : 아람휴비스(주))

6) 각질량(편광렌즈, ×60)

편광렌즈를 사용하여 측정한다. 다른 빛을 차단하여 두개피의 각질을 선택적으로 판독하여 진단자가 두피, 모발의 각질 판독이 쉽도록 판독영상으로 보여준다.

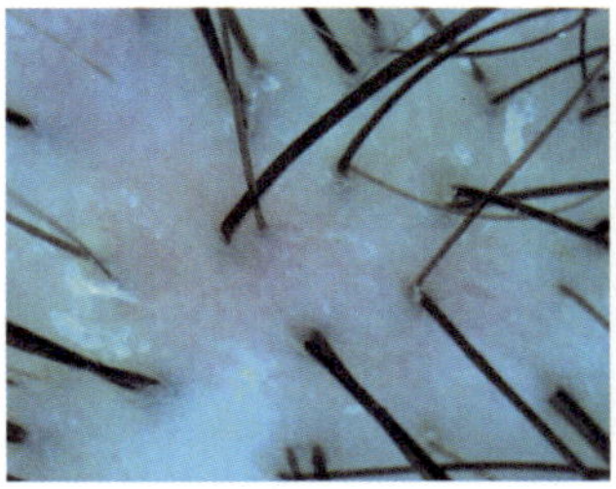

[그림 2-9] 진단영상

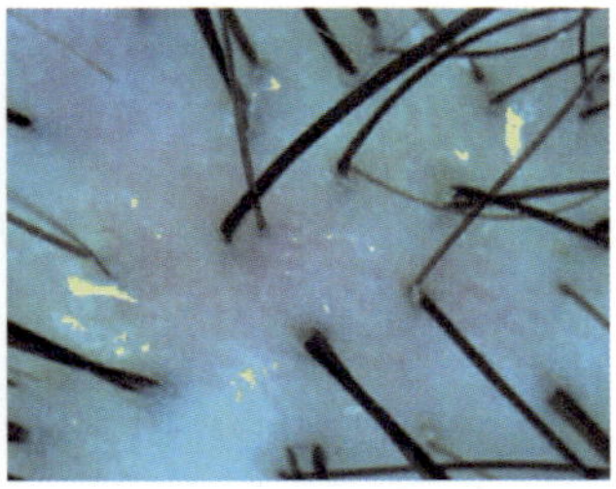

[그림 2-10] 판독영상

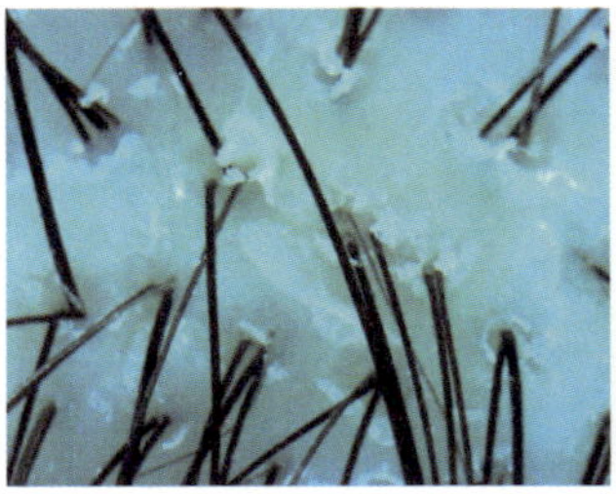

[그림 2-11] 진단영상

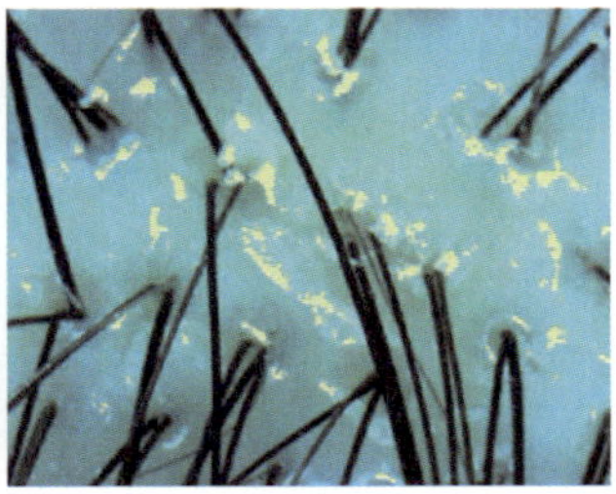

[그림 2-12] 판독영상

(자료제공 : 아람휴비스(주))

7) 혈관 노출(편광렌즈, ×60)

편광렌즈를 사용하여 측정한다. 다른 빛을 차단하여 두피에 노출된 혈관을 선택적으로 판독하여 진단자가 두개피에 노출된 혈관의 판독이 쉽도록 판독영상으로 보여준다.

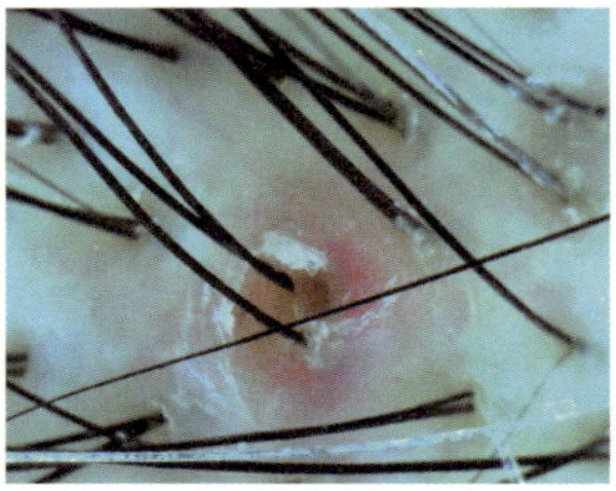

[그림 2-13] 진단영상

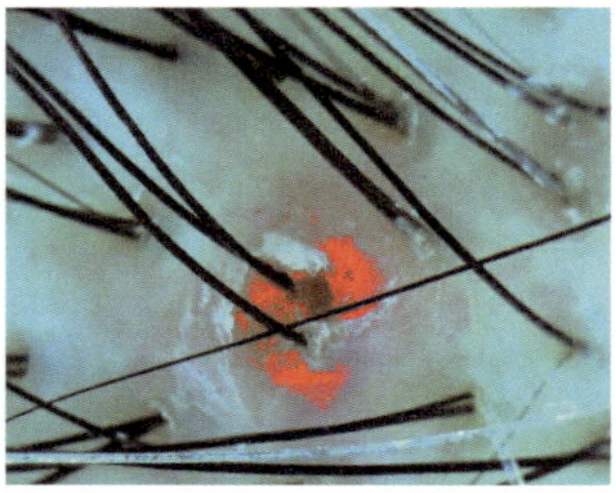

[그림 2-14] 판독영상

(자료제공 : 아람휴비스(주))

8) 모발 두께(×200)

원하는 모발의 굵기를 측정할 수 있다. 모발의 정확한 사이즈가 측정되어 정상범주와 비교하여 판단할 수 있다.

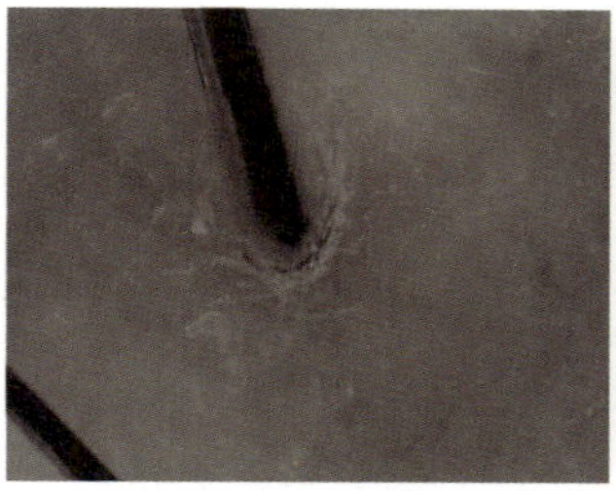

[그림 2-15] 진단영상

[그림 2-16] 판독영상

[그림 2-17] 진단영상

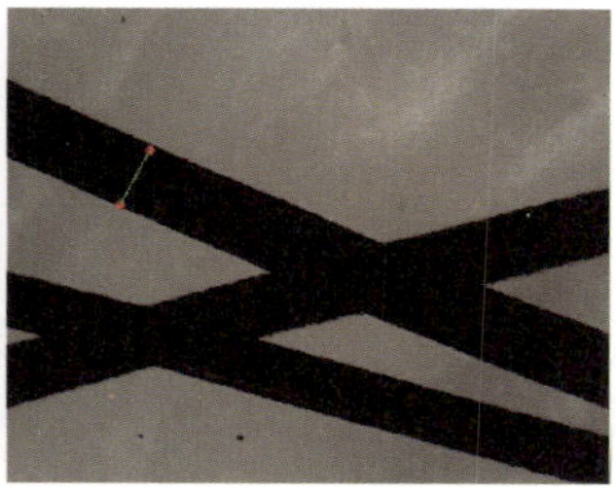

[그림 2-18] 판독영상

(자료제공 : 아람휴비스(주))

9) 모공 상태(×200)

모공의 각질 분포 상태를 파악하여 모공이 각질에 쌓여 닫혀있는지의 파악을 가능케 하고, 이를 통해 제품의 경피흡수능력을 예상해 볼 수 있다.

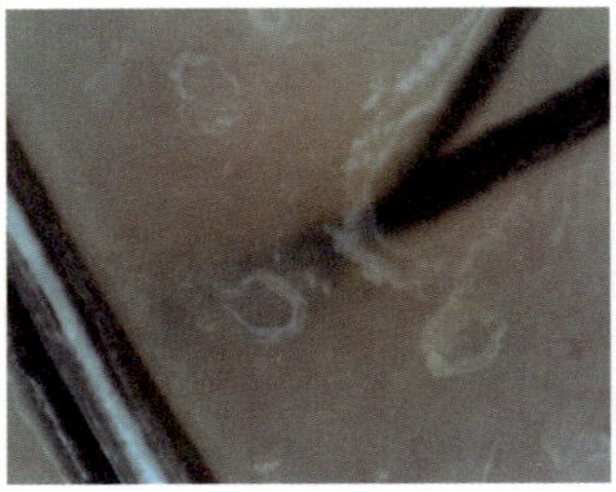

[그림 2-19] 진단영상

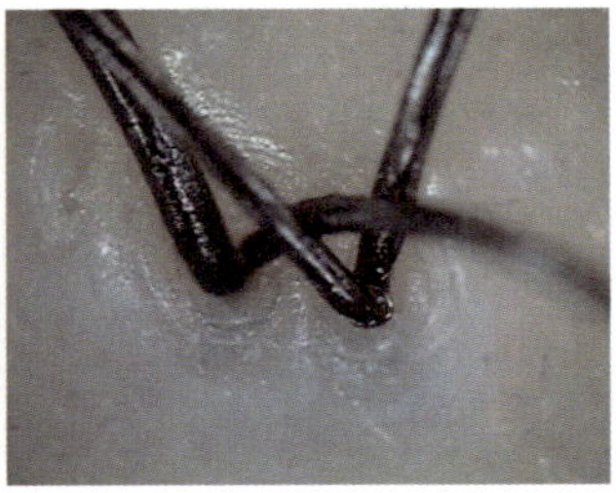

[그림 2-20] 판독영상

(자료제공 : 아람휴비스(주))

10) 모발 손상도(×500, ×1,000)

가장 배율이 높은 렌즈로 진단한다. 모표피 케라틴의 배열 상태의 파악이 가능하다. 반전 영상을 통하여 초보자도 모발이 손상된 부위를 판단할 수 있도록 손상된 부위에 색을 입혀 손상 모발의 판단이 쉬우며, 모발 손상의 경향성을 알 수 있다. 이를 활용한 시술이 가능하다.

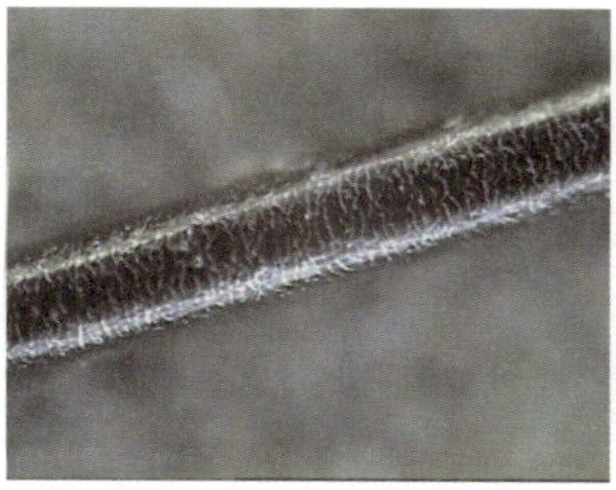

[그림 2-21] 500배 진단영상

[그림 2-22] 반전영상

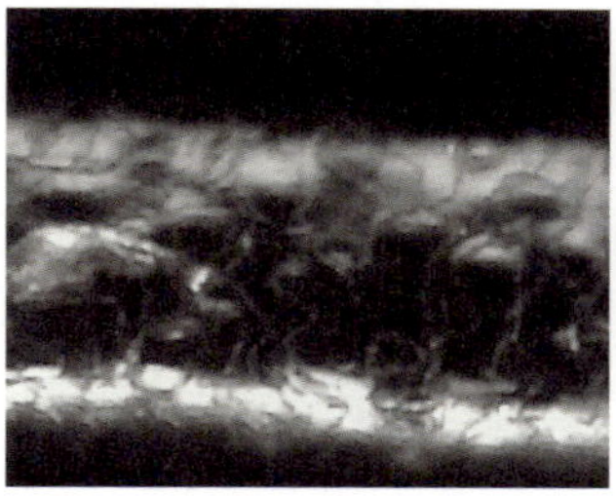

[그림 2-23] 1,000배 진단영상

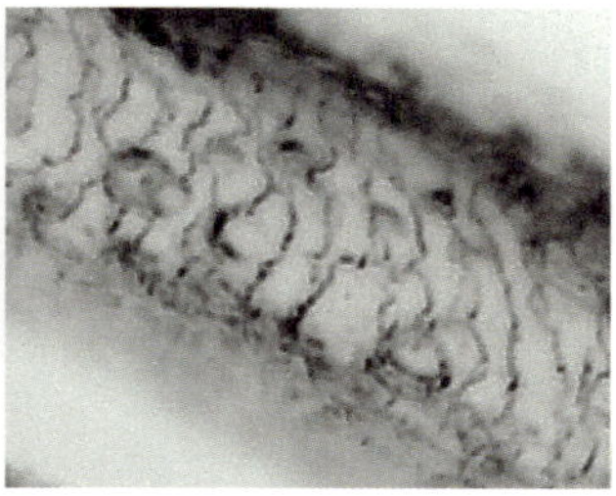

[그림 2-24] 반전영상

(자료제공 : 아람휴비스(주))

단원학습정리 ◆ 02

1. 고객 상담은 고객과의 의사소통(Communication)을 통하여 자료(Data)를 얻게 된다. 이러한 자료를 전문적인 지식과 경험을 통하여 정보(Information)로 가공하고, 고객의 정보와 전문가적인 지식을 바탕으로 고객에게 진행되는 과정 등을 상세하게 설명하고 제안하는 것을 컨설팅 세일즈(Consulting sales)라고 한다.

2. 트리콜로지스트(Trichologist)의 고객 상담은 고객과 면대면 대화과정을 통하여 두피 및 모발에 관한 문제점을 시진, 문진, 촉진 등을 통하여 생활방식이나 건강 상태 등을 고려하여 고객에게 해결 방안을 제시, 관리방법으로 실행할 수 있도록 도와주는 과정을 의미한다.

3. 고객 상담은 고객의 잘못된 두개피 및 모발 관리방법이나 홈케어의 활용, 스트레스 관리, 식이요법 등에 관하여 실질적인 관리와 연관이 있는 부분으로 상담 시 고객의 일상생활을 중심으로 상담이 충분히 이루어져야 한다.

4. 고객 상담은 고객이 현재 나타나는 문제를 인식하고, 그 문제를 개선할 수 있도록 도와주는 것이며, 결과적으로 고객 스스로 생활 전반에 걸쳐 발생할 수 있는 문제를 조절하도록 수 있는 자율의지를 갖추게 하는 것이다.

5. 두개피 관리에 있어서 트리콜로지스트는 두피와 모발에 대한 문제를 해결하기 위해 고객에게 나타나는 문제의 원인을 파악하여 올바른 관리방법을 조언함으로써 고객의 니즈를 충족시켜 주는 과정이다.

6. 두개피 관리 상담은 두개피에 관한 전문지식과 이론을 바탕으로 고객에 대한 따뜻한 배려를 통해 고객의 문제점과 고민을 해결하고자 하는 노력이 필요하다.

7. 고객 상담에서는 고객에 관한 일반적 사항(생활방식 및 식습관 등)과 건강 상태 등을 확인할 수 있는 근거로 활용되며, 고객의 지속적인 관리를 위하여 고객 상담 카드를 작성한다.

8. 관리프로그램 설정 단계에서 상담은 고객과 기초자료를 통해 문제에 맞는 구체적인 관리 프로그램을 설정하는 것으로 트리콜로지스트와 고객이 함께 참여하여 의사소통하는 과정이다.

실습과제 ◆ 02

: 고객 상담 카드

상담일			고객명		연락처		
성별	남 / 여	연령		결혼여부	미혼 / 기혼	직업	
신장	cm		체중	kg	혈액형	A B O AB	
생리주기	규칙 / 불규칙		자녀수		피임약 복용여부		
몸 상태	몸이 차다 / 열이 많다 / 손발이 차다 / 두상에 열이 많다 / 기타( )						
식사량	소식 / 보통 / 과식			식사스타일	채식 / 육식 / 인스턴트 / 기타		
소화 상태	보통 / 양호 / 불량 헛배 / 구역질 / 통증			소화기관 / 질병여부			
1일 흡연량	금연 / 보통 / 많음			음주여부			
땀	적음 / 보통 / 많음			땀 종류	식은 땀 / 다한증 / 일반적인 땀 기타( )		
수면 상태	4시간 이하 / 8시간 이상 / 불면 / 불안정적인 수면 / 기타( )						
스트레스 / 상태							
건강 상태	당뇨병 / 갑상선 질환 / 간염 / 간 / 폐경(갱년기) / 생리 / 수술여부 기타( )						
사용 중인 샴푸명			샴푸 횟수 및 시간대		( )회 / ( )일 아침 / 저녁		
브러시 종류	돈모 / 플라스틱 / 알루미늄 / 나무 / 기타( )			브러싱 횟수		스타일링 제품	
기타 생활습관							
두피 및 모발 상태	두피 및 모발 상태	염증 / 홍반 / 가려움 / 비듬 / 악취 / 기타( )					
	모발 상태	건조 / 갈라짐 / 탄력 없음 / 끊어짐 / 웨이브 / 염색모 / 백모 / 기타( )					
	가족력	유 / 무 ( )					
	탈모시작 시기				탈모유형	형	
	탈모관리 경험 여부	유 / 무	관리형태	두피관리 / 약물 / 가발 / 수술 / 주사 / 기타( )			
	샴푸 시 탈모량	본	관리 후 결과	만족 / 보통 / 불만족 / 기타( )			
두피 모발관련 고객의 기타내용							
상담자의 의견							

chapter

03

두개피 진단

학·습·목·표

- ◈ 두개피 진단을 통하여 두개피 유형별 판독과 관리 실무에 적용할 수 있다.
- ◈ 문제성 두개피를 통하여 문제성 두개피를 진단하고 관리 실무에 적용할 수 있다.

Trichologist

1 두개피 진단

두개피의 진단은 진단기(전자현미경)를 통하여 진단을 진행한다. 두개피 진단 시 피지막, 피지량, 수분량, 두개피 톤 등에 따라 진단하여 구분한다. 먼저 1차 상담에서 얻은 정보를 통해 진단기를 사용하여 2차 진단을 시행한다. 두개피 진단기를 사용하여 전두부, 두정부, 측두부, 후두부를 진단하여 문제를 파악한다.

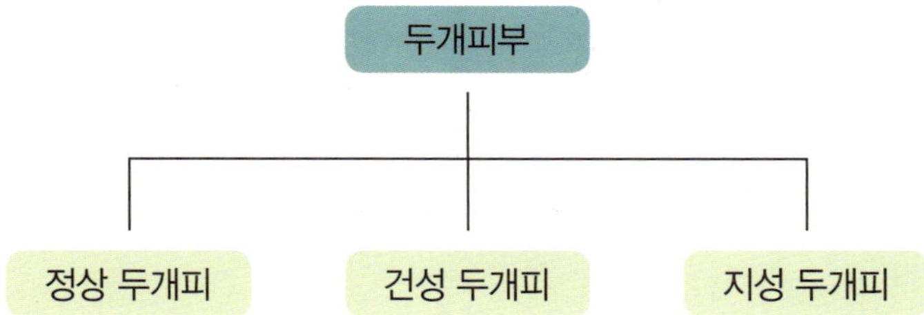

[그림 3-1] 두개피 분류

1) 정상 두개피

정상 두개피는 적절한 피지가 분출되어 있으며, 모공은 이물질이 없이 맑고 투명한 상태이다. 모발의 굵기가 일정한 굵기로 배열되어 있으며, 한 개의 모공에 2~3가닥의 모발이 성장하는 것처럼 보인다.

두개피부 상태가 맑은 청백색을 띠고 있으며 모누두상부의 모공은 윤곽선이 뚜렷할 뿐 아니라 피지 및 각질이 보이지 않는 투명하고 깨끗한 상태를 보인다.

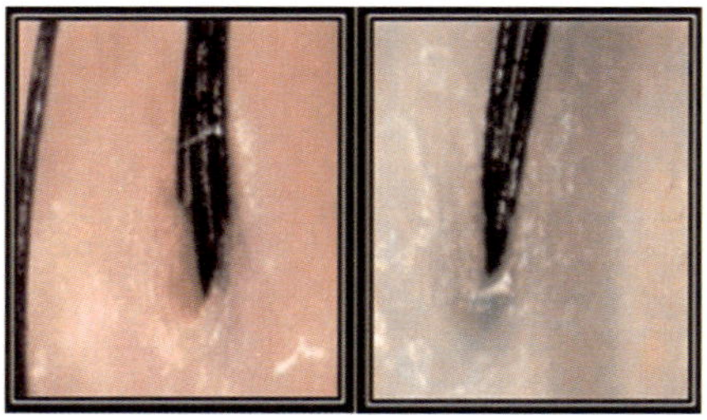

[그림 3-2] 정상 두개피

[표 3-1] 정상 두개피의 특징

번호	구분	내용
1	두피 톤	청백색 투명
2	모공 상태	선명한 모공
3	피지분비량	적정 상태
4	각질 정도	각질이 거의 없음
5	모발 밀도	밀도 높음
6	민감도	pH 5.5 정도로 정상
7	기타 증상	없음
8	수분 함량	10~15%

2) 건성 두개피

건성 두개피는 각질의 탈락이 빠르게 진행되고 있으며, 2~3일 정도 샴푸를 하지 않아도 기름기가 보이지 않는다. 모누두상부는 각질과 이물질로 덮여있으며, 건조하게 갈라진 피지막과 더불어 두개피부가 당기고 가렵고, 표면에서 유·수분의 균형이 맞지 않아 윤기가 부족하고 각질이 산재하여 있다.

모발은 가늘어지고 거칠어져 건조하며, 이 상태가 오래 지속될 경우에는 두개피부와 두개골의 밀착으로 두개피의 유연성이 떨어져 탈모를 유발한다.

건성 두개피의 내적 요인으로는 남성호르몬인 테스토스테론 피지 분비선에서의 분비 부족, 스트레스에 의한 인체생리의 변화와 외적 요인으로 펌 또는 염색 시술 시 문제, 영양섭취의 불균형으로 나타난다.

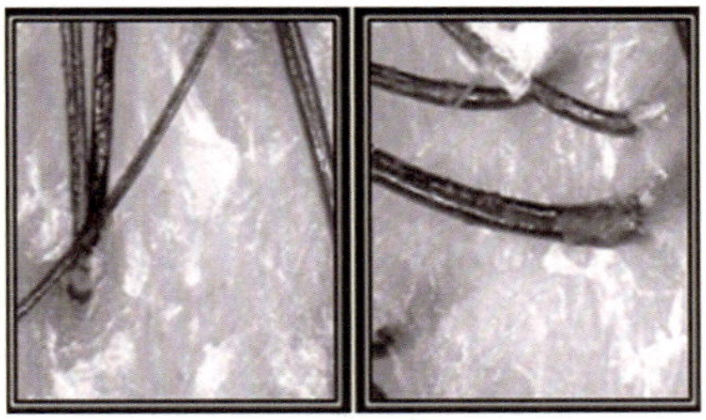

[그림 3-3] 건성 두개피

[표 3-2] 건성 두개피의 특징

번호	구분	내용
1	두피 톤	청백색, 불투명
2	모공 상태	다수 막힘 현상
3	피지분비량	적음
4	각질 정도	낮음
5	모발 밀도	수적 밀도 변화
6	민감도	외부 자극에 민감
7	기타 증상	가려움증을 동반함
8	수분 함량	10% 미만

3) 지성 두개피

지성 두개피는 과도한 피지분비로 인하여 몇 시간만 지나도 기름기가 가득한 상태로 모누두상부가 번들거리고 축축하게 들러붙어 끈적임을 동반한다. 피지로 인해 냄새가 나며, 피지 위에 여러 가지 이물질이 흩어져 있다.

지성 두개피부는 호르몬의 변화 및 스트레스로 인하여 한선과 피지선의 이상 현상을 유발하여 피지와 땀이 두개피를 지나치게 번들거리게 한다. 두개피를 잘 관리하지 않을 때 노화 각질, 피지 산화물로 인해 심한 악취가 나고 두개피 톤은 황색을 띤다.

지성 두개피의 내적 요인으로는 남성호르몬의 과다분비에 따른 유전적 요인에 기인하며, 외적 요인으로는 지나친 패스트푸드와 육류의 과다섭취 등에 기인한다. 또한 스트레스 및 샴푸, 두발 화장품 등에 의해 악화하기도 하는데, 심할 경우 지루성 염증을 유발해 가려움을 유발한다.

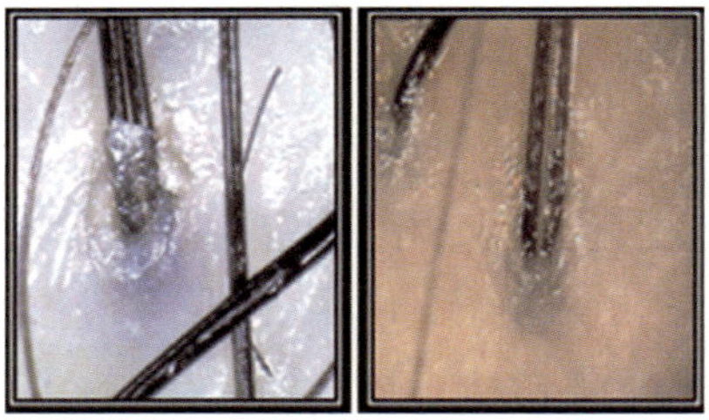

[그림 3-4] 지성 두개피

[표 3-3] 지성 두개피의 특징

번호	구분	내용
1	두피 톤	연한 황토색으로 얼룩이 있음
2	모공 상태	다수 막힘
3	피지분비량	많은
4	각질 정도	과다한 피지 분비로 각질이 보이지 않음
5	모발 밀도	수적 밀도 변화
6	민감도	pH 5.5 이상, 존재 가능성이 높음
7	기타 증상	악취와 염증, 가려움증 등을 동반함
8	수분함량	20% 이상

2 문제성 두개피

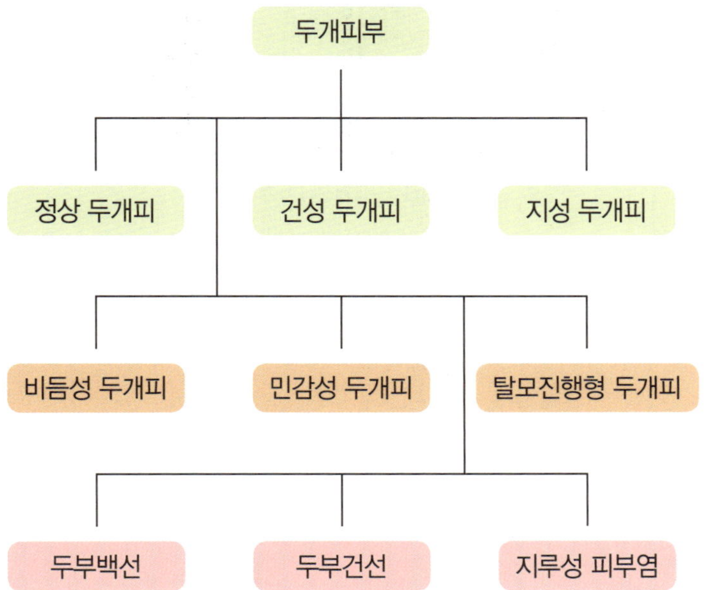

[그림 3-5] 문제성 두개피 분류

1) 민감성 두개피

민감성 두개피는 모발이 매우 가늘어진 상태로 두개피부에 가느다란 모세혈관이 보이고 긁으면 쉽게 빨개지며 따가움과 자극을 동반한다. 건성 두개피, 지성 두개피, 지루성 두개피 등 모든 종류의 두개피로 전이될 수 있는 유형이다. 세균감염 또는 과도한 화학제품 사용에 의한 두개피 자극 등의 원인에 의해 두개피부에 각화 주기의 이상현상이 발생한다.

민감성 두개피는 유전적 체질과 호르몬분비 불균형, 염증 또는 긴장으로 인해 두개피부가 통감을 느낀다. 또한 미세한 자극에도 쉽게 반응하므로 어떤 관리보다 섬세하게 관리하는 것이 효과적이다.

이는 두개피부 염증을 동반할 수가 있으며, 치료 후에도 재발 우려가 있다. 원인으로는 각화과정의 빠른 진행 또는 외부 요인으로 각질층의 얇은 두께형성, 수면 부족, 스트레스, 세균감염 등을 들 수 있다.

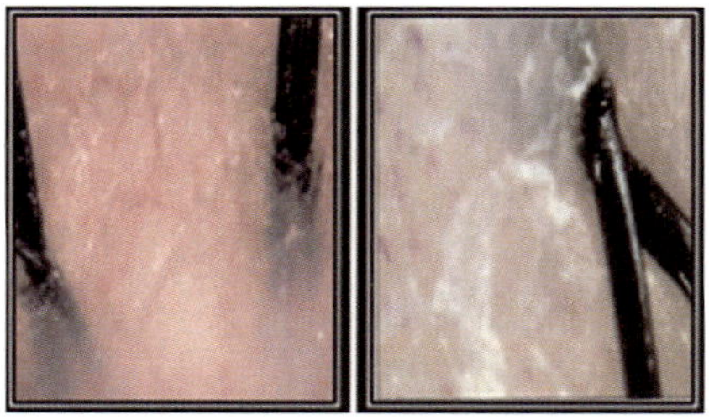

[그림 3-6] 민감성 두개피

[표 3-4] 민감성 두개피의 특징

번호	구분	내용
1	두피 톤	붉은 톤
2	모공 상태	다양하게 보임
3	피지분비량	불규칙적으로 분비
4	각질 정도	얇게 들떠있으며, 불규칙적으로 분포
5	모발 밀도	밀도 낮음
6	민감도	매우 민감한 상태
7	기타 증상	가려움과 염증 및 홍반 등을 동반
8	수분 함량	부족한 상태

2) 비듬성 두개피

비듬성 두개피는 비듬균의 증식으로 인하여 발생하며, 가려움증을 동반한다. 건성비듬과 지성비듬, 혼합비듬으로 나타나는 비듬성 두개피는 모공 주변의 얼룩짐과 산화 피지의 분포량에 의해 구분할 수 있다.

건성비듬은 어깨 위에 하얀 조각들처럼 비듬이 날리며, 모발에 서캐처럼 붙어있기도 한다. 지성비듬은 두개피부 위에 기름기가 띠를 형성하고 있으며, 땀과 먼지 등이 엉겨 붙은 조각들로 나타난다.

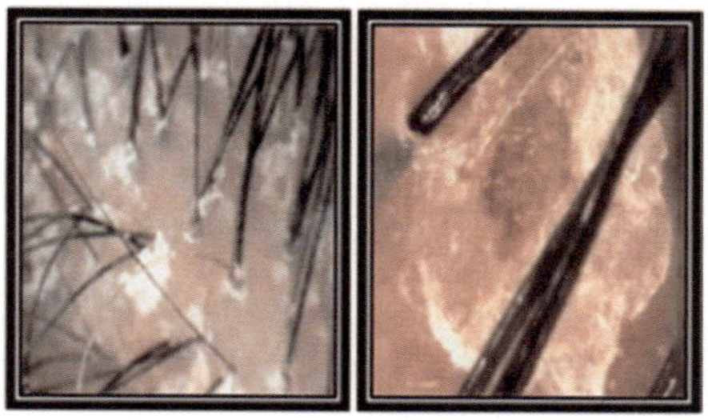

[그림 3-7] 비듬성 두개피

(1) 건성비듬성 두개피

건성비듬성 두개피는 두개피가 건조하고 각질이 일어나며, 하얗고 가는 비듬의 형태를 띠고 가려움증을 동반하고 영양실조나 잘못된 샴푸 방법 등으로 발생한다.

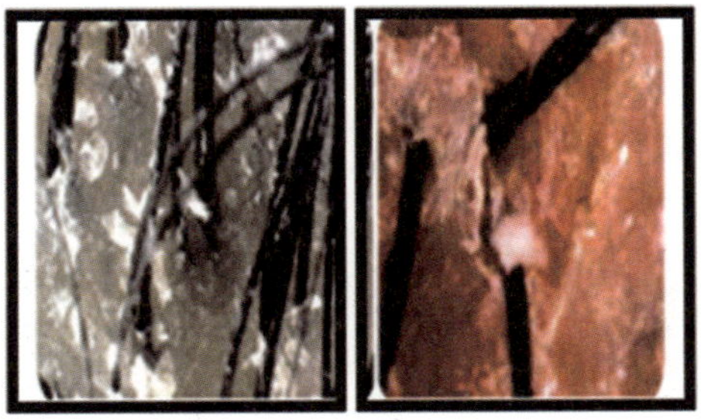

[그림 3-8] 건성비듬성 두개피

[표 3-5] 건성비듬성 두개피의 특징

번호	구분	내용
1	두피 톤	백색 톤
2	모공 상태	모공 주변이 막힘
3	모발 탄력도	점차적 감소
4	피지분비량	적음
5	수분 함량	0% 미만
6	노화 각질	모공 주변에 분포하며 각질이 들떠 있음
7	민감도	민감한 상태
8	모발 밀도	불규칙, 연모화
9	기타 증상	부분적 염증과 가려움 및 당김 현상이 심함

(2) 지성비듬성 두개피

지성비듬성 두개비는 과도하게 분비된 피지와 각질이 섞여 두개피가 축축하고 열이 있으며, 두개피가 물렁물렁하고 가려움증과 악취를 동반한다.

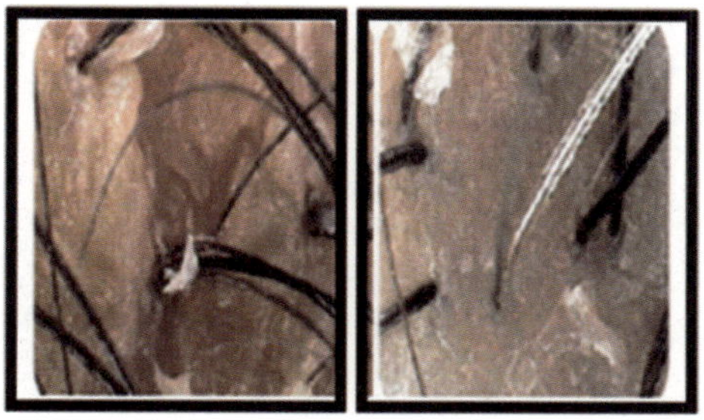

[그림 3-9] 지성비듬성 두개피

[표 3-6] 지성비듬성 두개피의 특징

번호	구분	내용
1	두피 톤	황색톤, 불투명
2	모공 상태	막힘
3	모발 탄력도	낮음
4	피지분비량	많음
5	수분 함량	10% 미만
6	노화 각질	두껍게 분포
7	민감도	부분적으로 민감함
8	모발 밀도	불규칙적임
9	기타 증상	가려움증과 염증 및 악취가 심함

(3) 혼합비듬성 두개피

혼합비듬성 두개피는 오랜 시간 동안 피지 산화작용으로 비듬이 건성비듬과 같은 형태로 머물러 있지만, 건성비듬에 비해 쉽게 떨어지지 않는다.

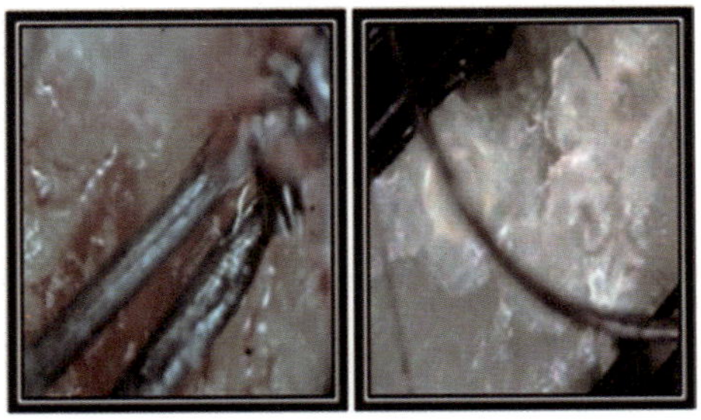

[그림 3-10] 혼합비듬성 두개피

[표 3-7] 혼합비듬성 두개피의 특징

번호	구분	내용
1	두피 톤	진한 황색 톤
2	모공 상태	막힘
3	모발 탄력도	낮음
4	피지분비량	많음
5	수분 함량	0% 미만
6	노화 각질	두껍게 쌓여있음
7	민감도	높음
8	모발 밀도	불규칙
9	기타 증상	가려움증, 염증

3) 지루성 두개피

지루성 두개피는 스트레스에 의한 안드로겐의 합성에 기인하여 피지의 과도한 분비가 원인이다. 스트레스는 코티솔을 증가시켜 안드로겐 생성을 촉진한다. 이는 과도한 피지분비를 촉진하여 지루성 두개피를 유발하고 가려움증과 염증을 동반하여 지루성 피부염을 만든다.

지루성 두개피가 심할 경우 진물과 비강성 탈모증, 비듬과 관련된 두개피의 각화에 이상 현상을 일으키며, 모발 성장을 방해함으로써 탈모를 유발한다. 원인으로는 유전적 요인과 피지의 과잉 분비, 비타민 B 부족, 세균감염, 지나친 패스트푸드와 육류의 과다섭취 등이며, 관리가 쉽지 않다.

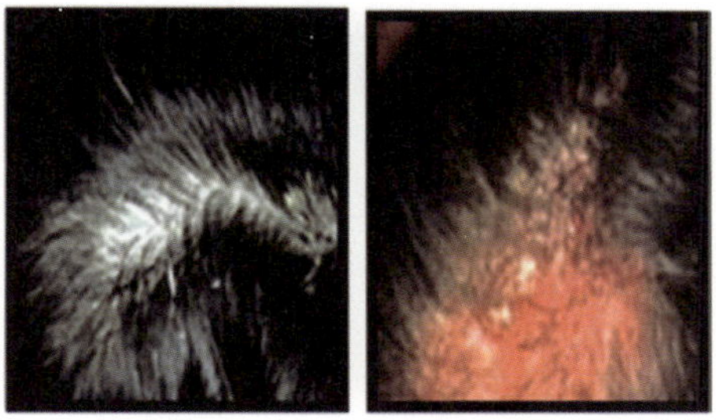

[그림 3-11] 지루성 두개피

4) 지루성 피부염

지루성 피부염의 주된 원인으로 말라세시아균 이상증식에 의한 원인이며, 부가적으로 스트레스, 체내의 혈이 부족해 생긴 병증, 체내습열, 비타민 B의 영양결핍, 식생활, 유전, 호르몬 불균형, 두개피의 청결하지 못한 관리 등이 원인이 될 수 있다.

[표 3-8] 지루성 피부염의 특징

번호	구분	내용
1	두피 톤	황색이나 적색으로 보임
2	모공 상태	막힘
3	모발 탄력도	낮음
4	피지분비량	많음
5	민감도	균에 의한 염증으로 예민함
6	탈모율	점차 증가함
7	각질 두께	두꺼우며 황갈색 빛을 띰
8	기타 증상	가려움, 염증, 탈모 동반 가능성이 큼

5) 탈모진행형 두개피

탈모진행형 두개피는 모발의 성장이 중지된 것으로 모모세포의 힘이 약해져 모발 주기가 변화된 것을 의미하고, 가려움증 동반, 비듬과 피지분비량이 증가한다.

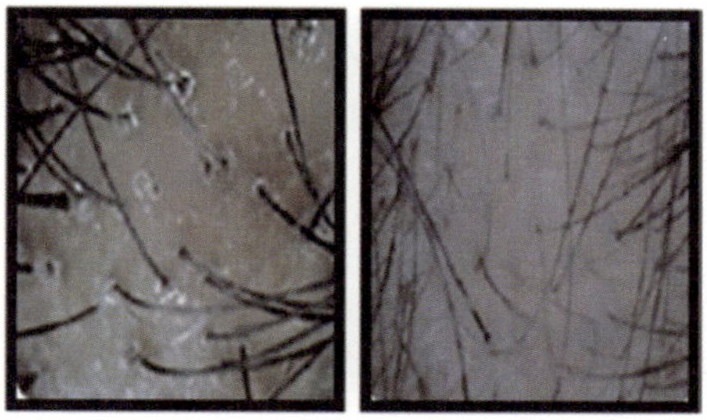

[그림 3-12] 탈모진행형 두개피

6) 두부백선

두부백선은 피부사상균(무좀균)에 의한 피부감염으로 발생하는 것으로 두부 부위에 나타나는 것을 의미한다. 일종의 버짐과 같은 형태로 두개피에 발생하는 전염성 피부염이다. 두상 전체에 발생할 수 있고 과다한 각질과 전염성이 있으며 주로 어린아이에게 많이 보인다.

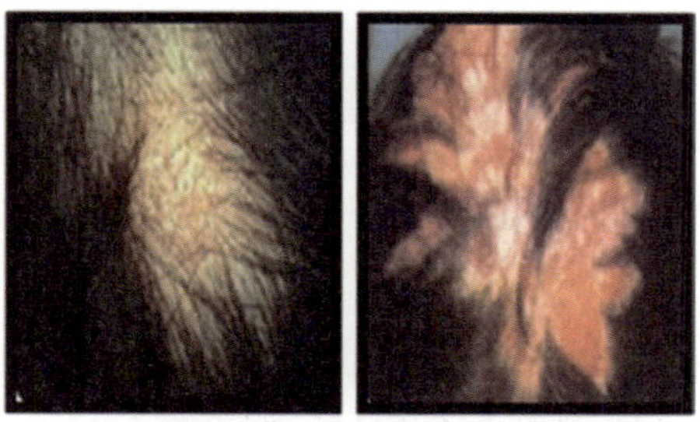

[그림 3-13] 두부백선 두개피

(1) 두부백선의 원인

① 피부사상균(무좀균)

② 신체접촉 : 개, 고양이

③ 계절적 요소 : 봄, 여름

④ 병모 : 통증 없이 모발이 쉽게 빠진다.

[표 3-9] 두부백선의 특징

번호	구분	내용
1	모공 상태	막혀있다.
2	각질 정도	두껍게 존재한다.
3	가려움 현상	부분적으로 발생한다.
4	두피 톤	회백색을 띠며 인설이 보인다.
5	모발 탄력도	문제 부분에 단모가 보이며 윤기가 없어진다.
6	기타 증상	발생 형태에 따라 차이가 있으며, 문제 부위에 염증이 보인다.

7) 두부건선

두부건선은 두개피 및 신체에 발생하는 만성 피부질환으로 표피세포의 빠른 각화 현상과 세포분열 촉진으로 각질이 두껍게 쌓여있고, 은백색의 인비닐(인설) 형태이다.

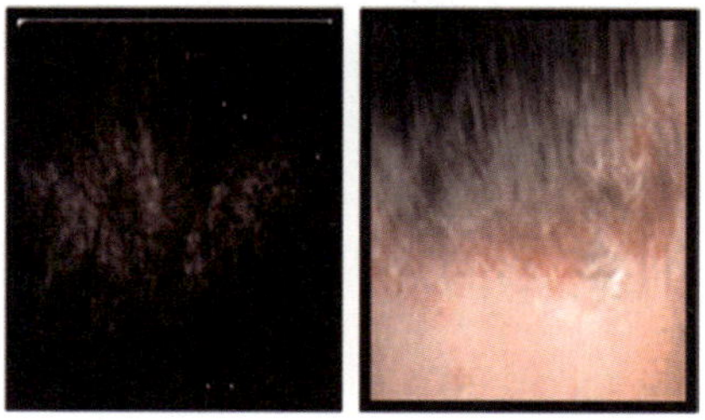

[그림 3-14] 두부건선 두개피

단원학습정리 · 03

1. 두개피의 진단은 진단기(전자현미경)를 통하여 진단을 진행한다. 두개피 진단 시 피지막, 피지량, 수분량, 두개피 톤, 각화 주기의 유·무 등에 따라 진단하여 구분한다.

2. 정상 두개피는 두개피부 위에 적절한 피지가 분출되어 있으며, 모공은 이물질이 없이 맑고 투명한 상태이다. 모발의 굵기가 일정한 굵기로 배열되어 있으며 한 개의 모공에 2~3개의 모발이 성장하는 것처럼 보인다.

3. 건성 두개피는 각질의 탈락이 빠르게 진행되고 있으며, 2~3일 정도 샴푸를 하지 않아도 기름기가 보이지 않는다. 모누두상부는 각질과 이물질로 덮여 있으며 건조하게 갈라진 피지막과 더불어 두개피부가 당기고 가렵고 표면에서 유·수분이 균형이 맞지 않아 윤기가 부족하며, 각질이 산재해 있다.

4. 지성 두개피는 과도한 피지분비로 인해 하루 또는 몇 시간만 지나도 기름기가 가득한 상태로 모누두상부가 번들거리고 축축하게 들러붙어 끈적임을 동반한다. 피지로 인해 냄새가 나며 피지 위에 여러 가지 이물질이 흩어져 있다.

5. 민감성 두개피는 모발이 매우 가늘어진 상태로 두개피부에 가느다란 모세혈관 실핏줄이 보이고, 긁으면 쉽게 빨개지면서 따가움과 자극을 동반한다. 건성 두개피, 지성 두개피, 지루성 두개피 등 모든 종류의 두개피로 전이될 수 있는 유형이다.

6. 비듬성 두개피는 비듬균의 증식으로 인하여 발생하며, 가려움증을 동반한다. 건성비듬과 지성비듬, 혼합비듬으로 나타나는 비듬성 두개피는 모공 주변 얼룩짐과 산화피지의 분포량에 의해 구분할 수 있다.

7. 건성비듬성 두개피는 두개피가 건조하고 각질이 일어나며, 하얗고 가는 비듬의 형태를 띠고 가려움증을 동반하고, 영양실조나 잘못된 샴푸방법 등으로 발생한다.

8. 지성비듬성 두개비는 과다하게 분비된 피지와 각질이 섞여 두개피가 축축하고 열이 있으며, 두개피가 물렁물렁하고 가려움증과 악취를 동반한다.

9. 혼합비듬성 두개피는 오랜 시간 동안 지속한 피지 산화작용으로 비듬이 건성비듬과 같은 형태로 머물러 있지만, 건성비듬에 비해 쉽게 떨어지지 않는다.

10. 지루성 두개피에서 피지의 과도한 분비는 스트레스에 의한 안드로겐의 합성에 기인한다. 스트레스는 코티솔 호르몬을 증가시켜 안드로겐 생성 촉진이 원인이다. 피지의 과다분비는 지루성 비듬을 유발하고 가려움증과 염증을 동반하면서 지루성 피부염을 만든다.

11. 지루성 피부염의 주된 원인은 말라세시아균 이상증식에 의한 원인이며, 부가적으로 비타민(Vitamin) B의 영양결핍, 식생활, 유전, 호르몬 균형 이상, 두개피의 청결하지 못한 상태 등이고, 스트레스, 체내의 혈이 부족해 생긴 병증, 체내습열로 인한 원인이 될 수 있다.

12. 탈모 진행형 두개피는 모발의 성장이 중지된 것으로 모모세포의 힘이 약해져 모발 주기가 변화된 것을 의미하고 가려움증 동반, 비듬과 피지분비량이 증가한다.

13. 두부백선은 피부사상균(무좀균)에 의한 피부감염으로 발생하는 것으로 두부 부위에 나타나는 것을 의미한다. 일종의 버짐과 같은 형태로 두개피에 발생하는 전염성 피부염, 두상 전체에 발생할 수 있고 과다한 각질과 전염성이 있다.

14. 두부건선은 두개피 및 신체에 발생하는 만성 피부질환으로 표피세포의 빠른 각화과정과 세포분열 촉진으로 각질이 두껍게 쌓여있으며 은백색의 인비닐(인설) 형태이다.

실습과제

: 고객 진단 차트

◆ 03

상담일		진단명		고객명	
나이	세	성별		진단초점	
사용렌즈	육안 / 1배 / 60배 / 200배 / 현미경			측정시간	샴푸 후 ( )시간
두피 톤	정상 / 혼탁 / 얼룩 / 붉음 / 기타			모공상태	막힘 / 보통 / 열림
피지 분비량	과다 / 보통 / 적음 / 원활함 / 원활하지 않음 / 기타( )				
두피손상 및 이상현상	염증 / 홍반 / 가려움 / 비듬 / 건선 / 백선 / 아토피 / 지루성 / 기타( )				
각질 정도	과다 / 보통 / 정상 / 부분각질 / 기타( )		두피예민도	( )% / 100%	
두피탄력도	( )% / 100%		땀 분비량	과다 / 보통 / 적음	
모낭충 기생여부	유 / 무		모발밀도	( )본 / 1㎠당	
수면 상태	4시간 이하 / 8시간 이상 / 불면 / 불안정적인 수면 / 기타( )				
모공당 모발 수			모공당 모발굵기	현저한 차이 / 비슷함	
모발 염색 여부	유 / 무	펌 여부	유 / 무	헤어 시술 주기 ( )개월	
모발탄력도	( )% / 100%	모발손상도		( )% / 100%	
모발 굵기	연모 / 경모 / 보통 / 기타 ( )			모발진행도	( )% / 100%
탈모 유형	M자형 / O자형 / C자형 / U자형 / 여성형 Ⅰ, Ⅱ, Ⅲ / 기타( )				
두피 및 탈모 영상진단					

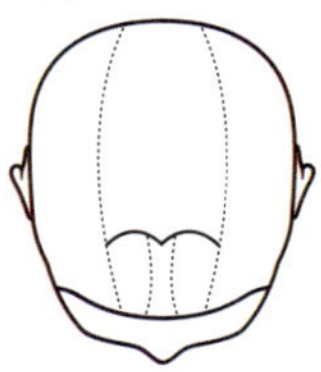

- M자형 진행도 :
- 정수리 진행도 :
- 측두부 진행도 :
- 기타 탈모 부위 :
- 두피 문제 부위 :

진단결과	
두개피의 문제	
관리프로그램	
관리기간	
관리주의사항	
홈케어	

chapter

04

두개피 관리

학·습·목·표

- ◈ 두개피 관리 및 유형별 관리방법을 통하여 관리 실무에 적용할 수 있다.
- ◈ 두개피 힐링 마사지, 스케일링, 샴푸의 이론적 지식을 바탕으로 관리 실무에 적용할 수 있다.

Trichologist

1 두개피 관리

두개피 관리는 건강한 두피 및 모발에 저해하는 내·외적 이상 현상들에 대해 문제가 발생하기 전 내·외적 요인을 관리하여 예방 및 개선하는 것을 의미한다.

1) 두개피 관리의 목적과 효과

(1) 두개피 관리의 목적

두개피도 피부의 일부분으로 세포분열과정을 통한 일정한 각화 주기가 존재한다. 그러나 내·외적 요인으로 인하여 각화 주기의 변화와 두개피의 청결하지 못한 관리 등으로 모공이 막혀 두개피의 문제를 일으키는데, 이런 문제는 모발의 정상적인 성장을 저해시켜 탈모 현상을 초래한다. 따라서 올바른 두개피 관리를 통해 건강한 두피 및 모발을 유지하는 것이다.

(2) 두개피 관리의 효과

두개피 관리는 두피 내 노화된 각질이나 피지 산화물 등을 두개피 스케일링을 통하여 제거해줌으로써 각화 주기를 정상화하고, 모공 내 영양성분의 침투를 높여 두개피의 신진대사 기능이 향상되는 효과가 있다. 또한 두개피 관리 시 행하는 마사지는 혈액순환을 촉진하여 문제성 두개피의 개선과 탈모를 예방할 수 있다.

2) 두개피 손상의 원인

(1) 내적 요인

두개피 손상의 원인 중 가장 문제가 되는 부분으로 호르몬분비의 이상, 식생활, 소화기관 이상, 스트레스 등으로부터 두개피 손상이 나타남을 의미한다. 이런 손상은 일반적으로 사용하는 제품이나 기기 등으로는 효과를 보기 어렵다. 따라서 건강한 두개피 관리를 위하여 내·외적 요인의 관리와 조절이 필요하다.

(2) 외적 요인

외부적 요인에 의해 두개피에 외상이 나타나는 것으로 두개피 손상의 요인은 크게 물리적, 화학적, 환경적 요인으로 구분되며, 두개피 조직 전체가 파괴된 경우를 제외하면 대부분 내적 요인으로 인한 손상보다 외적 요인으로 인한 손상이 심하다.

(3) 물리적 요인

일시적인 요인으로는 잘못된 샴푸와 브러싱, 드라이 등으로 두개피에 상처가 발생하거나 민감하게 만들 수 있다.

(4) 화학적 요인

물리적 요인에 의한 두개피 손상보다 더 심각한 상태는 두피와 모발에 화학약품으로 인해 발생하는 손상을 말한다. 대부분 두개피의 각화 현상과 민감한 상태를 동반하게 되므로 제품 사용의 주의와 관리를 통하여 개선될 수 있다.

(5) 환경적 요인

두개피의 오염물이 축적되어 손상을 일으키는데 진행과정이 서서히 진행되어 손상 정도를 초기에 파악하기 어렵지만, 정기적인 관리를 통해 개선된 효과를 볼 수 있다.

2 두개피 유형에 따른 관리방법

1) 정상 두개피

(1) 관리의 초점

① 영양공급의 균형을 맞추어 준다.
② 매일 샴푸하여 청결을 유지한다.
③ 현재의 상태를 유지하는 것에 중점을 두어 관리한다.
④ 어깨의 근육을 풀어 혈액순환이 원활히 되도록 유지한다.
⑤ 정상적인 각화 주기를 유지하기 위하여 각질이 쌓이지 않도록 청결을 유지한다.

(2) 관리방법

① 상담(문진, 시진, 촉진, 검진)

② 두개피 판독(진단기)

③ 브러싱 및 마사지

④ 헤어 스티머(5~10분 정도)

⑤ 스케일링

⑥ 헤어 스티머(10분 정도)

⑦ 두개피 세정(정상 두개피용)

⑧ 타월 드라이 및 두피 건조

⑨ 두개피 영양공급 : 영양공급용 앰플 사용

⑩ 적외선 조사

⑪ 마무리

2) 건성 두개피

(1) 관리의 초점

① 건성 두피용 샴푸를 사용한다.

② 건조로 생긴 각질을 먼저 제거한다.

③ 드라이의 과도한 열사용을 자제한다.

④ 유·수분 공급으로 각질세포를 진정시킨다.

⑤ 막힌 모공의 세척과 혈액순환 촉진에 중점을 둔다.

⑥ 깨끗해진 두개피에 영양을 공급해 건강해질 수 있도록 관리한다.

(2) 관리방법

① 상담(문진, 시진, 촉진, 검진)

② 두개피 판독(진단기)

③ 브러싱 및 마사지

④ 헤어 스티머(5~10분 정도)

⑤ 스케일링제 도포

⑥ 헤어 스티머(5~10분 정도)

⑦ 스티머 사용 시 온도 주의(40℃) : 과도한 열을 사용하는 것을 주의

⑧ 두개피 세정(건성 두개피용)

⑨ 타월 드라이 및 두피 건조

⑩ 두개피 영양공급 : 영양공급용 앰플 사용

⑪ 적외선 조사

⑫ 마무리

3) 지성 두개피

(1) 관리의 초점

① 피지 산화물을 제거한다.

② 염증이 있을 때 치료 후 관리한다.

③ 두피 세정과 피지 조절에 초점을 맞추어 관리한다.

④ 피지의 산성을 되찾아 두피에 대한 보호 기능을 회복시킨다.

⑤ 두개피 자체가 신진대사를 원활히 하도록 하여 세균에 대한 저항력을 키운다.

(2) 관리방법

① 상담(문진, 시진, 촉진, 검진)

② 두개피 판독(진단기)

③ 브러싱 및 마사지

④ 헤어 스티머(5~10분 정도)

⑤ 스케일링제 도포

⑥ 헤어 스티머(5~10분 정도)

⑦ 두개피 세정(지성 두개피용)

⑧ 타월 드라이 및 냉풍을 사용한 두피 건조

⑨ 두개피 영양공급 : 피지 조절용 앰플 사용

⑩ 적외선 조사

⑪ 마무리

4) 민감성 두개피

(1) 관리의 초점

① 저자극 민감용을 이용하여 보습과 혈액순환을 촉진한다.

② 두개피의 유·수분 밸런스 조절에 힘쓴다.

③ 샴푸 시 두개피에 자극이 가지 않도록 한다.

④ 규칙적인 생활 습관과 스트레스 관리를 위한 노력을 한다.

⑤ 청결하게 유지하여 세균이 번식하지 않도록 위생을 철저하게 한다.

(2) 관리방법

① 상담(문진, 시진, 촉진, 검진)

② 두개피 판독(진단기)

③ 브러싱 및 마사지

④ 헤어 스티머(5~10분 정도) : 스티머 사용 시 온도 38℃, 5분 내외

⑤ 스케일링제 도포 : 스케일링 시 자극에 주의

⑥ 자연방치

⑦ 두개피 세정(민감성 두개피용)

⑧ 냉풍으로 드라이 두피 건조

⑨ 두개피 영양공급 : 민감 진정용 앰플 사용

⑩ 적외선 조사 : 과도한 열을 사용하는 것을 주의

⑪ 두개피 이완 마사지

⑫ 마무리

5) 비듬성 두개피의 원인

(1) 관리의 초점

① 비듬균 증식의 억제를 위한 항균 전용을 사용한다.

② 규칙적인 생활 습관과 스트레스 관리를 위한 노력을 한다.

③ 피지의 산성을 되찾아 두개피에 대한 보호기능을 회복시킨다.

④ 청결하게 유지하여 세균이 번식하지 않도록 위생을 철저하게 한다.

(2) 관리방법

① 상담(문진, 시진, 촉진, 검진)

② 두개피 판독(진단기)

③ 브러싱 및 마사지(부드럽고 약하게)

④ 헤어 스티머(5~10분 정도) : 45℃, 10~15 내외로 사용

⑤ 스케일링 : 스케일링 중 염증 및 농 발견 시 세균 전이에 주의

⑥ 헤어 스티머 및 자연방치

⑦ 두개피 세정(비듬용 항균 제품 사용)

⑧ 냉 드라이 두피 건조

⑨ 두개피 영양공급 : 비듬용 항균 앰플 사용

⑩ 적외선 조사

⑪ 두개피 이완 마사지

⑫ 마무리

실습과제 · 04

1. 실습 진행(실습 소요시간 : 30분) : 두개피 관리 포트폴리오

두개피 유형에 따른 실습과정을 스크랩하시오

chapter

05

두개피 힐링 마사지

학·습·목·표

◈ 두개피 힐링 마사지의 이론적 지식을 바탕으로 관리 실무에 적용할 수 있다.

Trichologist

1 두개피 힐링 마사지

두개피의 근육은 자율적인 의지로 움직이는 근육이 아니므로 외부로부터의 움직임이 필요하다. 두개피의 청결과 혈액순환 촉진을 위해서는 두개피 매니플레이션이 필요하다. 두개피에 마사지를 하는 손동작을 스켈프 매니플레이션이라 한다.

경부의 수축, 긴장은 동맥, 정맥의 순환장애를 일으키고 혈액순환과 림프샘의 흐름을 방해하므로 힐링 마사지는 승모근까지의 뒷목 근육을 먼저 풀어주고 후두부 헤어라인과 머릿속 경락라인을 따라 풀어준다.

1) 두개피 마사지 효과

① 신체의 자연치유력을 높인다.

② 두개피 속의 열을 제거하여 탈모를 예방한다.

③ 림프선 계통의 자극으로 면역력을 증가시킨다.

④ 피부 노화를 예방하고 피부에 윤기를 더해준다.

⑤ 뭉친 근육을 이완하여 스트레스와 긴장을 풀어준다.

⑥ 혈액순환을 원활하게 하여 모발의 성장을 촉진한다.

⑦ 인체의 혈점을 자극하여 체내 기관의 에너지 균형을 이룬다.

⑧ 내분비 계통의 자극은 호르몬분비 균형을 이루어 모발 손상을 개선한다.

※ 마사지 준비단계 및 주의사항

- 조명을 너무 밝지 않게 조정한다.
- 관리사는 반드시 관리 전·후 소독한다.
- 아로마향을 피워 심신 안정에 도움을 준다.
- 항상 고객의 표정이나 반응을 살피면서 시술한다.
- 상처나 염증이 생긴 피부에 직접 시술하는 것을 피한다.
- 시술 공간을 확보하고 따뜻하고 안락한 상태를 만들어 준다.
- 아픈 곳이 있는지 미리 물어보고 그곳을 조심스레 시술한다.
- 시술이 끝난 후 고객에게 마음을 안정시킬 시간을 주는 것이 좋다.
- 처음에는 부드럽게 시작해서 점점 압력을 증가시키고 마무리 시에는 힘을 다시 빼준다.
- 시술자는 활동하기 편한 옷으로 갈아입고 장신구를 제거하며 손톱은 짧게 깎아야 한다.
- 시술과정을 시작하기 전에 먼저 고객에게 이제 무엇을 할 것이며 그 느낌은 어떤 것인지에 대해 설명해준다.

2) 마사지 기법

[표 5-1] 마사지 기법

구분	시술방법	
경찰법(Effleurage)	압력을 사용하지 않는 동작으로 손바닥, 네 손가락, 엄지 등을 이용하여 연속적인 동작으로 가볍게 문지르는 마사지 기법이다.	
강찰법(Friction)	혈액순환 촉진 및 노폐물 제거를 위하여 피부를 강하게 누르면서 진행하는 마사지 기법이다.	
유연법(Petrissage)	근육이 많은 부분에 양 손바닥이나 손가락으로 근육을 잡고, 집어 주물러서 근육을 풀어주는 마사지 기법이다.	
진동법(Vibration)	경련과 마비에 효과적으로 기능을 전달하기 위하여 손이나 바이브레이터를 사용하는 마사지 방법이다.	
고타법(Tapotment)	탭핑	손가락 바닥을 이용하여 두드리는 방법이다.
	스랩핑	손바닥으로 두드리는 방법이다.
	컵핑	손바닥을 컵 모양으로 만들어 두드리는 방법이다.
	핵킹	손등으로 두드리는 방법이다.
	비팅	주먹을 살짝 쥔 후 두드리는 방법이다.

3) 혈점과 골격

[표 5-2] 경혈점

번호	구분	내용
①	두개골	두상에 있는 뼈로 전두골, 두정골, 측두골, 후두골로 나뉜다.
②	경추	흔히 목뼈라고도 하며, 7개의 뼈로 이루어져 있다.
③	흉추	경추 밑으로 12개가 존재하며 횡경막과 이어져 있다.
④	견갑골	흉곽의 뒷면에 좌우대칭으로 제2흉추~ 제7흉추에 걸쳐 있으며, 길이는 9~10㎝의 넓적한 삼각형 모양이다.
⑤	백회	위치 : 정수리에 위치하며 양 귀의 중간지점 적용 : 두통, 현기증, 불면증, 고혈압
⑥	풍부	위치 : 외후두골 융기 바로 밑에 존재 적용 : 두통, 현기증, 목의 통증
⑦	아문	위치 : 머리카락이 시작되는 곳, 경추 1번 밑 적용 : 두통, 목의 통증
⑧	천주	위치 : 뒷머리 모발 선에서 위로 0.5촌, 중간선 양측에서 각 1.3촌 적용 : 후두부 두통, 목 부위의 경직 및 통증
⑨	풍지	위치 : 모발선의 오목한 곳에 있는 두개골 아랫부분 적용 : 감기, 현기증, 불면증
⑩	완골	위치 : 유양돌기와 두개골이 만나 움푹 파인 곳 적용 : 얼굴 부종, 턱선의 늘어짐, 목이 두꺼워짐, 어깨경직
⑪	견정	위치 : 경추 7번 극돌기에서 견봉까지 연결선의 중앙지점 적용 : 목의 통증과 뻣뻣한 증상, 어깨통증에 효과
⑫	견료	위치 : 팔을 위로 올렸을 때 뒤로 움푹 들어간 곳 적용 : 근육의 뻣뻣한 증상, 근육통에 효과
⑬	견우	위치 : 팔을 위로 올렸을 때 앞부분에 움푹 들어간 곳 적용 : 관절의 통증이나 근육이 뻣뻣한 증상

번호	구분	내용
⑭	견중유	위치 : 경추 7번 극돌기에서 2촌 옆 적용 : 어깨 또는 등의 통증, 목의 경직, 기관지염
⑮	천종	위치 : 견갑골의 중앙지점 적용 : 어깨 및 견갑골 부위의 통증, 팔의 마비
⑯	병풍	위치 : 천종에서 수직선상에 있는 견갑골 끝부분에 위치 적용 : 어깨통증

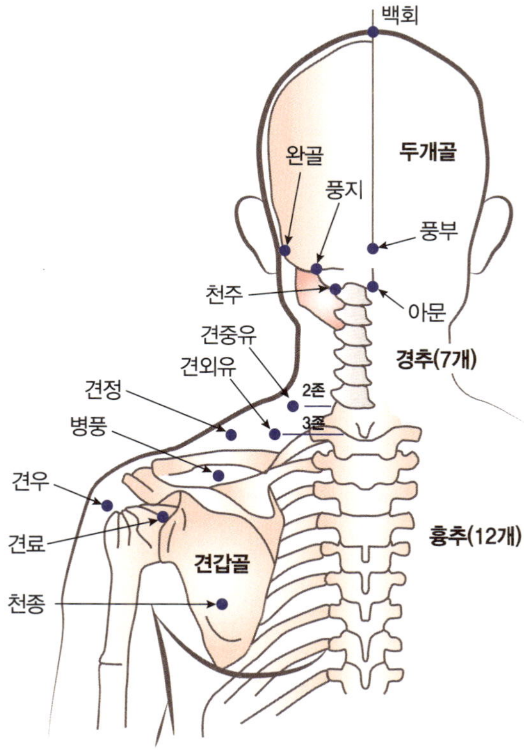

[그림 5-1] 혈점과 골격

2 두개피 힐링 마사지 실무

1) 힐링 마사지 준비

① 손소독제와 브러시, 아로마 블렌딩 오일을 준비한다.

② 브러시와 손을 소독제로 소독한다.

③ 힐링 마사지 전 브러시로 모발을 정리한다.

④ 사용한 브러시는 소독제를 사용하여 소독한다.

⑤ 아로마 블렌딩 오일을 목과 승모근 부분에 충분히 바른다.

2) 힐링 마사지

1. 릴렉스	2. 경추 이완
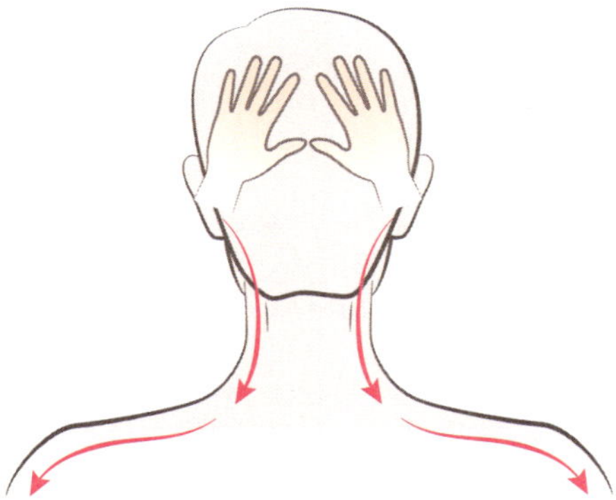	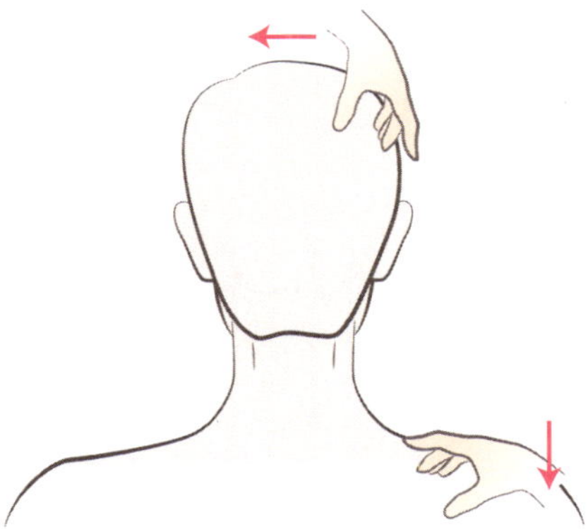
두정부에서 시작해 측두부, 목선의 양쪽에서 시작해서 어깨, 팔까지 가볍게 쓸어내린다.	한 손은 오른쪽 머리(왼쪽 머리)에 다른 한 손은 오른쪽 어깨 부분(왼쪽 어깨 부분)을 가볍게 누르며 목 근육을 이완시킨다.

3. 승모근 주무르기

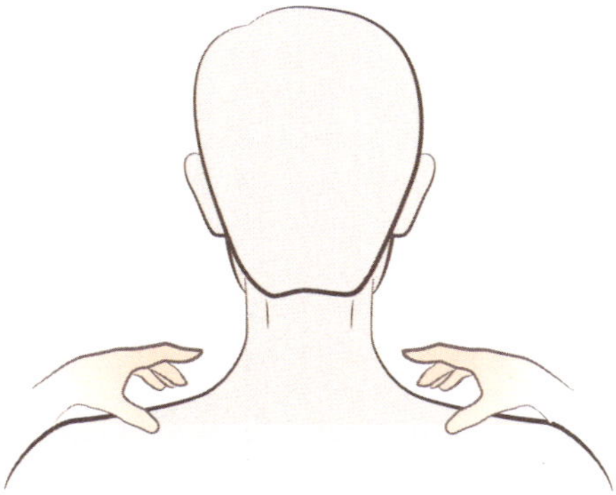

승모근을 엄지와 검지로 주무르며 뭉친 근육을 풀어준다.

4. 엄지손가락으로 누르기

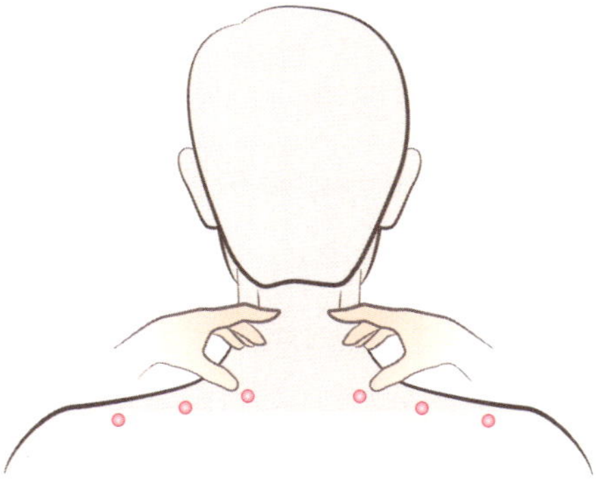

어깨 승모근 3개를 포인트로 나눠 엄지손가락으로 눌러준다.

5. 견갑골 주무르기

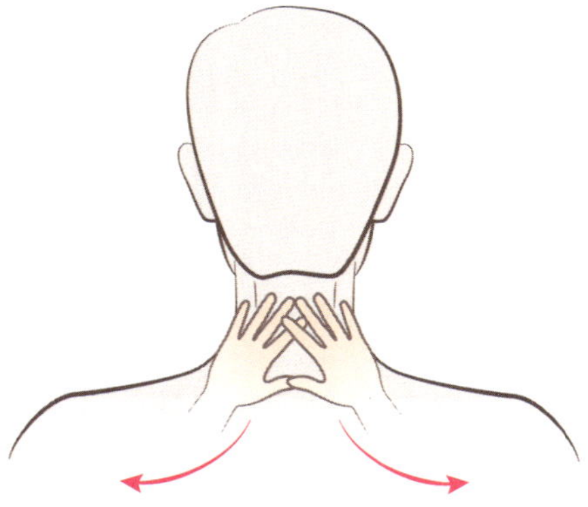

견갑골을 손바닥 또는 손등을 이용하여 쓸어내린다.

6. 엄지로 아문 누르기

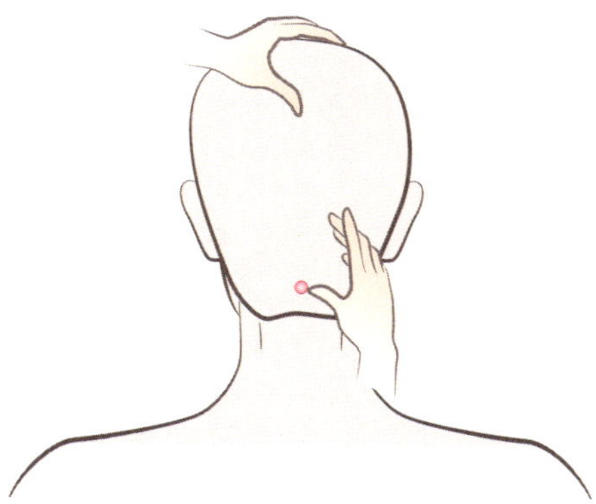

한 손은 이마에 다른 한 손은 아문 풍혈에 놓고 위로 끌어 올린다.

7. 천주 누르기

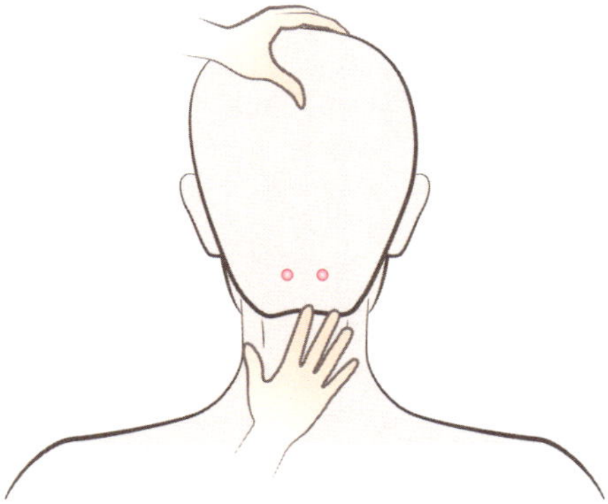

한 손은 이마에 다른 한 손은 천주를 가볍게 누른다.

8. 풍지 누르기

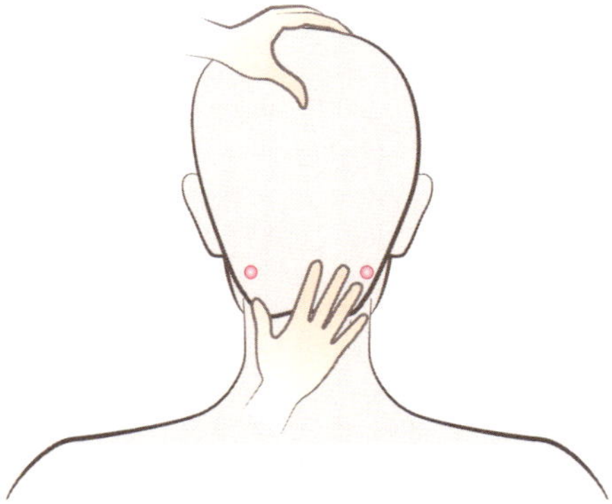

한 손은 이마에 다른 한 손은 풍지를 가볍게 누른다.

9. 목 근육 이완시키기

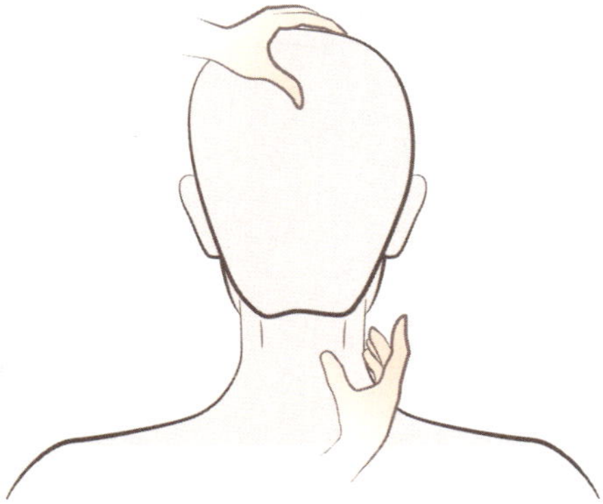

한 손은 이마에 다른 한 손은 오른쪽 목 밑부분을 가볍게 누르며 목 근육을 이완시킨다.

10. 두개골 올리기

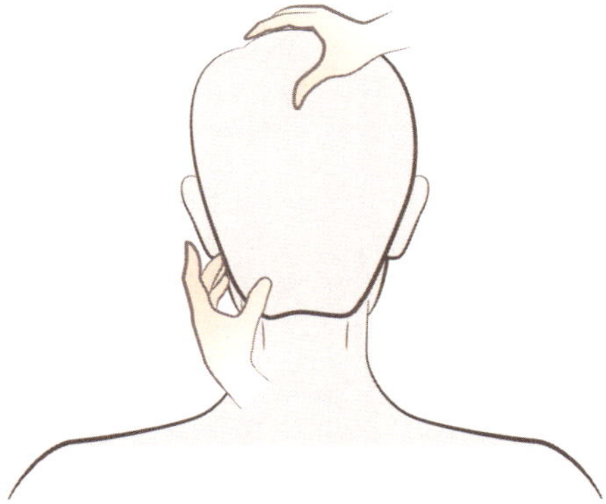

한 손은 이마에 다른 한 손은 오른쪽(왼쪽) 두개골을 받히며 위로 올려준다.

11. 두개피 이완하기

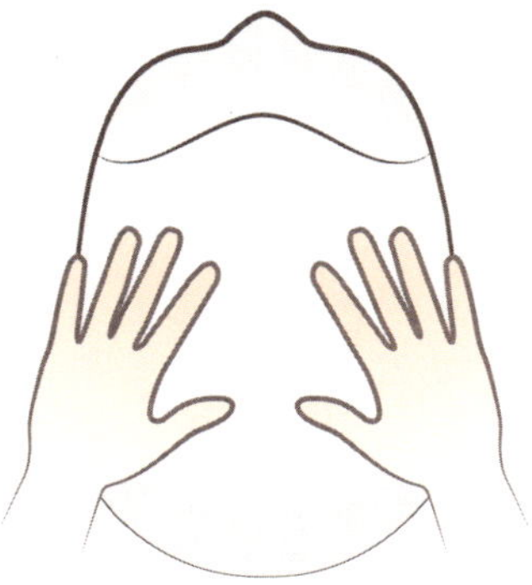

손을 벌려 두피를 위아래로 움직여 준다.

12. 신정~백회 누르기

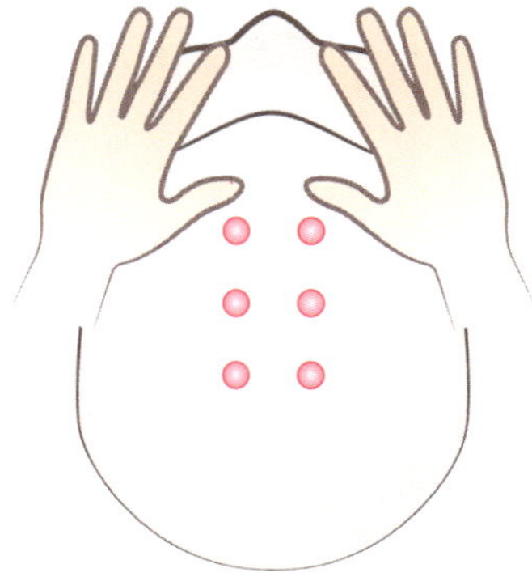

양손으로 신정에서 백회까지 3~4회에 걸쳐 지그시 누른다.

13. 백회 누르기

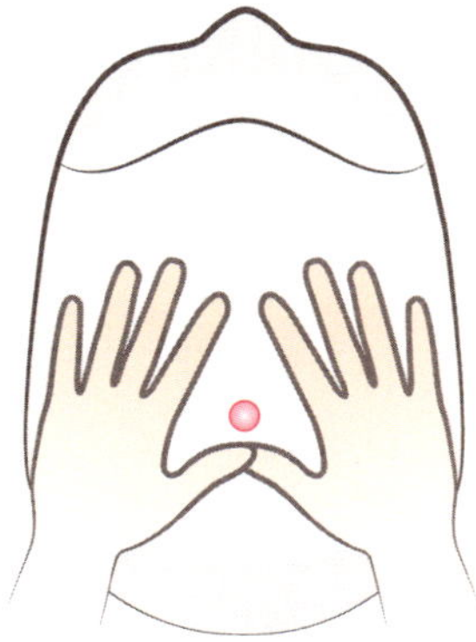

백회를 지그시 누른다.

14. 신정, 두유, 현로 누르기

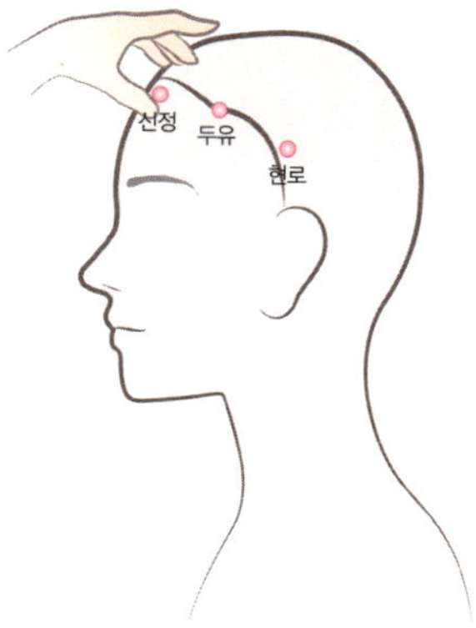

양손으로 신정, 두유, 현로를 지그시 누른다.

15. 관자놀이 마사지

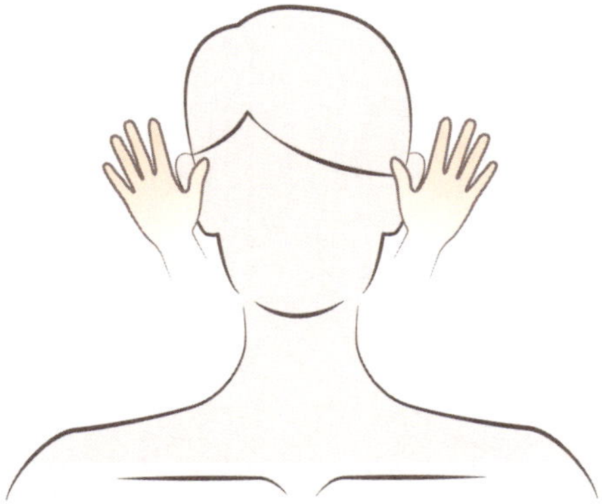

손끝에 기가 모이도록 비벼준 뒤 관자놀이에 올려놓는다.

16. 이문, 청궁, 청회 누르기

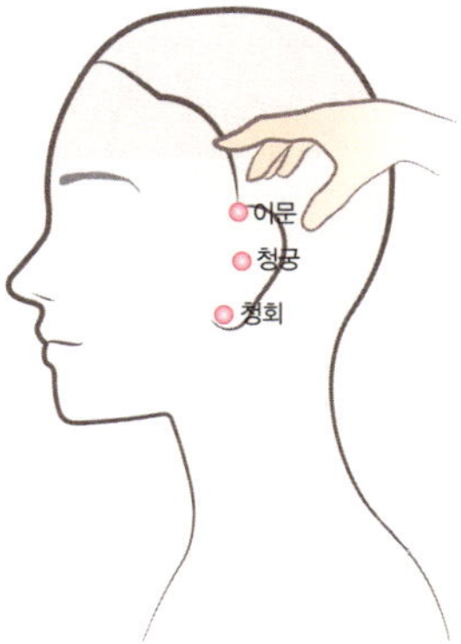

손바닥으로 귀를 가리면서 온기를 준 뒤 이문, 청궁, 청회를 지그시 누른다.

17. 두개피 올려주기

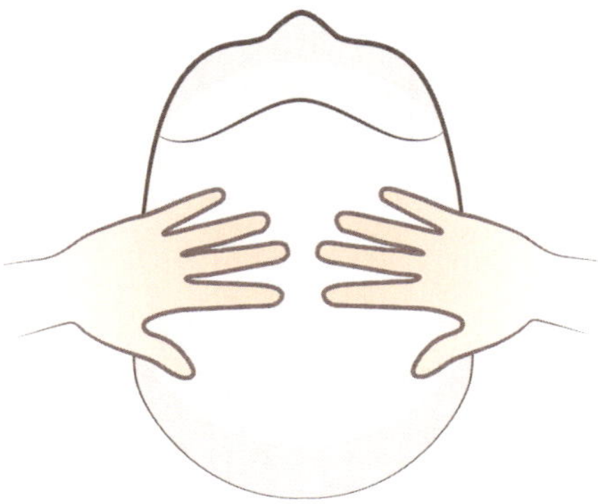

후두부에서 두개골을 두 손으로 감싸듯 잡아 전두부를 향해 올려준다.

18. 모발 당기기

손가락으로 가능한 많은 모발을 움켜잡고 부드럽게 양쪽 그리고 위로 올려준다.

19. 두개피 튕기기

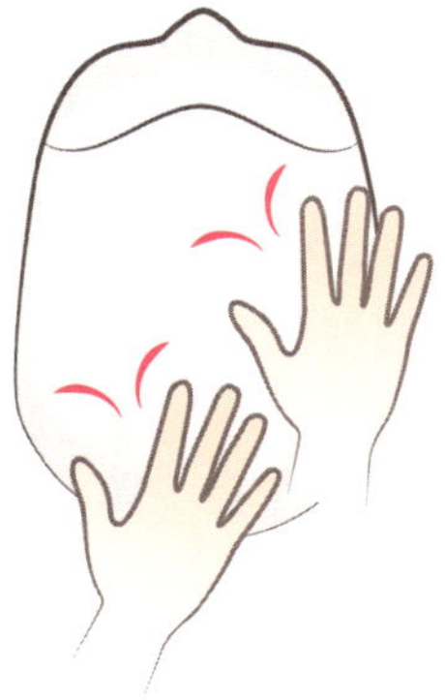

손가락의 쿠션 부위를 이용해서 활기차게 두피를 튕겨준다.

20. 귀 당겨주기

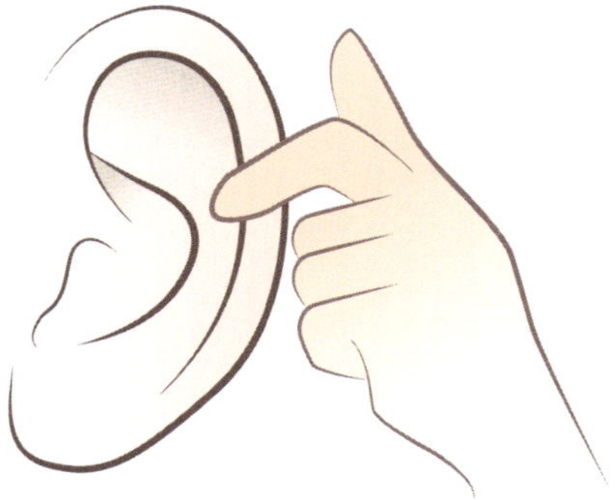

엄지와 검지로 귀를 위, 옆, 아래 방향으로 가볍게 문지르고 당겨준다.

21. 귀 접어주기

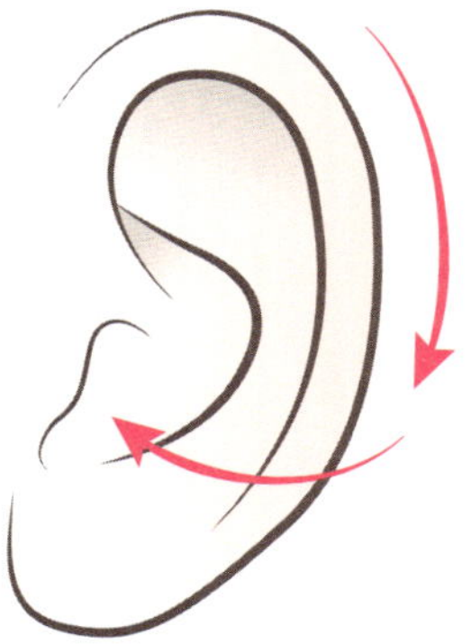

귀를 위에서 아래로 그리고 바깥쪽에서 안쪽으로 접어준다.

22. 어깨 근육 이완하기

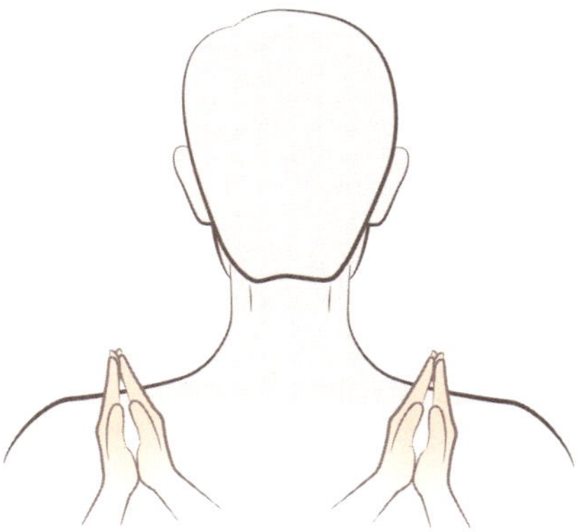

두 손을 합장하여 힘을 뺀 뒤 가볍고 빠르게 어깨 근육을 두드린다.

23. 등 근육 이완하기

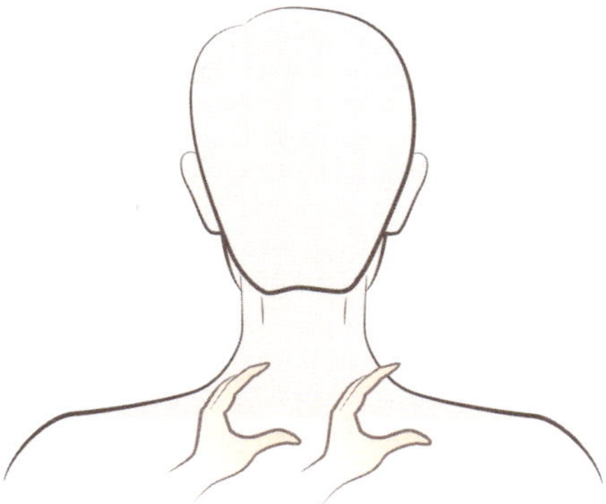

손바닥을 컵 모양으로 만들어 어깨 전체와 등 전체를 두드린다.

24. 어깨 주무르기

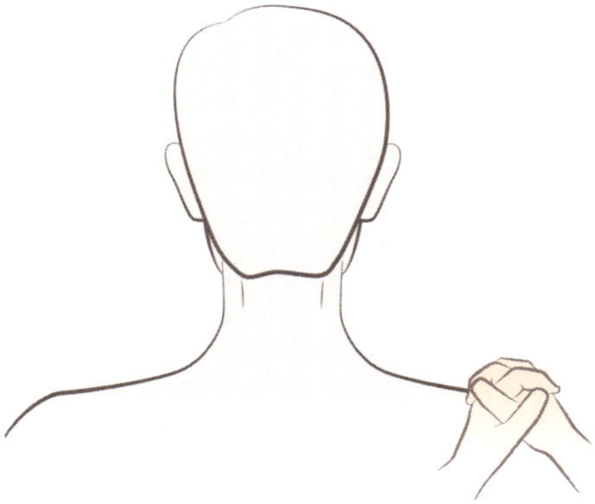

깍지를 낀 양손으로 두 팔을 차례로 주무른다.

25. 마무리 릴렉스

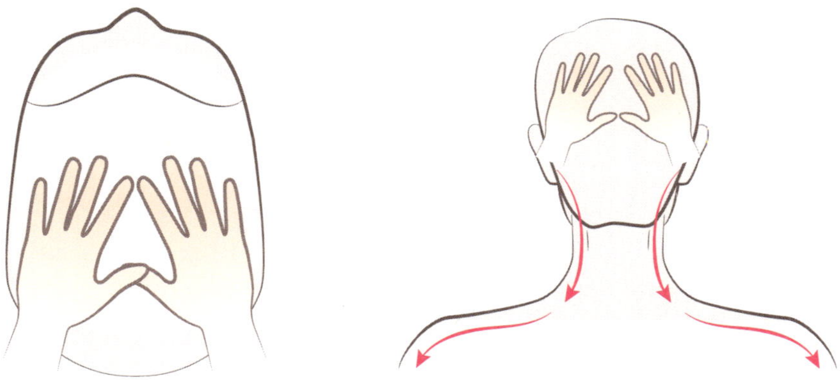

마무리 릴렉스 동작은 두상의 탑에서부터 시작하여 양 사이드 목, 어깨까지 부드럽게 근육을 이완하고, 고객의 두 손을 합장하여 만세 자세로 들어올려 한 손은 고객의 등에 다른 한 손은 고객의 양손을 잡고 이완한다.

* 전체 동작을 2~4회 반복으로 진행하며, 힐링 마사지 시간은 10~15분 이내로 진행을 한다.

실습과제 ◆05

1. 실습 진행(실습 소요시간 : 30분) : 두개피 힐링 마사지 포트폴리오

두개피 힐링 마사지 과정별 실습과정을 스크랩하시오.

chapter

06

두개피 스케일링

학·습·목·표

◈ 두개피 스케일링의 이론적 지식을 바탕으로 관리 실무에 적용할 수 있다.

Trichologist

1 두개피 스케일링

1) 스케일링의 목적

두개피의 상태에 맞는 스케일링을 하기 위해 스케일링 스틱 등을 사용하여 이물질과 노폐물 등을 제거한다. 민감한 부위는 주의해서 작업해야 하고 스케일링 제품과 고객의 두개피 유형에 따라 스티머를 사용한다.

스케일링 순서는 다음과 같이 진행된다. 블로킹(Blocking)은 측수직선(Ear to ear part)과 전중선(Center part)을 이용하여 4등분을 한다. 오른쪽에서 시작하여 왼쪽 방향으로 진행하고, 정중선을 중심으로 가로 1~1.5cm의 섹션을 떠가며 스케일링한다.

2) 브러싱의 목적

브러싱은 두개피의 혈행을 자극해 모근을 튼튼하게 해주고 피지선의 분비를 원활하게 해준다. 또한 두개피부와 모발에 부착된 이물질 등을 제거하고 헝클어진 모발을 풀어주는 역할을 한다.

건조한 모발보다 젖은 모발 시 탄성이 증가하기 때문에 브러싱할 때 강한 물리적 자극은 모발에 손상을 높일 수 있어 주의하도록 한다.

3) 브러싱의 자세

① 모발 끝부분부터 빗질하여 모근쪽으로 올라간다.

② 브러싱을 할 때 방향감, 리듬감을 주어 빗질한다.

③ 브러싱 시 걸릴 수 있는 액세서리는 별도로 개별 보관한다.

④ 작업자와 고객의 거리는 20~30cm 거리를 유지하며 두상의 위치는 작업자의 가슴 높이에 오도록 하여 안정적인 자세를 취한다.

2 두개피 스케일링 실무

1) 스케일링 스틱 준비하기

1~2	먼저 시술자의 손을 소독한 후 솜에 분무하여 적신 후 솜을 반으로 결 방향에 따라 나눈다.
3~4	손바닥에 솜을 올려놓고 스틱을 안쪽으로 넣어 단단하게 말아준다.
5~6	엄지손가락으로 솜의 끝을 펴가면서 끝까지 쥐고 스틱을 돌려준다.

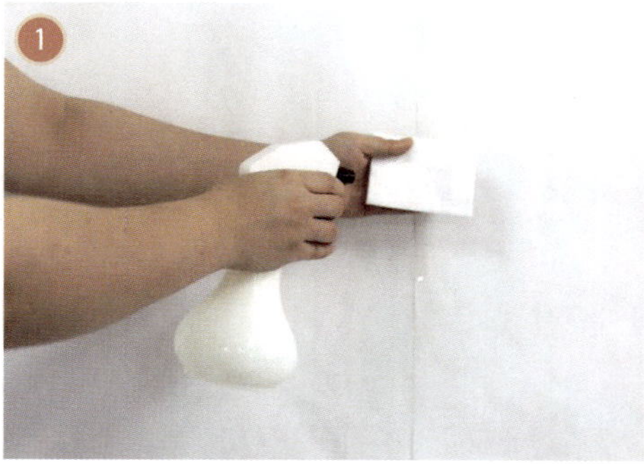

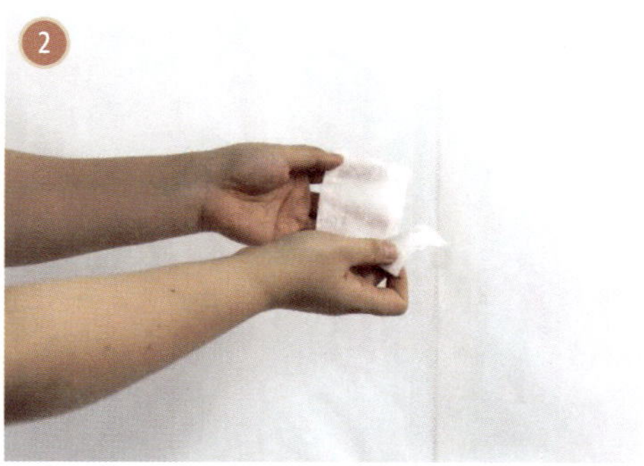

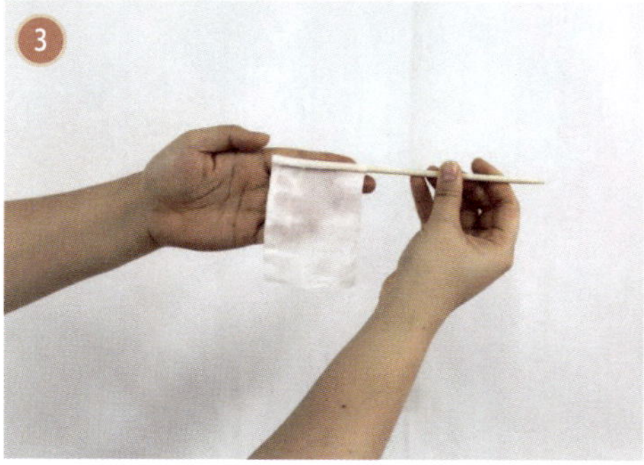

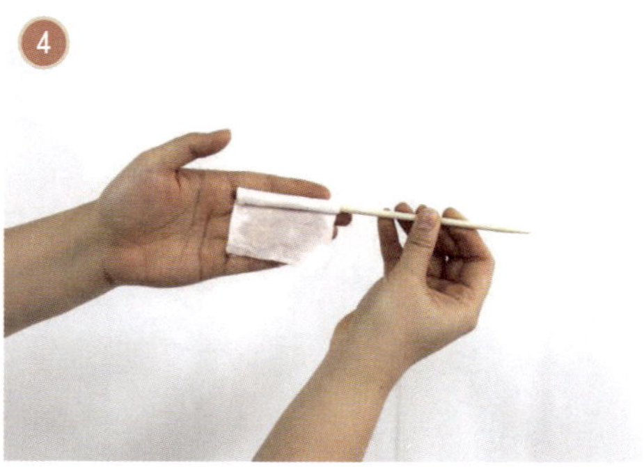

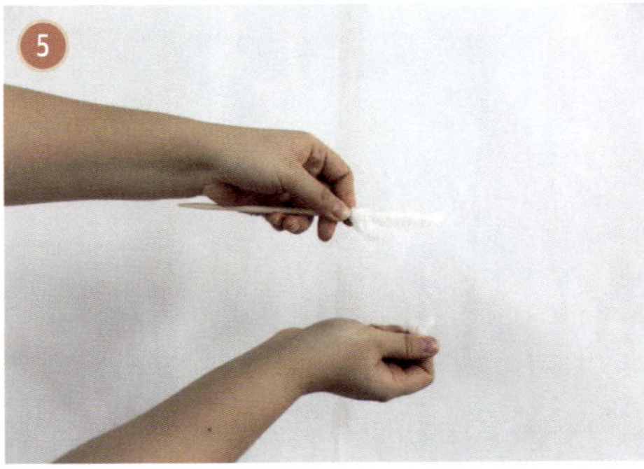

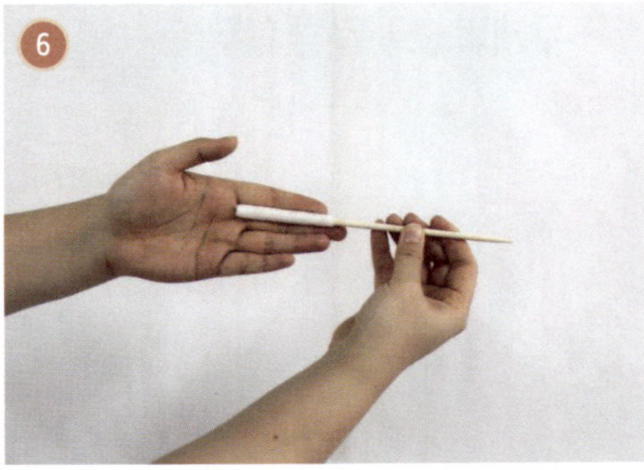

2) 스케일링 준비하기

1	스틱은 오른손의 엄지, 검지, 중지, 약지를 사용하여 가볍게 쥐고, 소지 위에 스틱을 올려 고정한다.
2	스케일링볼 또는 시험관에 스케일링제를 적당량 덜어준다.

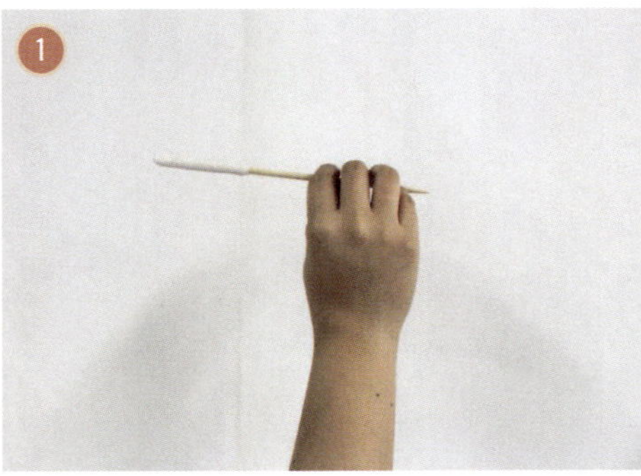

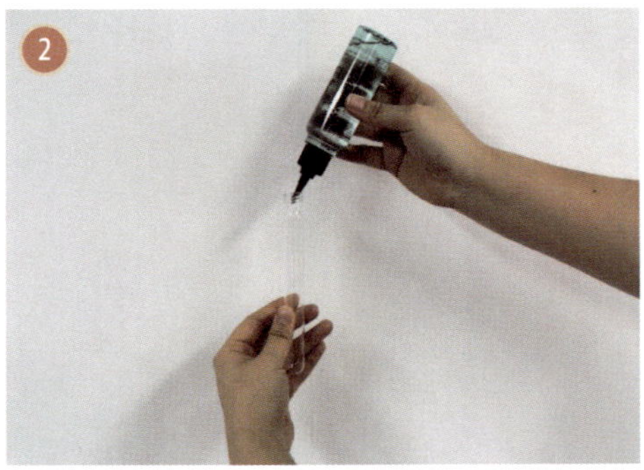

1~2 모델 준비는 귀걸이, 목걸이. 헤어밴드 등 액세서리를 착용하지 않고 어깨에 흰 수건을 두른다.

1~3 정수리 방향으로 브러싱을 하여 모발을 정리한다.

1~3	프론트와 양 사이드를 백회(골덴 포인트, G.P) 방향으로 빗질을 자연스럽게 해준다.
4~6	네이프도 백회(골덴 포인트, G.P) 방향으로 업 쉐이핑 해준다.

* 전체 과정을 3회 정도 반복한다.

1

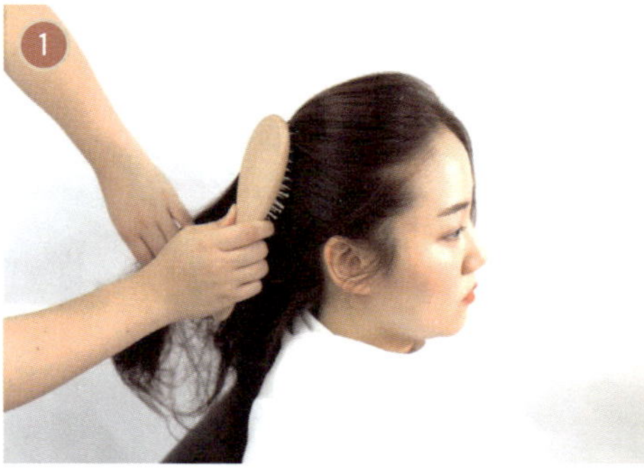

2

3

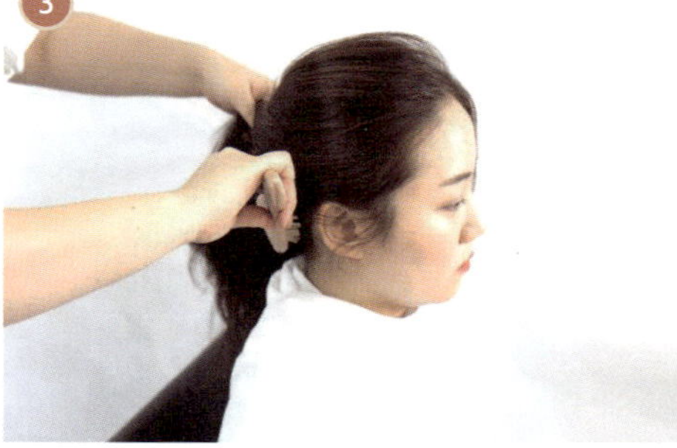

4

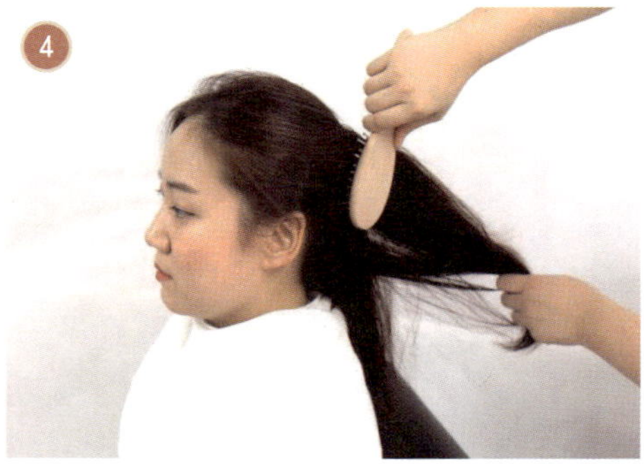

5

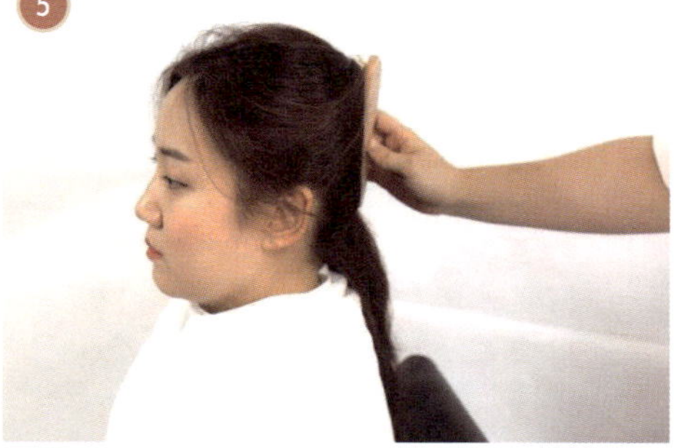

6

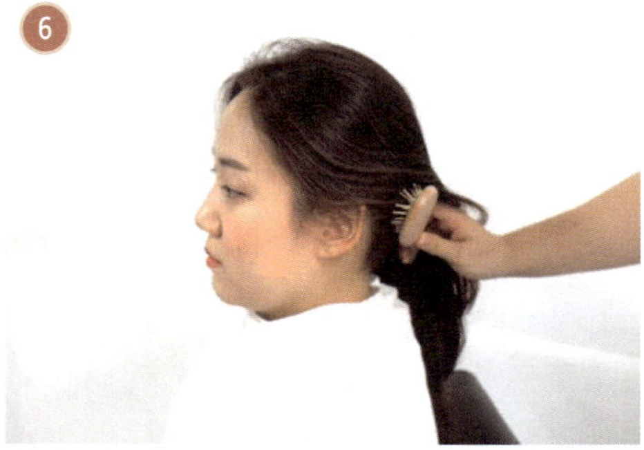

1~4	센타파트(Cent. Part), 이어 투 이어파트(Ear.to.Ear. Part)로 블로킹한다.
5	스케일링 스틱과 스케일링제의 홀더를 사용하여 스케일링한다.

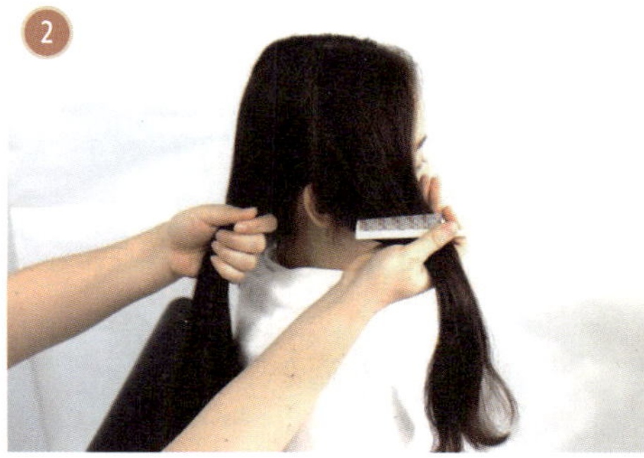

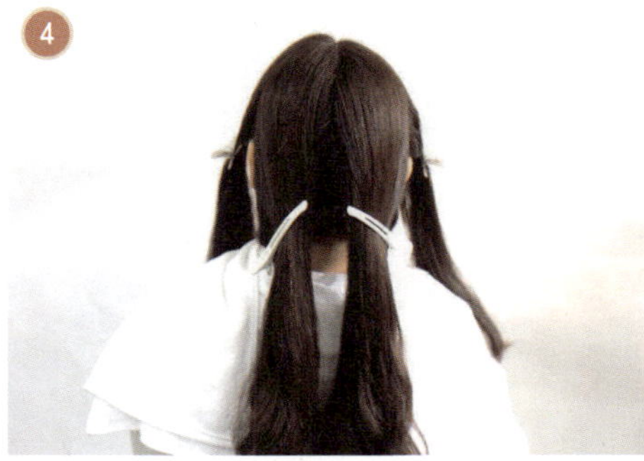

3) 스케일링 작업하기

1~2	오른쪽 사이드 부분에 스틱을 사용하여 스케일링제를 도포한다.
3~4	1cm 슬라이스를 뜨고 스케일링제를 꼼꼼히 도포한다.
5	스케일링제를 안쪽에 도포 후 페이스 라인에도 도포한다.

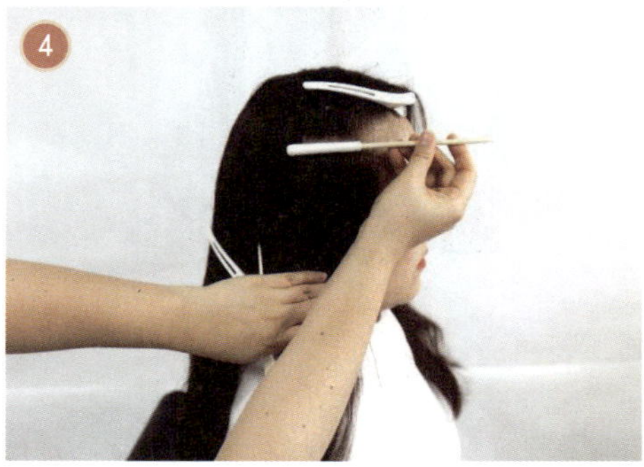

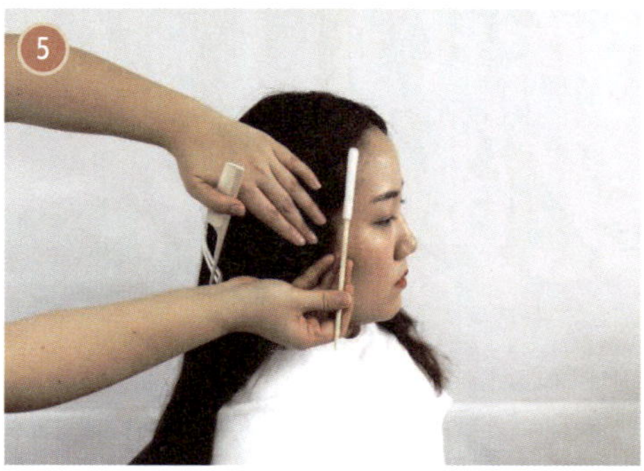

1~3	오른쪽 백사이드도 수평으로 1cm 정도의 슬라이스를 뜨고 동일한 방법으로 진행한다.
4~6	네이프까지 같은 방법으로 시술하고 네이프 라인도 적용한다.

* 왼쪽 백사이드도 같은 방법으로 도포한다.

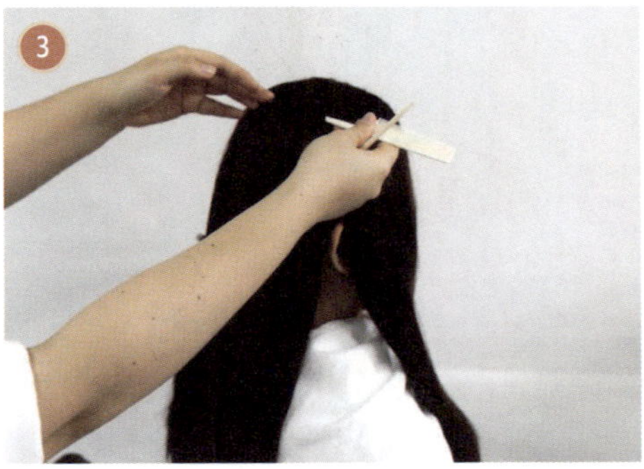

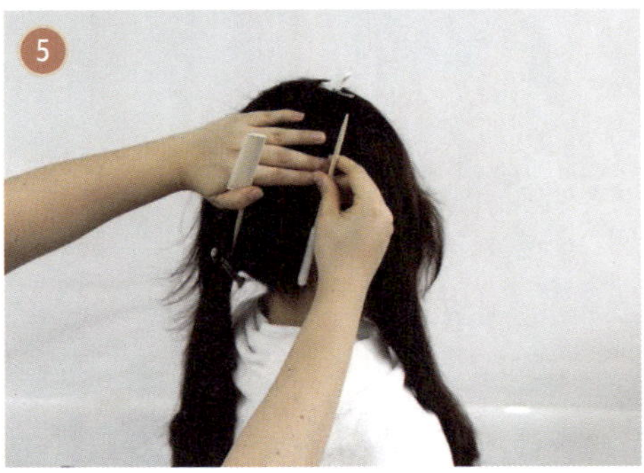

4) 스케일링 마무리하기

1~4	왼쪽 사이드도 수평으로 도포한 후 페이스 라인에 나머지 스케일링제를 발라 마무리한다.

실습과제 ◆ 06

1. 실습 진행(실습 소요시간 : 30분) : 두개피 스케일링 포트폴리오.

두개피 스케일링 과정별 실습과정을 스크랩하시오.

chapter

07

두개피 샴푸

학·습·목·표

◈ 두개피 샴푸의 이론적 지식을 바탕으로 관리 실무에 적용할 수 있다.

Trichologist

1 샴푸와 컨디셔닝제

두개피 관리 전용 샴푸들은 약산성으로 두개피에 보습과 영양을 주며, 건강한 두개피를 유지될 수 있도록 도와준다. 샴푸제와 컨디셔닝제는 두피의 상태 및 모발의 손상 정도와 서비스 품목에 따라 선택해야 하며, 두피와 모발 관리를 하지 못하였을 때 모발에 나타나는 문제점 등을 설명하여 두피와 모발 관리의 필요성에 관하여 인식을 시켜야 할 것이다.

1) 샴푸의 목적과 기능

(1) 샴푸의 목적

모발과 두개피의 세정을 의미하는 샴푸는 샴푸제와 매니플레이션을 통하여 두개피와 모발 내 오염물과 이물질을 제거함과 동시에 두개피의 혈액순환과 함께 두발의 성장을 촉진시킨다.

① 샴푸제(Shampoo agent)의 기능

비누나 세정제 등과 함께 계면활성제에 속한다. 계면활성제는 습윤, 침투, 유화, 분산, 재부착방지, 가용화, 기포 등의 합성작용으로 오염물질 제거를 목적으로 한다.

[표 7-1] 샴푸 매니플레이션 기법

종류	방법
문지르기	손가락의 표면을 이용해 두개피부를 압을 주며 문지르는 동작이다.
지그재그	두상을 따라 손가락을 지그재그로 움직여 문지르는 동작이다.
양손교차하기	양 손가락 사이로 양손을 교차시켜 비벼주는 동작이다.
나선형	손가락이나 손을 둥글게 쥐어 둥글리며 마사지하는 동작이다.
튕겨주기	손가락으로 두개피부를 잡아 가볍게 튕겨주는 동작이다.

② 계면활성제(Surfactant)

계면활성제는 묽은 용액 속에서 계면에 흡착하여 표면장력을 감소시키는 물질로, 보통 1분자 속에 친유기와 친수기가 함께 들어있는 양쪽 친매성인 물질은 계면활성제가 될 수 있으며, 표면활성제라고도 한다.

[표 7-2] 이온에 따른 계면활성제의 구분

종류	방법
음이온 계면활성제	세척제, 기포제, 침투제, 습윤제 등에 사용한다.
양이온 계면활성제	살균제, 소독제, 직물 가공제, 분산제 등에 사용한다.
양극이온 계면활성제	살균제, 샴푸제, 섬유 처리제 등에 사용한다.
비이온 계면활성제	세제, 식품, 화장품, 약, 샴푸, 치약 등에 사용한다.

③ 사용성분에 의한 계면활성제의 구분

[표 7-3] 성분에 따른 계면활성제의 구분

종류	방법
동물성 계면활성제	• 세탁비누와 화장비누의 주성분으로 사용한다. • 소기름, 돼지기름, 양기름, 생선기름
식물성 계면활성제	• 화장비누와 천연비누 등 주성분으로 사용한다. • 야자유, 팜유, 올리브유, 카놀라유, 아마인유, 호호바유 등
천연 계면활성제	• 생분해가 잘 되고 환경오염의 염려가 없는 친환경적인 물질을 사용한다. • 코코베타인, 레시틴, 솔빌라이저, 유카시데게라, 알킬폴리글루코사이드 등
합성 계면활성제	• 석유를 원료로 하여 만든 계면활성제를 사용한다. • 세탁 세제, 주방용 세제, 샴푸, 치약, 보디클렌저 등

2) 컨디셔닝제의 정의

주성분의 함유 정도와 농도에 따라 린스, 컨디셔너, 트리트먼트로 구분되며, 컨디셔닝제는 모발의 손상도에 따라 선택해 사용한다.

[표 7-4] 컨디셔닝 매니플레이션 기법

구분	시술방법	
경찰법	압력을 사용하지 않는 동작으로 손바닥, 네 손가락, 엄지 등을 이용하여 연속적인 동작으로 가볍게 문지르는 마사지 기법이다.	
강찰법	혈액 순환 촉진 및 노폐물 제거를 위하여 피부를 강하게 누르면서 진행하는 마사지 기법이다.	
유연법	근육이 많은 부분에 양 손바닥이나 손가락으로 근육을 잡고, 집어 주물러서 근육을 풀어 주는 마사지 기법이다.	
진동법	경련과 마비에 효과적으로 기능을 전달하기 위하여 손이나 바이브레이터를 사용하는 마사지 방법이다.	
고타법	탭핑	손가락 바닥을 이용하여 두드리는 방법이다.
	스랩핑	손바닥으로 두드리는 방법이다.
	컵핑	손바닥을 컵 모양으로 만들어 두드리는 방법이다.
	핵킹	손등으로 두드리는 방법이다.
	비팅	주먹을 살짝 쥔 후 두드리는 방법이다.

① 린스제의 역할

린스(Rinse)는 헹군다는 의미로 샴푸 후 모발에 부드러움과 정전기를 방지하고 모발 표면 상태를 정돈하는 목적으로 사용한다.

② 컨디셔너제의 역할

모발에 대한 보완 기능을 가지며, 손상된 모발의 표면에 코팅막을 형성시켜 부드러움과 윤기를 더하고 모발을 건강한 상태로 회복 또는 유지시킨다.

③ 트리트먼트의 역할

트리트먼트제는 모발 등전대가를 유지해 모발을 보호하고 손상되지 않도록 하며, 손상된 모표피에 단백질 성분의 흡착성을 이용함으로써 손상을 최저로 방지한다.

3) 두개피 유형별 샴푸제

① 유전형 탈모 두개피용

② 민감성 두개피용

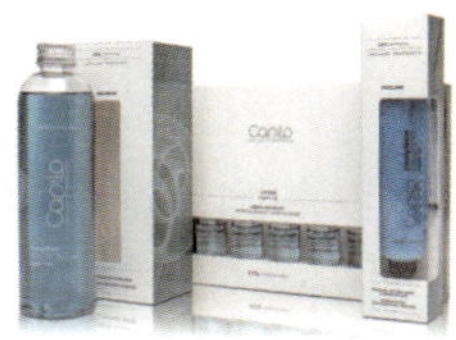

③ 지루성 탈모 두개피용

④ 지루성 비듬 두개피용

⑤ 건성 비듬 두개피용

⑥ 지성 비듬 두개피용

⑦ 지루성 두개피용

⑧ 건조모와 지루성 두개피용

[그림 7-1] 두피전용 스케일링제, 샴푸, 앰플

2 샴푸 작업 실무

1) 샴푸 작업하기

1~2	고객의 어깨와 무릎에 타월을 두르고, 목 부분과 페이스 라인을 손으로 가볍게 받친 후 샴푸 볼에 모델을 눕도록 한다.
3	흰 타월로 삼각형을 접어 눈을 가려준다.

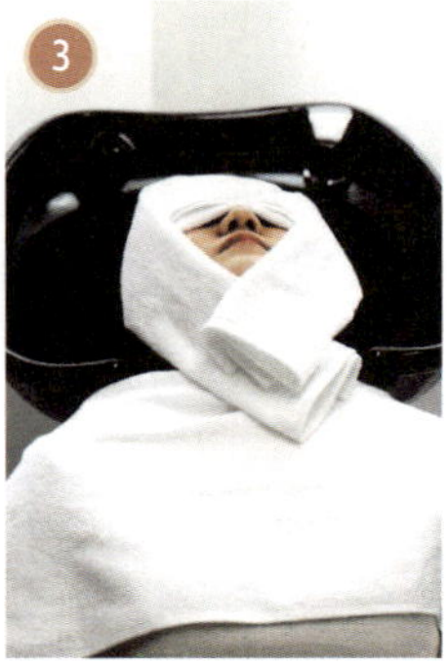

1~2	오른손으로 샤워기를 쥐고 물 온도(38~40℃)를 손목 안쪽에 묻혀 체크한 후 모발의 발제선에 왼손을 대고 물을 전체 모발에 충분히 적셔 준다.
3~4	양쪽 귀 윗부분은 손을 받쳐 귀 안쪽으로 물이 흐르지 않도록 주의한다.

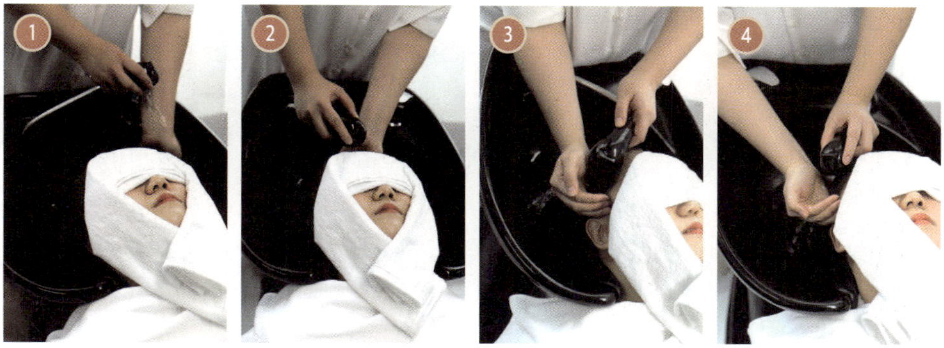

1~2	두피와 모발에 샴푸제(약 5mL 정도)를 손바닥에 놓고 거품을 낸 뒤 페이스 라인과 크라운 부분, 사이드와 후두부로 골고루 도포한다.
3	거품이 충분히 만들어지면 탑 부분에 엄지손가락을 이용하여 두피부분을 지그재그로 가볍게 문지른다(경찰법).
4	탑 부분의 테크닉을 이어서 사이드 부분을 네 손가락으로 지그재그로 가볍게 문지른다(경찰법).

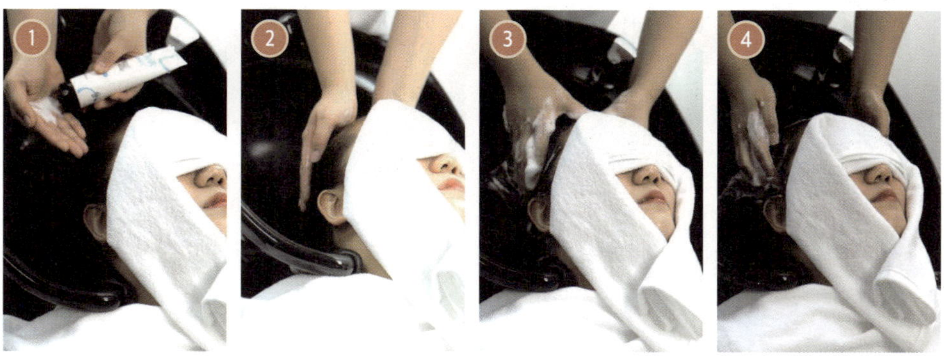

5~6	사이드 부분의 테크닉을 이어서 네이프~백 부분을 한 손으로 받치고 다른 한 손으로 지그재그로 가볍게 문지른다(경찰법, 강철법, 유연법을 사용하여 진행).
7~8	네이프~백 부분의 테크닉을 이어서 골덴 부분을 양손으로 교차하여 지그재그로 가볍게 문지른다(2회 정도 반복해준다).

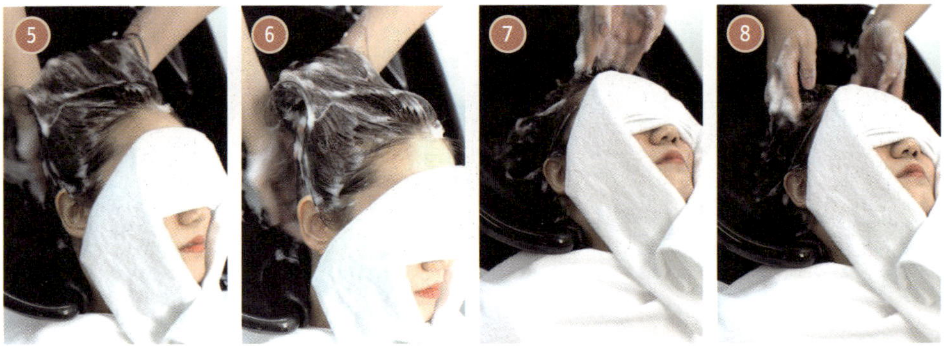

1~3	모발을 가볍게 쓸어주면서 거품을 정리해준다.

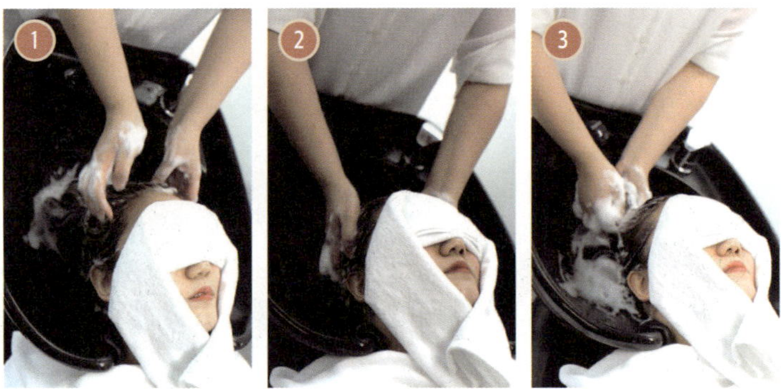

1~4	양손 손가락으로 페이스 라인을 지그시 누르며 문질러주며 마무리한다(강찰법, 고타법을 사용하여 진행).

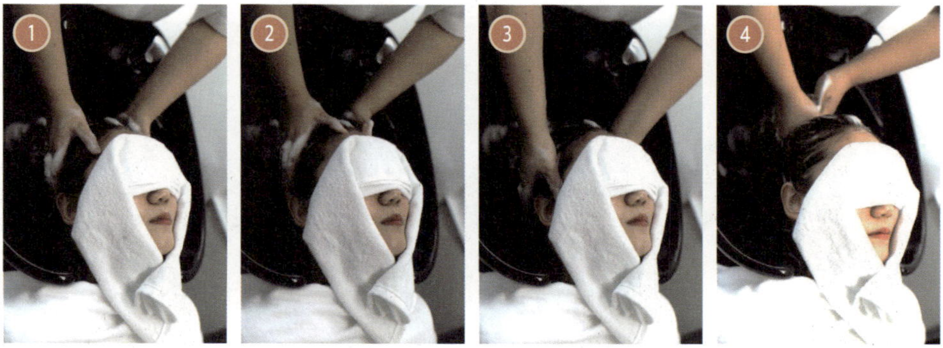

1~4	시술자의 손에 묻은 거품을 먼저 씻어내고 모델의 이마와 양사이드의 발제선에서 시작하여 후두부까지 손으로 받쳐가며 깨끗이 거품을 씻어준다.

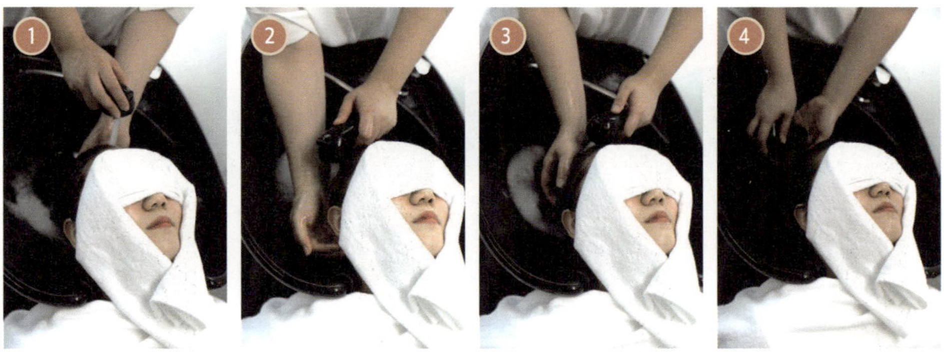

2) 린스 작업하기

1~4 깨끗이 씻어낸 후 린스를 약 5mL 정도 모발에 골고루 도포한다.

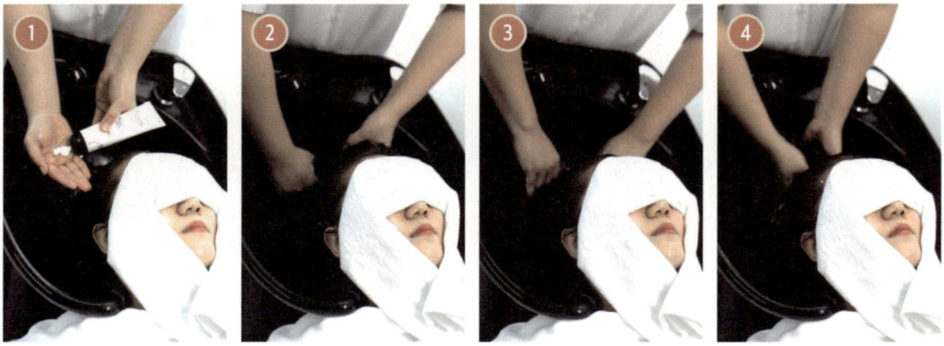

1~4 손가락을 이용하여 두상 전체를 둥글게 롤링하여 결혈점을 누르고 마무리 동작은 두개피를 가볍게 튕겨준다.

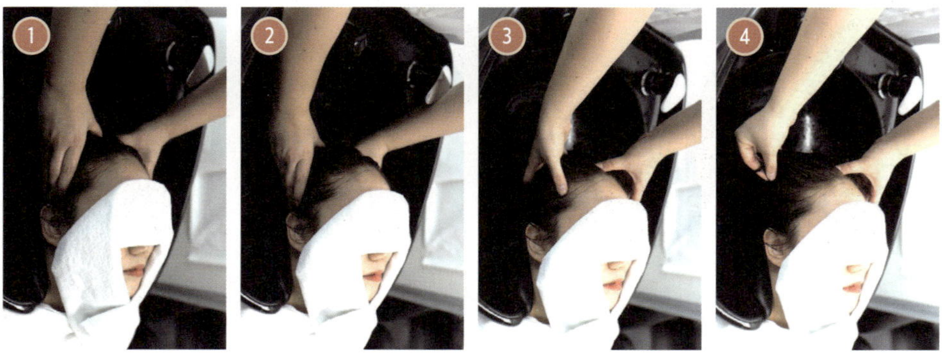

1~4	물이 튀지 않도록 주의하면서 골고루 헹군다. 특히 발제선과 목선에 이물질이 남지 않도록 손바닥에 물을 받아서 깔끔히 닦아내고 모발을 훑어 내리면서 마무리한다.

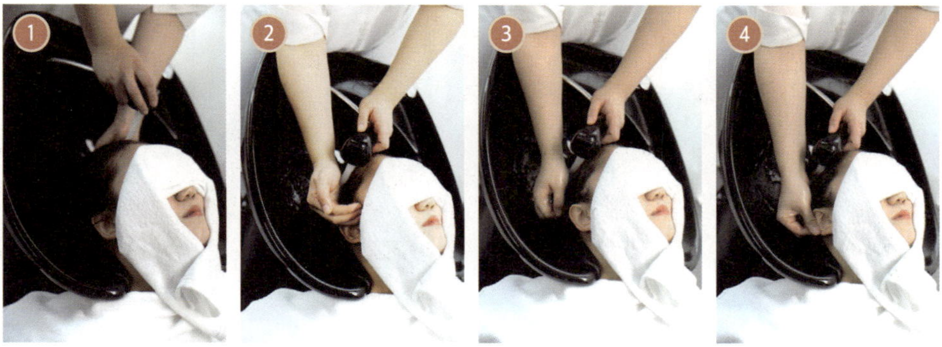

3) 마무리하기

1~2	타월을 이용하여 모발의 페이스 라인을 먼저 닦아내어 물기를 제거한다.
3~4	귀와 귀 뒷부분과 모발의 물기도 제거한다.

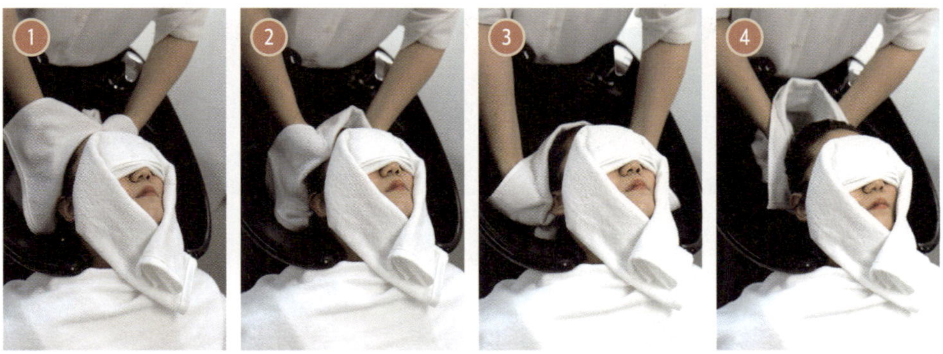

1~2	고객의 목 부분을 가볍게 들고 새 타월을 목 부분에 받쳐준다.
3~4	타월로 헤어라인을 따라 왼쪽의 타월을 먼저 올리고 오른쪽을 위에 얹는다.

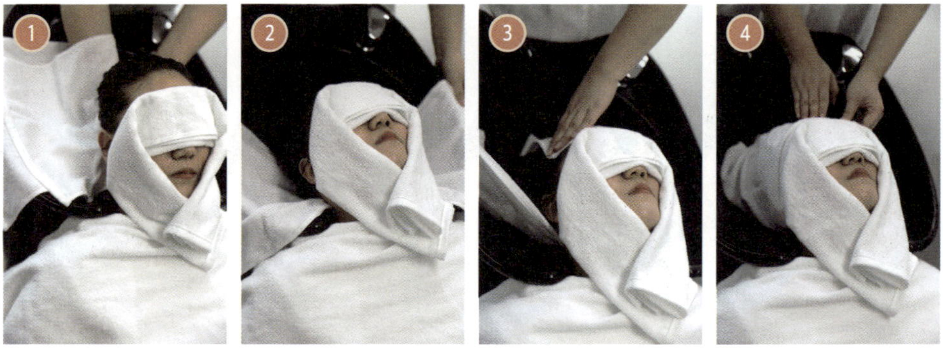

1~4	뒤쪽의 타월을 왼쪽으로 올리고 오른쪽을 나중에 올린 타월의 끝을 헤어라인에 끼워 넣어 고정한다.

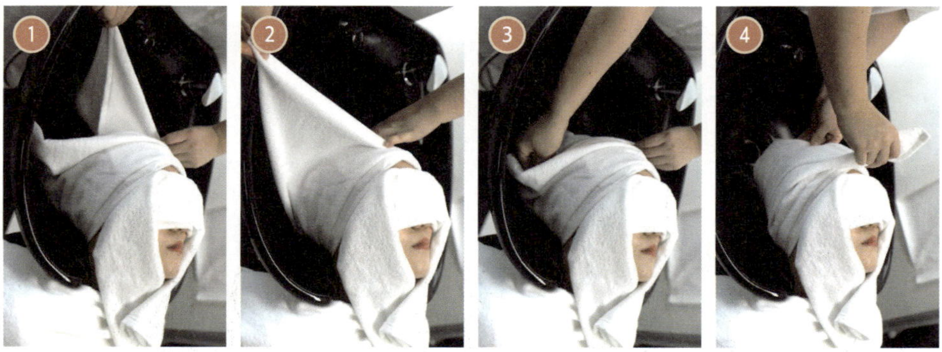

1~2	고정한 상태에서 고객의 얼굴을 가린 타월을 제거하고 목을 받치면서 고객을 일으킨다.
3~4	사용한 샴푸 볼을 깨끗이 닦아내어 물기를 제거하고 잔여물이 없도록 한다.

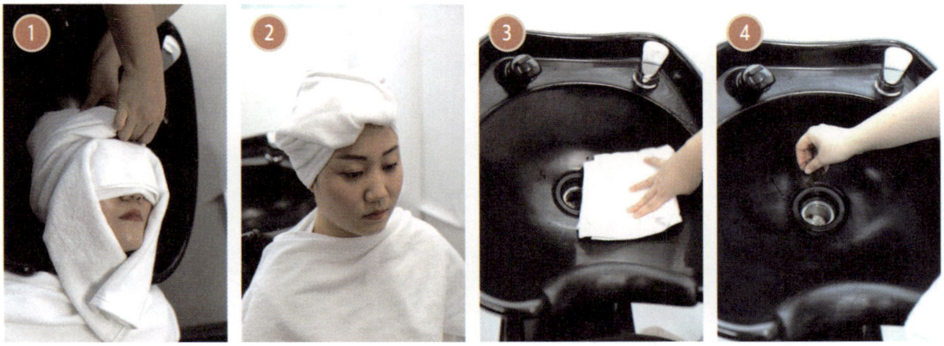

1~2	모발의 물기를 제거하고 두발을 가지런히 빗질하여 마무리한다.

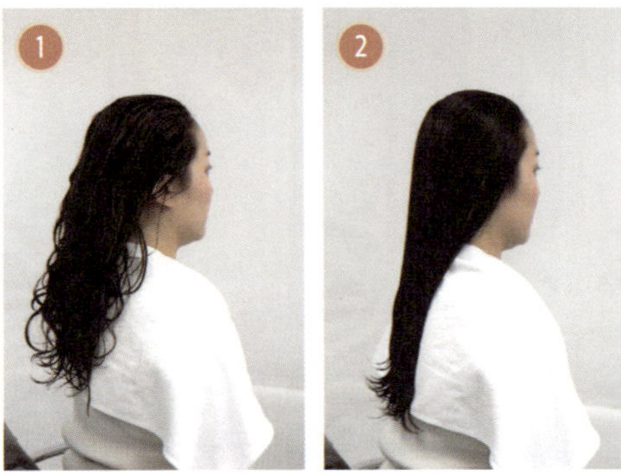

③ 맞춤형 홈케어

두개피 관리에 있어서 매니플레이션이나 시술의 방법만큼이나 중요한 것은 두개피의 타입을 정확히 진단하고 두개피 타입에 꼭 맞는 제품을 사용하는 것이다. 기존의 피지량을 기준으로 단순히 나누어진 두개피 관리 제품으로는 개인마다 다른 고민을 해결해 줄 수 없다. 이에 효과적인 관리를 위해서는 고객의 두개피 타입을 바로 알고 이에 꼭 맞는 제품을 만들어 시술하는 것부터가 선행되어야 한다.

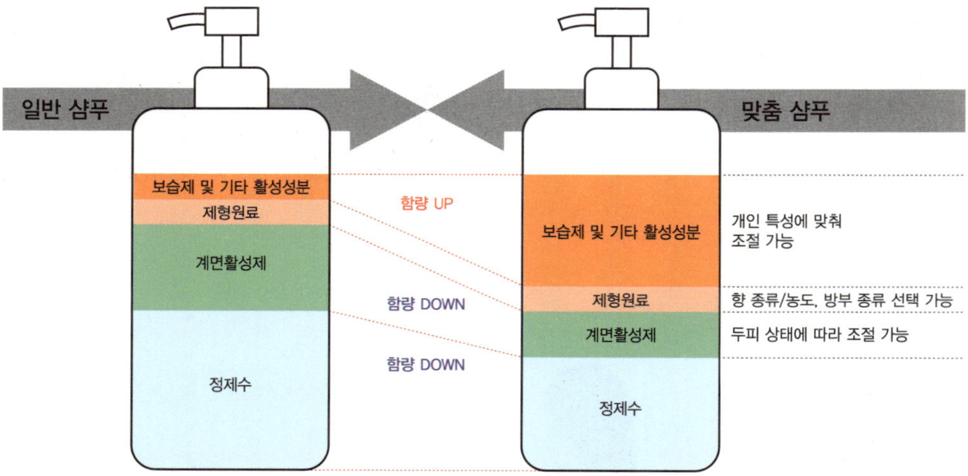

[그림 7-2] 맞춤형 홈케어 처방

개인이 의약품을 취사선택하여 사용할 수 없듯이 맞춤 두피 제품 또한 전문 트리콜로지스트의 판단 하에 일정 부분은 고객의 니즈를 반영하지만, 궁극적인 목적은 고객의 두피 타입에 꼭 맞는 제품을 사용함으로써 고객의 두피·모발에 대한 고민을 빠르고 신속하게 해소하는 데 의의가 있다. 고객과의 상담이 이루어지는 두피케어 전문매장에서 고객의 두피 상황을 정확하게 파악하고 그 결과를 바탕으로 최적의 제품을 고객에게 안내할 수 있다.

맞춤형 케어제품 처방에는 두개피에 자극이 될 수 있는 원료는 배합하지 않고, 해당 두개피의 개선에 도움을 주는 활성 성분의 함량을 높여 처방한다.

차수	정수리	좌측두	우측두	후두부
1차 제품 사용 전 (19.11.26)	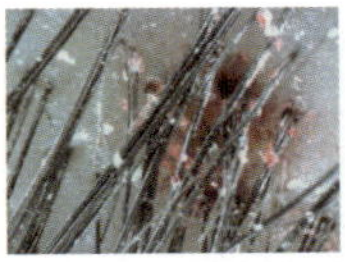		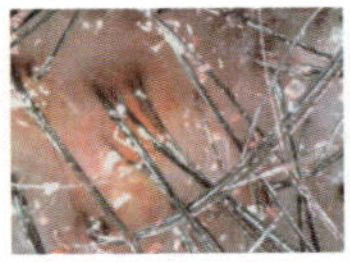	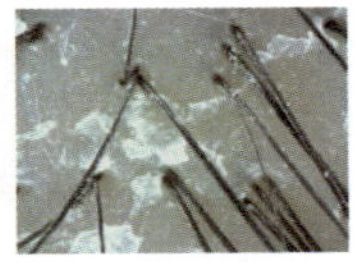
2차 (19.12.30)	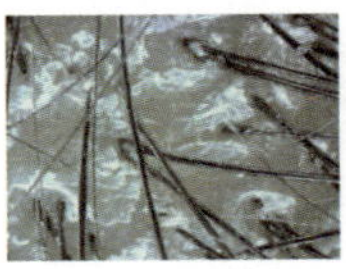	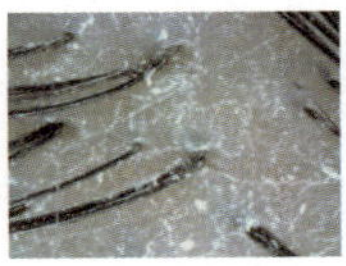	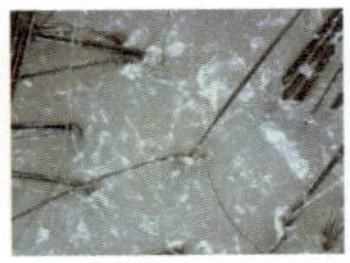	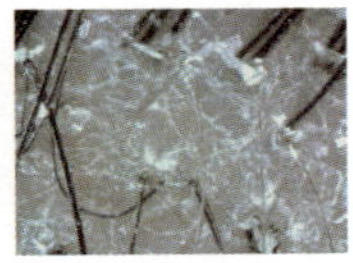
3차 (20.02.04)	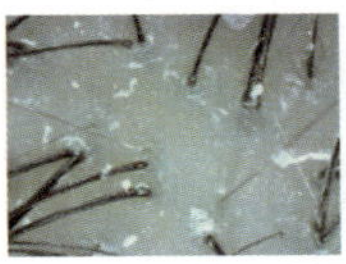	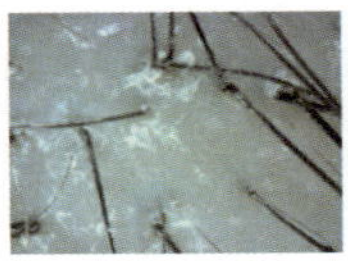	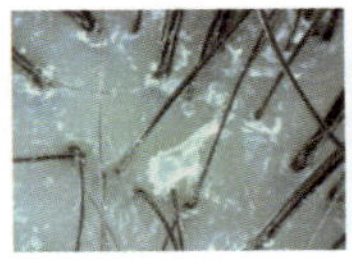	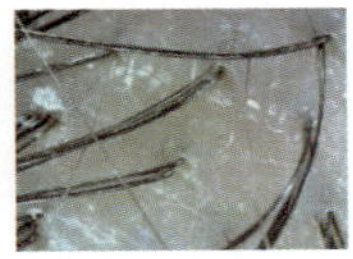
4차 (20.02.24)	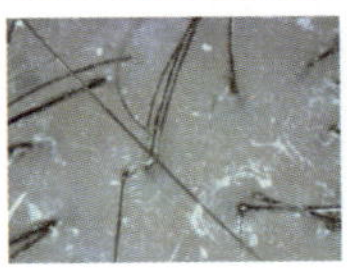	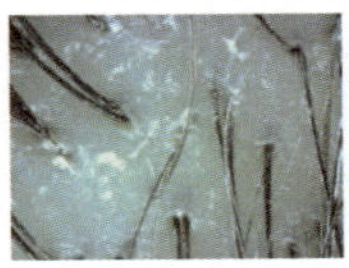	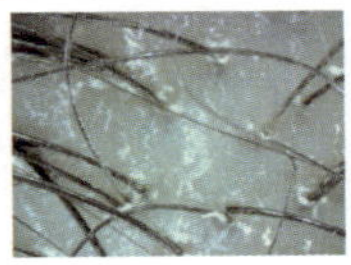	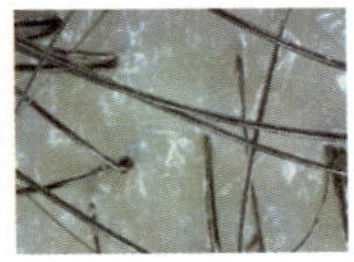

[그림 7-3] 25세 여성, 아토피성 두개피

(자료제공 : 아람휴비스(주))

[그림 7-3]은 25세 아토피성 두개피의 여성 고객으로 다른 시술 없이 샴푸와 세럼 2종을 사용한 후의 결과이다. 14세부터 피부과 병원에서 정기적으로 아토피 치료를 받아 피부의 경우는 호전되었으나 두개피의 경우 크게 호전되지 않아 맞춤 두개피 홈케어 제품을 희망하였다. 두개피 가려움이 매우 심하고 민감도가 매우 낮아 두개피의 장벽기능을 정상화하고 두피 모습에 초점을 맞추어 제품을 제공했다.

차수	정수리	좌측두	우측두	후두부
1차 제품 사용 전 (19.11.26)			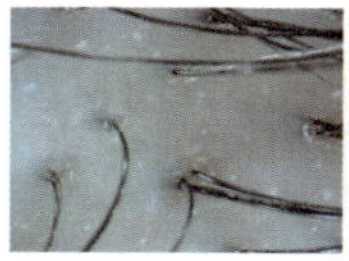	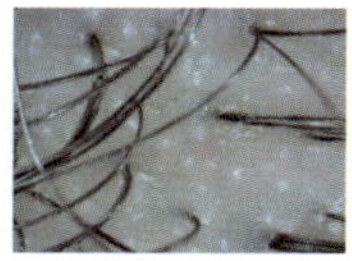
2차 (19.12.27)	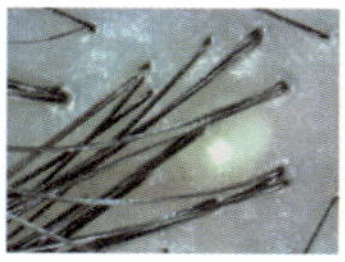	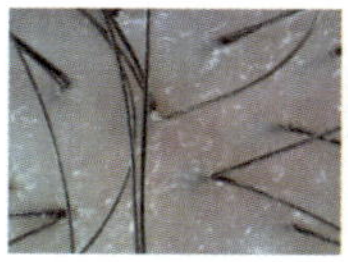	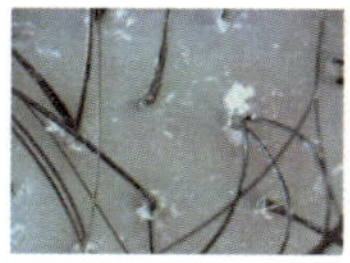	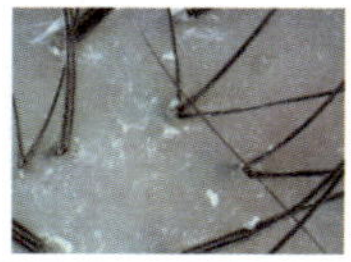
3차 (20.02.05)	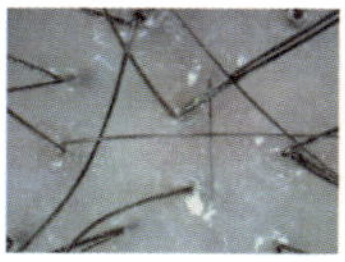	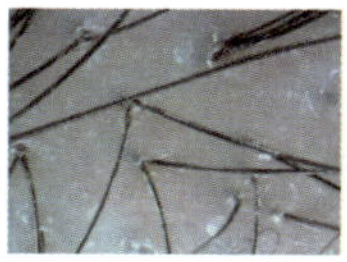	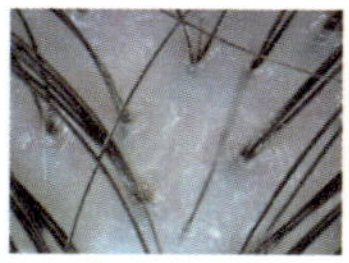	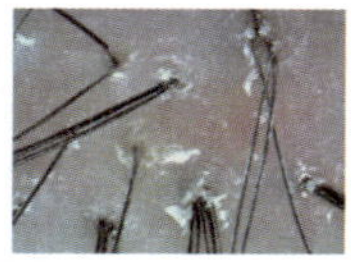

[그림 7-4] 40세 여성, 알레르기성 두개피(모낭염)

(자료제공 : 아람휴비스(주))

[그림 7-4]는 40대 여성 고객으로 알레르기성 두개피와 모낭염이 있는 고객이다. 과거 아토피 증상이 있었으며, 제품과 계절 변화에 따른 두개피 변화가 심하고, 가려움도 매우 심한 상태였다. 아미노계 음이온성 계면활성제를 사용하여 두개피 자극을 완화하며, 가려움을 억제할 수 있는 효능원료를 샴푸와 세럼에 처방하였다. 최초 방문할 때보다 모낭염의 숫자가 적어지는 것을 확인할 수 있었고, 3차에서는 두개피에 모낭염이 발견되지 않았고 두피로 인한 불편을 호소하지 않았다.

차수	정수리	좌측두	우측두	후두부
1차 (19.11.15) 제품 사용 전		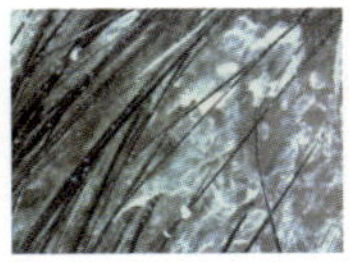	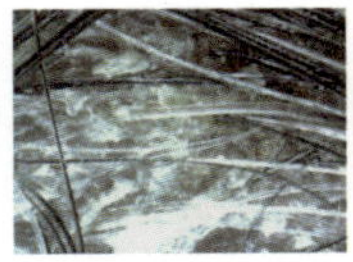	
2차 (20.1.13)	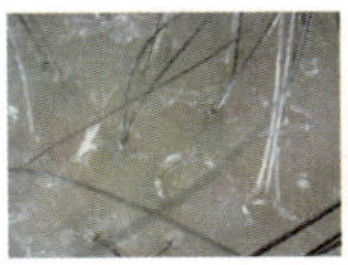	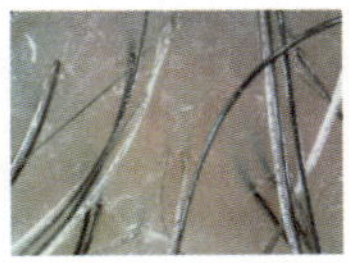	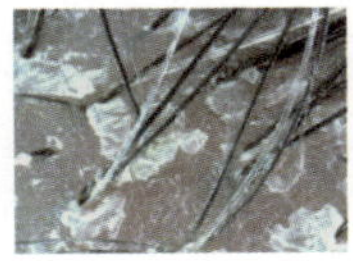	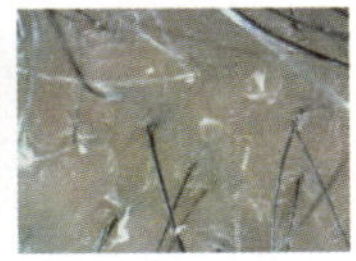
3차 (20.02.11)	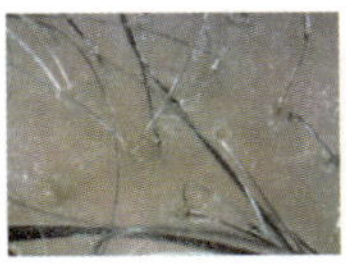	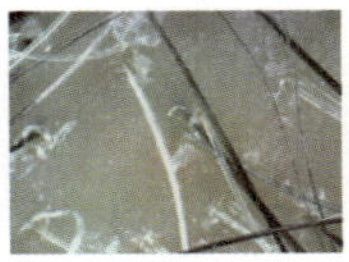	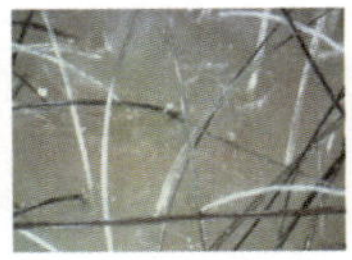	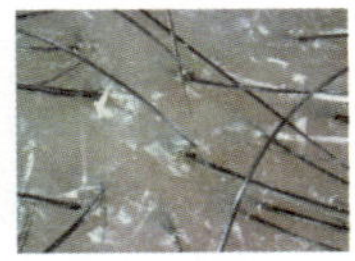
4차 (20.03.17)		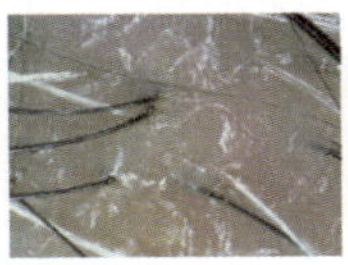	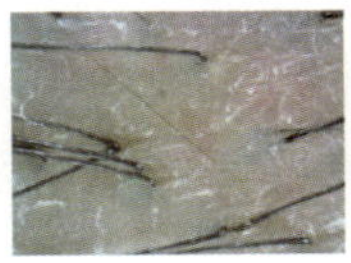	

[그림 7-5] 60세 남성, 지루성 두개피

(자료제공 : 아람휴비스(주))

[그림 7-5]는 60대 남성의 지루성 두개피로 맞춤 홈케어 제품사용 전에는 비정상적인 각질 상태를 보이고 두개피의 가려움이 매우 심했다. 홈케어 제품은 피지분비를 정상화하면서 다이메틸 아이소소바이드 용제(Dimethyl Isosorbide)를 사용하여 엉켜있는 두개피 각질을 녹이는 방향으로 제품을 구성하였다. 동시에 항균, 항진균, 항염을 관리하는 방향으로 제품을 처방하여 고객이 사용하였다.

두피관리실이나 피부과 병·의원을 찾는 고객은 두개피, 모발의 고민이 있어 방문하는 경우가 많다. 이런 경우 기존의 제품을 활용하여 시술하기에는 한계가 있다. 고객의 의식 수준이 향상됨에 따라 고객의 두개피 상태를 정확하게 진단하여 개인화된 맞춤형 제품사용이 필요하다.

단원학습정리 07

1. 두피 및 모발 건강을 저해하는 내적 또는 외적 이상 현상들에 대해 문제점이 발생하기 전 내적 요인과 외적 요인을 통해 예방과 개선을 하는 관리를 의미한다.

2. 두개피도 피부의 한 부분으로 세포분열과정을 통한 일정한 각화 주기가 존재한다. 하지만 내·외적 요인으로 인해 그 각화 주기의 변화와 두피의 불청결 등으로 모공이 막혀 두개피의 문제를 일으키는데, 이런 문제점들은 모발의 정상적인 성장을 저해시켜 탈모 현상을 초래한다.

3. 두개피 관리는 두피 내 노화된 각질이나 피지 산화물 등을 두개피 스케일링을 이용해 제거해줌으로써 각화 주기를 정상화하고, 모공 내 제품 침투를 높여 두피 신진대사 기능이 향상되는 효과가 있다.

4. 두개피 손상의 원인 중 가장 문제가 되는 부분으로 호르몬분비의 이상, 식생활, 소화기관 이상, 스트레스 등으로부터 두개피 손상이 나타남을 의미한다.

5. 외부적 요인에 의해 두개피에 외상이 나타나는 것으로, 두개피 손상의 요인은 크게 물리적, 화학적, 환경적 요인으로 구분된다.

6. 일시적인 요인으로는 잘못된 샴푸, 자극을 주는 브러싱, 드라이 등으로 두피에 상처 또는 예민하게 만들 수 있다.

7. 물리적 요인에 의한 두개피 손상보다 더 심각한 상태로는 두피와 모발의 화학약품으로 인해 발생하는 두피와 모발의 손상을 말한다.

8. 두개피 힐링 마사지는 두개피의 근육은 자율적인 의지로 움직이는 근육이 아니기 때문에 외부로부터의 움직임이 필요하다.

9. 두개피 힐링 마사지는 두개피의 청결과 혈액순환 촉진을 위해서 두개피 매니플레이션이 필요하다. 두개피에 대해 마사지를 하는 손동작을 스켈프 매니플레이션이라 한다.

10. 두개피 힐링 마사지는 경부의 수축, 긴장은 동맥, 정맥의 순환장애를 일으키고 혈액순환과 림프샘의 흐름을 방해하므로, 힐링 마사지는 승모근까지의 뒷목 근육을 먼저 풀어주고 후두부 헤어라인과 머릿속 경락라인을 따라 풀어주는 느낌으로 행한다.

11. 두개피의 상태에 맞는 스케일링을 하기 위해 손, 면봉, 켈리 등을 사용하여 두개피에 있는 이물질과 노폐물, 묵은 각질 등을 제거한다.

12. 브러싱은 두개피의 혈행을 자극해 모근을 튼튼하게 해주고 피지선의 분비를 원활하게 해준다. 또한 두개피부와 모발에 부착된 오염물질을 제거하며 헝클어진 모발을 풀어주는 역할을 한다.

13. 두개피 관리 전용 샴푸들은 약산성으로 두개피에 보습과 영양을 주며, 건강한 두개피를 유지될 수 있도록 도와준다.

14. 모발과 두개피의 세정을 의미하는 샴푸는 샴푸제와 매니플레이션을 통하여 모발 내 오염물과 이물질을 제거함과 동시에 두개피의 혈액순환과 함께 두발의 성장을 촉진한다.

15. 주성분 농도에 따라 린스, 컨디셔너, 트리트먼트로 구분되며, 컨디셔닝제는 모발 영양성분의 함유 정도를 다르게 함으로써 모발의 손상도에 따라 선택하여 사용한다.

실습과제 · 07

1. 실습 진행(실습 소요시간 : 30분) : 샴푸 과정별 포트폴리오

샴푸진행 실습과정을 스크랩하시오.

Part 3

학습문제

Trichologist

Contents

학습문제

학습문제

◆ 두개피 생리학 ◆

두상의 두 개를 구성하는 뼈를 두개골과 안면골로 나누고, 뇌두개골은 1. ( )개의 뼈로 구성되어 있으며, 안면골은 2. ( )개의 뼈로 구성되어 있다.

3. **두개골은 전두골, 두정골, 측두골, 후두골, 접형골, 사골 등 크게 6개로 구분한다. 다음 설명 중 틀린 것을 고르시오.**

① 전두골(이마뼈, Frontal bone) : 안와와 비강벽 일부를 형성하고, 이마를 이루며, 관상봉합에 의해 뒤쪽 부분이 두정골의 앞쪽에 결합된다.

② 두정골(마루뼈, Parietal bone) : 뇌를 감싸고 있는 좌우 한 쌍의 사각형 편평골로 4면 4각을 가지고 있다. 좌우 두정골 사이의 시상봉합, 전두골 사이의 관상봉합, 측두골 사이의 인상봉합, 후두골 사이의 인자봉합(람다봉합)으로 결합된다.

③ 측두골(관자뼈, Temporal bone) : 머리의 양측면에 있는 한 쌍의 뼈로 관골과 연결되며, 평형청각기의 가장 중요한 부분을 수용하고 있으며, 많은 자율신경이 지나가는 복잡한 구조를 가진 뼈이다.

④ 후두골(뒤통수뼈, Occipital bone) : 두개골 저부의 중앙에 있는 나비 모양의 함기골이다. 대익(큰날개, Greater wing)과 소익(작은 날개, Lesser wing) 그리고 익상돌기(날개돌기, Pterygoid process) 2개로 구성되어 있다.

설명

후두골(뒤통수뼈, Occipital bone) : 뒤쪽 밑 부분을 차지하는 마름모꼴의 판상골로 숟가락 모양으로 만곡되어 불룩한 면이 바깥으로 나와 있다.

접형골(나비뼈, Sphenoid bone) : 두개골 저부의 중앙에 있는 나비 모양의 함기골이다. 대익(큰날개, Greater wing)과 소익(작은 날개, Lesser wing) 그리고 익상돌기(날개돌기, Pterygoid process) 2개로 구성되어 있다.

4. **다음 설명에 해당하는 것을 고르시오.**

> 반수체 정자의 핵과 반수체 난자의 핵이 합쳐져 융합하는 수정 과정의 결과 형성되며, 접합체(Zygote)라고도 한다.

① 낭배기 ② 포배기
③ 수정란 ④ 배란기

5. **다음 설명에 해당하는 것을 고르시오.**

> 외배엽, 중배엽, 내배엽으로 분화하여 개체로서 각각 기능할 수 있는 기관과 조직이 된다.

① 낭배기 ② 포배기
③ 수정란 ④ 배란기

설명

낭배기(Gastrula stage)에 들어선 세포들은 여러 조직과 기관으로 분화를 시작한다. 외배엽, 중배엽, 내배엽으로 분화하여 개체로서 각각 기능할 수 있는 기관과 조직이 된다.

6. **다음 설명에 해당하는 것을 고르시오.**

> 근골격조직, 심혈관조직 및 비뇨 생식조직뿐 아니라 이들의 조직형성을 도와주는 외배엽 및 내배엽 상피에 결합한 간충직세포들이 포함된다.

① 낭배기 ② 포배기
③ 수정란 ④ 배란기

설명

중배엽은 외배엽성 표피와 내배엽 장기조직 사이의 모든 기관을 생성한다. 여기에는 근골격조직, 심혈관조직 및 비뇨 생식조직뿐 아니라 이들의 조직형성을 도와주는 외배엽 및 내배엽 상피에 결합한 간충직세포들이 포함된다.

7. **다음 설명에 해당하는 것을 고르시오.**

> 표피 외배엽과 신경 외배엽의 경계 부위에 존재하는 세포이다.

① 표피 외배엽 ② 중배엽
③ 신경 능선세포 ④ 신경 외배엽

설명

외배엽은 발생 초기 단계에 낭배 형성을 통해 형성되는 3배엽 중 배아의 가장 바깥을 덮는 세포층이며 표피와 중추신경계로 발달한다. 외배엽은 바깥쪽의 표피 외배엽, 신경관을 형성하는 신경 외배엽, 신경 능선세포로 구분된다. 신경 능선세포(Neural crest cell)는 표피 외배엽과 신경 외배엽의 경계 부위에 존재하는 세포이다.

8. **표피 구조의 순서로 바르게 나열한 것을 고르시오.**

① 각질층 - 유극층 - 과립층 - 기저층

② 각질층 - 과립층 - 유극층 - 기저층

③ 각질층 - 기저층 - 과립층 - 유극층

④ 각질층 - 과립층 - 기저층 - 유극층

설명

피부는 표피, 진피, 피하지방조직으로 구성되어 있다. 표피는 각질층, 투명층, 과립층, 유극층, 기저층으로 구성되어 있으며, 진피층은 유두층, 망상층으로 구성되어 있다.

9. **진피의 설명으로 옳지 않은 것을 고르시오.**

① 진피는 유극층과 망상층으로 분류된다.

② 콜라겐은 피부 내의 자연 보습을 담당하는 요소이다.

③ 단백질의 일종인 교원섬유와 탄력섬유로 구성되어 있다.

④ 피부의 생리작용 역할을 한다.

10. **두개피의 기능에 관하여 해당하지 않는 것을 고르시오.**

① 호흡기능 ② 감각 수용기능

③ 분비 또는 배설기능 ④ 충격완화기능

11. **다음 중 외배엽에 속하지 않는 것을 고르시오.**

① 표피 외배엽 ② 표피 내배엽

③ 신경 외배엽 ④ 신경 능선세포

설명

발생 초기 단계에서 낭배 형성을 통해 형성되는 3배엽 중 배아의 가장 바깥을 덮는 세포층이며, 표피와 중추신경계로 발달한다. 외배엽은 바깥쪽의 표피 외배엽, 신경관을 형성하는 신경 외배엽, 신경 능선세포로 구분된다.

12. **모낭의 발생 과정으로 설명이 틀린 것을 고르시오.**

① 모낭의 형성은 모태에서 10~20일쯤 한 개 층의 세포가 생기며, 시간이 지남에 따라 배아층, 주피의 세 개의 층으로 분화된다.

② 모낭은 표피에 배아층의 세포가 모여 촘촘한 집합체를 만든 모아의 세포군이 분열하며 성장한다. 이 과정은 모아 형성의 전 단계인 전모아기, 모아기, 모항기, 모구성, 모항기를 거쳐 모낭이 된다.

③ 모낭이 성숙한 형태로 발달하면 피지를 분비해주는 피지선이 형성되고, 이후에 모낭벽에 붙어있는 기모근이 생성된다.

④ 영양과 산소를 담당하는 모유두가 형성되고, 이 모유두와 인접하고 있는 부분의 모모세포가 모유두에서 영양을 공급받아 세포 분열을 하여 새로운 모발을 생성한다. 모발의 발생은 모모세포가 모유두에서 영양을 공급받아 세포 분열되어 모발의 형태를 갖추어 성장한다.

설명

① 모낭의 형성은 모태에서 30~40일쯤 한 개 층의 세포가 생기며, 시간이 지남에 따라 배아층, 주피의 세 개의 층으로 분화된다.

13. **상피세포는 기저층에서 유극층으로 다시 과립층으로 올라가며, 각질층 형태로 머물다 피부에서 떨어져 나간다. 피부의 주기는 얼마인가?**

① 약 25일　　② 약 26일

③ 약 27일　　④ 약 28일

설명

상피세표는 기저층에서 유극층으로 다시 과립층으로 올라가는 기간은 약 14일이며, 각질층 형태에서 약 14일간 머물다가 피부에서 떨어져 나간다. 따라서 피부 주기는 약 28일로 새로운 상피세포가 생성된다.

14. **상피가 생겨난 배엽에 따른 구분으로 틀린 것을 고르시오.**

① 외배엽성 상피　　② 내배엽성 상피

③ 중배엽성 상피　　④ 상배엽성 상피

설명

상피가 생겨난 배엽에 따른 구분은 외배엽성 상피, 내배엽성 상피, 중배엽성 상피 등으로 구분한다.

15. **두개피부의 변성물에 속하지 않은 것을 고르시오.**

① 털　② 손톱　③ 발톱　④ 피지

16. **소한선의 설명으로 틀린 것을 고르시오.**

① 피부 전신에 분포하며, 주로 겨드랑이 및 이마, 손, 발바닥 등에 존재한다.

② 피부 전신에 분포하며, 주로 겨드랑이, 눈꺼풀, 유방에 존재하여 털에 부속된다.

③ 체온을 조절하는 기능이 있으며, 정서적 자극에 반응한다.

④ 분비선은 진피 및 피하지방층 경계부 또는 진피 아래 1/3에 존재하며, 피하지방층과 연결되는 지방조직에 둘러싸여 있다.

설명

대한선(Apocrine)

- 대한선은 겨드랑이, 눈꺼풀, 유방에 존재하여 털에 부속된다.
- 분비부는 진피 내 한관, 표피 내 한관으로 구성되어 있다.
- 사춘기가 되어 분비부가 발달하여 냄새를 내는 기능을 한다.
- 동물에서는 방어 및 성적 역할이 있으나 사람에게는 확실하지 않다.
- 분비물은 젖과 유사하여 끈적이고 분비 당시에는 냄새가 없으나 피부 표면에서 세균에 의해 분해되어 특징적인 냄새가 난다.

17. **피하지방의 설명으로 틀린 것을 고르시오.**

① 영양분의 저장소이다.

② 기계적 충격은 물론 물리적 충격을 방지한다.

③ 외부 온도변화로부터 신체를 보호하는 역할을 한다.

④ 피하조직의 양은 성별, 나이, 부위 등에 상관없이 같고, 일반적으로 여자보다 남자가 지방조직이 두껍다.

설명

피하조직(Subcutaneous fat)은 일반적으로 소성결합조직으로 근막이나 골막과 가볍게 결합해 있다. 피하조직은 장소에 따라 그리고 영양 상태에 따라 정도의 차이는 있지만, 지방세포군을 포함해 피하지방조직으로도 불린다.

- 피하지방조직이 많은 부위는 복부, 여성 유방, 전부, 후구, 액하(겨드랑이, 腋下), 손바닥, 발바닥 등이고, 거의 없는 부위는 비골, 안검, 외음부 등이다. 인체보호 작용으로서 물리적인 외상에 대한 중요 방어체 중 하나이다.
- 피하조직의 양 : 성별, 나이, 부위 등에 따라 다르고, 일반적으로 남자보다 여자가 지방조직이 두껍다.

18. 각질층과 과립층의 경계를 이루는 층으로 손바닥과 발바닥에만 있는 층은?

① 기저층 ② 투명층

③ 유두층 ④ 과립층

19. 이상 분화 현상으로 인하여 피부 병리의 원인이 되는 것을 고르시오.

① 기저층 ② 투명층

③ 유두층 ④ 과립층

20. 케라틴세포와 멜라닌세포를 가지고 있는 층에 해당하는 것을 고르시오.

① 표피의 기저층

② 표피의 유극층

③ 진피의 망상층

④ 진피의 유극층

설명

기저층(Stratum basle)은 기저막 위에 있는 한 줄의 원주세포층으로서 기저대를 이룬다. 또한 핵이 있는 원주형 세포층으로 세포분열이 왕성하며 진피와 접촉된 표피세포의 발생 근원지이다. 이상 분화 현상으로 인하여 피부 병리의 원인이 된다.

21. 표피와 진피의 경계선 형태에 해당하는 것을 고르시오.

① 직선 ② 사선

③ 물결선 ④ 곡선

22. 두개피에 있어 자율신경의 지배를 받고 있지 않은 것을 고르시오.

① 혈관 ② 입모근

③ 한선 ④ 피지선

23. 다음 중 피부색을 결정하는 주요인에 해당하는 것을 고르시오.

① 근육의 탄력 ② 지방의 양

③ 혈액 공급량 ④ 털의 양

24. 두개피부의 pH에 대한 설명으로 틀린 것을 고르시오.

① 피부의 pH는 일반적으로 약알칼리성이다.

② 피지나 땀의 분비량에 의해 pH가 좌우된다.

③ 피부 표면에 소량의 증류수를 첨가하여 측정한다.

④ 피부의 pH는 일반적으로 약산성을 나타낸다.

25. 모낭의 가장 아래쪽에 위치하며 수많은 모모세포로 덮여 있고 내부에 모세혈관과 자율신경이 있어서 모발의 성장에 주요한 영향을 미치는 것은?

① 모모세포 ② 모유두

③ 모근 ④ 모구

26. 모유두를 덮고 있으면 모유두로부터 영양을 공급받아 끊임없이 세포분열을 하면서 증식을 되풀이하는 것은?

① 모모세포 ② 모구

③ 모근 ④ 모낭

27. 표피와 진피의 경계부분에 존재하며 모세혈관이 풍부하게 분포되어 있어 혈관분포가 없는 표피에 영양소와 산소를 이동시키는 역할을 하는 것은?

① 유두층 ② 망상층

③ 콜라겐 ④ 엘라스틴

28. 두개피 혈액 환경이 안 좋아질 때 모모세포에는 어떤 영향을 미치는가?

① 영양 공급불량

② 산소 공급과다

③ 피지 과잉공급

④ 특별한 영향 없다.

29. 한선에 대한 설명으로 올바른 것을 고르시오.

① 에크린 한선은 모낭과 연결되어 피부 표면으로 통하게 되어 있다.

② 소한선에서 분비되는 땀은 대한선에서 분비되는 땀에 비해 양이 적다.

③ 아포크린선 한선은 피부 표면으로 직접 열려 있다.

④ 에크린 한선은 태어날 때부터 입과 입술 일부를 제외하고는 거의 전신에 분포되어 있다.

설명

소한선(Ecrine)

- 피부 전신에 분포하고 주로 겨드랑이 및 이마, 손 · 발바닥 등에 가장 많이 존재한다.
- 체온을 조절하는 기능이 있으며, 정서적 자극에 반응한다.
- 분비선은 진피 및 피하지방층 경계부 또는 진피 아래 1/3에 존재하며, 피하지방층과 연결되는 지방조직에 둘러싸여 있다.

30. **대한선에 대한 설명으로 틀린 것을 고르시오.**

① 아포크린선이라고도 하며 소한선보다 크다.

② 소한선의 담보다 농도가 짙고 독특한 냄새가 난다.

③ 귀 언저리, 겨드랑이, 젖꼭지, 배꼽, 음부 등 몸 전체에 분포되어 있다.

④ 겨드랑이에서 악취가 나는 것을 액취증 또는 암내라고 한다.

31. **다음 설명에 해당하는 것을 고르시오.**

> 소름, 추위, 공포에 대한 반응, 모공을 수축시키는 현상은 심리적인 원인이기도 하다.

① 모모세포 ② 모유두

③ 기모근 ④ 기저세포

설명

기모근(Arrector pili muscle)은 인체의 근육과 같은 부분으로 신경계의 지시에 따라 수축한다. 기모근이 수축하면 모낭이 잡아당겨서 머리카락이 서게 된다. 소름, 추위, 공포에 대한 반응, 모공수축, 피지분비를 촉진하는 현상은 심리적인 원인이기도 하다.

32. **피하지방층의 지방 저장능력은 얼마인지 고르시오.**

① 5~10kg ② 10~15kg

③ 15~20kg ④ 20~25kg

설명

피하지방층의 지방 저장능력은 10~15kg 정도로 청소년의 복부 비만 현상은 피하지방층 부위의 저장능력을 보여주는 좋은 예이다.

33. **다음 중 면역을 담당하고 있지 않은 것을 고르시오.**

① 대식세포 ② 랑게르한스세포

③ 섬유아세포 ④ 비만세포

설명

섬유아세포(Fibroblast)는 세포간물질의 생성, 콜라겐 전도 물질, 세망섬유와 탄력섬유 등의 생성에 관여한다.

34. **두개골의 종류에 해당하지 않는 것을 고르시오.**

① 전두골 ② 접형골

③ 측두골 ④ 하악골

설명

두개골은 전두골, 두정골, 측두골, 후두골, 접형골, 사골 등 크게 6개로 구분한다.

35. **두개피 표면에서 살균작용을 하거나 세균 번식을 막는 역할을 하는 것은?**

① 피지막　② 땀샘
③ 수분　④ 멜라닌 색소

36. **기저세포층에서 과립세포층까지 중심에 핵을 가지고 있지만, 각질세포로 바뀌어 핵이 없어지는 현상을 무엇이라 하는가?**

① 각질　② 각화 현상
③ 케라티노사이트　④ 멜라노사이트

37. **다음 설명에 해당하는 것을 고르시오.**

> 배리어 존(Barrier zone)이 존재하여 과립층 하부로부터 수분유실을 저지시켜 주고, 두개피에 발생하는 다양한 피부염을 억제, 피부 트러블의 원인이 되는 층이기도 하고 과립층을 미용층이라고 한다.

① 유두층　② 망상층
③ 콜라겐　④ 엘라스틴

설명

과립층(Stratum gradulosum)은 2~5층의 과립세포로 구성되어 있고, 케라토하이알린(keratohyaline) 과립을 포함하기 때문에 이렇게 부른다.

38. **모발 초기에 세포 분열하여 발생하는 것을 고르시오.**

① 내배엽　② 외배엽
③ 중배엽　④ 중이

39. **모낭의 형성과정을 순서대로 나열한 것을 고르시오.**

① 전모아기 - 모아기 - 모항기 - 모구성 모항기 - 모낭완성
② 전모아기 - 모항기 - 모아기 - 모구성 모항기 - 모낭완성
③ 전모아기 - 모아기 - 모구성 모항기 - 모항기 - 모낭완성
④ 전모아기 - 모항기 - 모구성 모항기 - 모아기 - 모낭완성

설명

모낭은 표피에 배아층의 세포가 모여 촘촘한 집합체를 만든 모아의 세포군이 분열하며 성장한다. 이 과정은 모아 형성의 전 단계인 전모아기, 모아기, 모항기, 모구성모항기를 거쳐 모낭이 된다.

학습문제

◆ 모발 생리학 ◆

1. **모발의 결합 중 산소 원자와 수소 원자 사이에 인력에 의한 결합으로 모발의 결합 중 힘은 약하나 비중을 많이 차지하는 결합에 해당하는 것을 고르시오.**

① 수소결합　② 이온결합
③ 시스틴결합　④ 펩티드결합

설명
이온결합으로 수분은 결합이 끊어지며, 건조로 다시 연결된다. 아미노산의 산성 부위에 있는 산소 원자가 다른 아미노산의 산성 부위에 있는 수소 원자(C=O…HN)를 끌어당길 때 일어난다.

2. **모발의 성장단계로 모모세포의 분열이 저조해져 성장이 멈추는 단계에 해당하는 것을 고르시오.**

① 성장기　② 탈모기
③ 퇴화기　④ 휴지기

설명
퇴화기(Catagen)의 모구는 모유두와 분리되어 산소와 영양소 공급이 차단된다. 이로 인하여 모모세포의 분열과 멜라닌 색소의 생성도 중지된다. 모근부는 1/3 정도로 줄어들어 모구의 모양도 점점 쪼그라들게 된다. 퇴화기는 기존 모발의 퇴화와 동시에 모유두 주위에 새로운 배세포(Germ cell)가 만들어진다.

3. **에피큐티클에 대한 설명으로 틀린 것을 고르시오.**

① 모표피 중간에 위치한다.
② 친유성이다.
③ 화학제품에 대한 저항성이 크다.
④ 물리적인 자극에 약하다.

설명
모표피의 가장 바깥 부분으로 화학적 시술 및 외부의 열과 마찰 등에 의해 자극을 받는 부분이다. 물리적인 자극에 대해서는 약하나 화학제품에 대해서는 강한 저항력을 가지는 것이 특징이다. 피지선에서 분비된 피지의 영향으로 친유성을 띤다.

4. 모발의 색과 관련이 없는 미네랄을 고르시오.

① 구리 ② 망간 ③ 칼륨 ④ 철

5. 한 모낭에 모발은 몇 개가 성장하는지 고르시오.

① 1개 ② 2개 ③ 3개 ④ 4개

6. 다음 중 ( )안에 들어갈 내용으로 맞는 것을 고르시오.

> 모발의 굵기는 보통(　　)이며, 연모는 가는 모발로서 (　　) 이하이다.

① 0.05~0.065mm, 0.04mm

② 0.075~0.1mm, 0.05mm

③ 0.075~0.085mm, 0.05mm

③ 0.075~0.1mm, 0.04mm

설명

모발의 굵기(Thickness)는 보통 0.075~0.085mm이며, 모표피의 겹 수가 많으면 많을수록 모발의 두께는 굵으며, 인종, 환경, 탈모 정도에 따라 굵기를 달리하기도 하고, 연령과 건강 상태, 탈모 진행 상태 등에 따라 굵기 변화를 갖게 된다.

7. 모발을 구성하는 아미노산 중 필수 아미노산이 아닌 것은?

① 루신 ② 리신

③ 이소루신 ④ 시스틴

8. 모발이 세로로 갈라져 가지처럼 보이는 현상은 무엇인가?

① 지모 ② 단일모

③ 다고성모 ④ 축모

9. 모발의 결합구조로 알맞지 않은 것을 고르시오.

① 염 결합

② 수소 결합

③ 탄소 결합

④ 폴리펩타이드 결합

10. 모발을 태우면 특이한 향을 내게 되는데 어떤 성분 때문인가?

① 황 ② 인 ③ 수소 ④ 탄소

11. 모발을 잡아당겼을 때까지 견디고자 하는 힘이자, 가해진 하중을 무엇이라 하는가?

① 모발의 신장　② 모발의 밀도

③ 모발의 인장강도　④ 모발의 팽윤성

설명

모발을 잡아당겼을 때 끊어질 때까지 견디는 힘이자 가해진 하중을 인장강도(g)라 하며, 끊어지기 전까지 늘어난 비율을 신도(%)라고 한다.

12. 다음 설명에 해당하는 것을 고르시오.

주요 기능은 에너지 저장, 신호전달, 테스토스테론과 같은 호르몬을 만드는 데 이용되며, 세포막 구성성분의 역할을 한다.

① 지질　② 단백질

③ 수분　④ 황

설명

지질(Lipid)은 인체를 구성하는 물질 중에서 유기용매(에테르, 클로로폼, 벤젠, 석유 등)에 잘 녹고, 물에는 녹지 않는 생물학적 기원이 되는 물질이다. 지질은 자연적으로 발생하는 물질이고, 주요 기능은 에너지 저장, 신호전달, 테스토스테론과 같은 호르몬을 만드는 데 이용되며, 세포막 구성성분의 역할을 한다.

13. 다음 중 ( )안에 들어갈 내용으로 맞는 것을 고르시오.

(　　)은 모발의 85~90%의 가장 넓은 면적으로 결정영역인 (　　)과 비결정영역인 (　　)으로 구분한다.

① 모표피, 측쇄결합, 주쇄결합

② 모피질, 주쇄결합, 측쇄결합

③ 모피질, 측쇄결합, 주쇄결합

④ 모수질, 주쇄결합, 측쇄결합

설명

모피질(Cortex)은 모발의 85~90%의 가장 넓은 면적으로 결정영역인 주쇄결합과 비결정영역인 측쇄결합으로 구분한다. 결정영역 섬유다발들의 피질세포는 가장 큰 섬유다발인 거대섬유(Macro fibril)와 거대섬유를 구성하고 있는 여러 개의 미세섬유(Micro fibril), 미세섬유를 구성하고 있는 11개의 원섬유(Proto fibril)로 구성되어 있다.

14. 모발을 구성하고 있는 아미노산 중 가장 높은 비율을 차지하고 있는 것은?

① 시스틴　② 아르기닌

③ 티로신　④ 아스파라긴

15. **다음 중 ( )안에 들어갈 내용으로 맞는 것을 고르시오.**

> 모발은 ( )와 ( )로 구분되며, ( )에는 모세혈관, 기모근, 모유두, 땀샘, 기저세포, 모낭 등 여러 가지 기관들로 구성되어 있다.

① 모간부 - 모근부 - 모근부

② 모표피 - 모피질 - 모수질

③ 모간부 - 모근부 - 모간부

④ 모표피 - 모피질 - 모피질

16. **인종에 따라 모발색은 서로 다르게 만들어진다. 동양인에게서 많이 볼 수 있는 멜라닌은?**

① 페오멜라닌 ② 유멜라닌

③ 티로시나아제 ④ 도파퀴논

설명

일반적으로 모발색은 서양인은 갈색계열, 동양인은 어두운 갈색계열 또는 검정색이다. 그러나 모발을 자세히 보면 인종마다 또는 사람마다 모발색이 다르다. 이는 우리의 얼굴이 다르듯이 유전자 코드에서 발현되어 모발의 색상이 다르게 나타나기 때문이다.

17. **1가닥의 머리카락을 뽑는데 필요한 힘을 무엇이라 하는가?**

① 모발의 탄력성

② 모발의 질감

③ 모발의 인장강도

④ 모발의 고착력

18. **다음 설명에 해당하는 것을 고르시오.**

> 호르몬의 영향을 받음, 30대 이후 점차 연모화, 단단한 단백질의 결합 형태, 굵기는 0.15 ~ 0.20mm

① 취모 ② 경모

③ 연모 ④ 직모

19. **모발의 성장주기에 관한 설명으로 틀린 것을 고르시오.**

① 성장기 : 전체 모발의 80~90%이며, 수명은 평균 3~6년이며 개인의 건강 상태 등에 따라 달라질 수 있다.

② 퇴화기 : 전체 모발의 약 1~2%이며, 수명은 1~2개월이다.

③ 휴지기 : 전체 모발의 약 10%이며, 수명은 약 3~4개월이다.

④ 성장기 〉 휴지기 〉 퇴화기 순으로 진행한다.

설명

모발의 성장주기는 모발을 성장시키는 성장기(Anagen), 성장을 종료하고 모구부가 축소하는 시기인 퇴화기(Catagen), 모유두가 활동을 멈추고 모발이 두개피에 머물다가 탈모가 되는 시기인 휴지기(Talogen)로 구분한다.

20. 다음 설명으로 틀린 것을 고르시오.

① 모표피 : 모발의 약 10~15% 정도를 차지하며 비늘 모양을 겹쳐 있다.

② 모수질 : 모발의 중심부에 있으며, 존재 유무가 불확실하다.

③ 모피질 : 모발 대부분인 85~90%를 차지하고 있으며 주성분은 세라마이드이다.

④ 모표피 : 에피큐티클, 엑소큐티클, 엔도큐티클로 이루어져 있다.

설명

모표피, 모피질, 모수질 3개의 층으로 구성되어 있다. 모발은 18종의 아미노산으로 구성된 경케라틴은 모발의 80~90%, 멜라닌 색소는 3~4%, 지질은 1~8%, 수분은 10~15%, 미량원소는 0.6~1%로 구성되어 있다.

21. 유멜라닌의 생성과정으로 바른 것을 고르시오.

① 티로신 - 티로시나아제 - 산화 - 도파 - 도파퀴논 - 분사형 멜라닌

② 티로신 - 티로시나아제 - 산화 -도파 - 도파퀴논 - 과립형 멜라닌

③ 티로시나아제 - 티로신 - 도파 - 티로시나아제 - 도파퀴논 - 과립형 멜라닌

④ 티로신 - 티로시나아제 - 산화 - 도파 - 도파퀴논 - 도파크롬 - 분사형 멜라닌

설명

멜라닌 색소가 생성되는 과정은 뇌하수체에서 분비되는 색소세포 자극 호르몬으로 인하여 멜라닌생성세포에 있는 아미노산의 일종인 티로신(Tyrosine)은 티로시나제(Tyrosinase)의 산화효소작용으로 도파(DOPA)가 형성되며, 이는 다시 도파퀴논(Dopaquinone)으로 진행된다. 모모세포에서 모세포가 생성되면 멜라닌세포는 돌기를 뻗어 멜라닌 색소를 모세포에 집어넣는다.

22. 모발의 성장에 영향을 주는 요인이 아닌 것을 고르시오.

① 병적 요인

② 호르몬에 의한 요인

③ 유전적 요인

④ 기후에 의한 요인

23. 모발을 알칼리성 용액에 담근 후 당기게 되면 물에 적신 모발보다 더 작은 힘으로도 모발이 늘어나는 이유에 해당하는 것을 고르시오.

① 이온 결합이 끊어져서

② 시스틴 결합이 끊어져서

③ 폴리펩티드 결합이 끊어져서

④ 펩티드 결합이 끊어져서

24. 모표피의 특징으로 알맞은 것을 고르시오.

① 두발의 중간층이다.

② 보온 및 절연기능이 있다.

③ 황 성분이 가장 많은 부분이다.

④ 멜라닌 색소를 함유하고 있다.

25. 단백질 용해성의 알칼리제에 대한 저항성이 중간적인 성질을 지니고 있으며, 펌 또는 염색제 등의 작용을 받기 쉬운 부분을 고르시오.

① 엔도큐티클(Endo cuticle)

② 엑소큐티클(Exo cuticle)

③ 헤어큐티클(Hair cuticle)

④ 헤어 코텍스(Hair cortex)

26. 모발과 가장 가까이 접하고 있으며, 모구부에서 생성된 모발을 감싸서 완전히 각화될 때까지 보호하여 표피 밖으로 운송하는 역할을 한 후에 비듬과 같이 탈락하는 것은 어디에 해당하는지 고르시오.

① 내모근초 ② 모낭

③ 모근 ④ 모모세포

설명

내모근초는 모발의 성장과 함께 위로 밀려 올려주는 역할을 한다. 모발을 표피까지 운송하여 역할을 다 한 후에는 비듬으로 되어 떨어진다. 표피상피의 각질층과 연속되는 층으로서 피지선이 열리는 부분 아래쪽에 위치한다.

27. 다음 중 ( )안에 들어갈 내용으로 맞는 것을 고르시오.

> 모발은 보통 ( )%의 수분을 가지며, 샴푸 후는 ( )% 드라이 건조 시, ( )% 정도의 수분을 가지며 온도와 습도의 영향을 받는다.

① 10%~15%, 30%, 10%

② 5%, 50, 0%

③ 30%, 40%, 0%

④ 20%, 20%, 5%

28. **다음 중 ( )안에 들어갈 내용으로 맞는 것을 고르시오.**

> 모발은 80~90% ( )단백질로 구성되어 있으며, 그 외 멜라닌 색소 ( )% 이하, 피지 1~8%, 수분 ( )% 미량원소 등이 포함되어있다.

① 케라틴(Keratin), 3%, 10~15%

② 아르기닌(Arginine), 80%, 30%

③ 글리신(Glycine), 3%, 20%

④ 아스파르긴산(Aspartic acid), 20%, 10~15%

29. **다음 설명에 해당하는 것을 고르시오.**

> 이온 결합이라고도 말하며, 양이온(카르복실기)과 음이온(아미노기)으로 결합한다. 그러나 모발의 pH(등전점)가 산 혹은 알칼리로 바뀌게 되면 결합이 약하여 끊어지게 된다.

① 시스틴 결합

② 염 결합

③ 수소 결합

④ 폴리펩타이드 결합

설명

이온 결합으로 알칼리에 의해 결합이 끊어지며, 산에 의해 다시 연결된다. 알칼리성 아미노산 잔기와 산성 아미노산 잔기 간에 전자 궤도를 이동하여 형성되는 이온성 결합(COO^- NH^{3+})이다. 염 결합의 수는 pH에 큰 영향을 준다.

30. **다음 설명에 해당하는 것을 고르시오.**

> 결합구조 중 가장 약한 결합으로 수분으로 끊어지고 건조한 상태에서 다시 결합하게 된다. 일반적으로 결합의 재구성으로 시술을 하는 것이 드라이라고 할 수 있다.

① 이황화 결합　② 시스틴 결합

③ 염 결합　④ 수소 결합

31. **다음 설명에 해당하는 것을 고르시오.**

> 이황화 결합이라고도 말하며 아미노산 중 황(S)을 함유한 시스테인 두 개가 결합한 것으로 가로 결합 중 가장 강한 결합으로 물이나 수분 등에 의하여 끊어지진 않으나 화학적인 시술, 즉 펌제의 수소에 의하여 환원되며 산소에 의하여 산화되어 일정한 형태를 만들어 준다.

① 시스틴 결합　② 염 결합

③ 수소 결합　④ 폴리펩타이드 결합

32. **다음 중 ( )안에 들어갈 내용으로 맞는 것을 고르시오.**

> (　　)는 영양소를 공급받아 티로신에서 티로시나아제라는 효소의 작용으로 일련의 화학반응이 일어난다. 이 티로시나아제는 멜라닌 색소의 전 단계인 5-6디하이드록시인돌이 만들어진다.

① 입자형 멜라닌

② 분사형 멜라닌

③ 멜라노사이트

④ 케라티노사이트

설명

원섬유는 3개의 폴리펩티드 체인(Polypeptide chain)들로 구성되어 있고, 이들 3개의 폴리펩티드 체인들은 서로 화학적 결합들로 연결되어 있다. 원섬유는 형태상으로 용수철과 같은 나선형으로 꼬여 있으며, 이를 헬릭스(Helix) 구조라고 한다. 나선형의 꼬인 용수철 모양은 힘을 주면 늘어나고 힘을 빼면 다시 원래의 모양으로 돌아가는 특징을 갖고 있다. 이로 인하여 모발의 탄력성을 갖게 된다. 화학적 시술로 변화되기 전의 구조를 알파 헬릭스(α-helix) 구조라 하며, 변화 후의 구조를 베타 헬릭스(β-helix) 구조라고 한다.

33. **모발에 적절한 힘을 가하면 모발이 늘어나고 힘을 빼면 줄어들게 되는데, 이러한 특성은 모발의 섬유다발 중 어느 부분의 나선형 형태의 특성인지 알맞은 것을 고르시오.**

① 거대섬유　　② 원섬유

③ 미세섬유　　④ 폴리펩티드 체인

34. **모발의 하루 평균 성장은 0.4mm 정도이며, 성장기 기간을 약 5년으로 평균을 하여 계산 시, 모발 성장 길이는 얼마인가?**

① 73cm　　② 70cm

③ 83cm　　④ 80cm

35. **모발을 구성하는 아미노산은 전기적으로 +와 -의 양쪽 성질을 가지고 있다. 만약 용액이 알칼리성이면 -이온으로, 산성이면 +이온으로 존재한다. 또 용액이 중성이면 -와 +이온이 동등한 상태가 되는데, 이것을 (　　　)이라 한다.**

학습문제

◆ 탈모학 ◆

1. 하루 평균 약 몇 개의 모발이 빠지는가?

① 50~100본　　② 150~200본

③ 200~250본　　④ 250~300본

설명

동양인의 평균 모발 수는 약 10만 본으로 하루 평균 약 50~100본 정도가 빠진다. 그 이상 빠지는 것을 비정상적인 탈모라 한다. 탈모가 진행되는 원인은 매우 다양하게 발생한다. 탈모의 요인으로 유전적 요인, 호르몬 불균형, 과도한 스트레스, 영향 불균형, 혈액순환 장애, 자가면역체계 이상 등과 같은 내외적 요인과 물리적, 화학적, 환경적 요인이 복합적으로 작용한다.

2. 탈모의 특징에 관한 설명으로 틀린 것을 고르시오.

① 다양한 두개피 유형이 존재한다.

② 전두부와 두정부에 주로 발생한다.

③ 모발이 점차 가늘어지는 현상이 발생한다.

④ 일반적으로 탈모의 진행은 급격히 진행한다.

3. 테스토스테론의 특징에 관한 설명으로 틀린 것을 고르시오.

① 정자 형성

② 음경 및 음낭의 성장

③ 전립선의 성장

④ 수염, 음모, 겨드랑이털, 체모 성장

설명

정자 형성, 성욕과 성 기능 증진, 음경 및 음낭의 성장, 근육 형성과 지방분해, 수염, 음모, 겨드랑이털, 체모 성장

4. 다음 설명에 해당하는 것을 고르시오.

> 탈모 초기 정수리나 두정부의 가르마 부위에서 시작하여 둥근 원형을 띠며, 머리숱이 적어지고, 모발이 가늘어져 두개피가 보일 정도로 모발의 밀도가 낮아지는 특징이다.

① 테스토스테론

② 디하이드로테스토스테론

③ 에스트로겐

④ 안드로겐

설명

여성형 탈모는 난소기능의 저하, 폐경 등 여성호르몬인 안드로겐(Androgen)의 분비가 감소하는 40대를 전후로 급격히 나타난다.

5. 원형 탈모의 증상으로 틀린 것을 고르시오.

① 다발형 또는 그 이상 넓은 범위의 탈모는 단기간 소요된다.

② 성인의 원형 탈모증이 단발일 경우 6~7개월 치료 후에 완치할 수 있다.

③ 영유아의 경우 재발하거나 증세가 더 심화하므로 세심한 주의와 치료가 필요하다.

④ 백혈구균이 모낭 내 모구를 공격, 특별한 증상 없이 갑자기 원형 또는 타원형으로 탈모가 발생한다.

설명

① 다발형 또는 그 이상 넓은 범위의 탈모는 장기간이 소요된다.
② 성인의 원형 탈모증이 단발일 경우 6~7개월 치료 후에 완치할 수 있다.
③ 영유아의 경우 재발하거나 더 증세가 심화하므로 세심한 주의와 치료가 필요하다.
④ 백혈구가 모낭 내 모구를 공격, 특별한 증상 없이 갑자기 원형 또는 타원형으로 탈모가 발생한다.

6. 다음 설명에 해당하는 것을 고르시오.

두개피의 청결하지 못한 관리는 피지 산화물과 노화 각질로 인해 두피에 세균과 모낭충 번식에 좋은 환경을 제공하여 두개피의 심한 악취 및 홍반과 염증을 동반한다.

① 비강성 탈모　② 지루성 탈모
③ 결발성 탈모　④ 약제성 탈모

설명

지루성 탈모는 피지선에서 과도한 피지분비와 두개피의 청결하지 못한 관리는 피지 산화물과 노화 각질로 인해 두개피에 세균과 모낭충 번식에 좋은 환경을 만들어 두개피의 심한 악취와 홍반, 염증 등을 동반한다.

7. 다음 설명에 해당하는 것을 고르시오.

모발을 한 가닥씩 이식하는 방법으로 모발이 경모에 속하고, 모근이 굵은 동양인들에게 적합한 방법으로 흉터가 남지 않고 외관상 자연스러운 특징을 가지고 있다.

① 펀치법　② 미니크래프트법
③ 마이크로그래프트법　④ 단일모 식모술

설명

단일모 식모술은 모발을 한 가닥씩 이식하는 방법으로 모발이 경모에 속하고 모근이 굵은 동양인들에게 적합한 방법으로 흉터가 남지 않고, 외관상 자연스럽다는 장점이 있다.

8. **현재 시중에 판매되는 미녹시딜의 농도를 잘못 설명한 것을 고르시오.**

① 2% ② 3% ③ 4% ④ 5%

설명

미녹시딜 성분의 국소도포제는 고혈압 치료제로 사용되던 것이 부작용으로 털이 생성되는 현상을 발견, 발모제로 개발된 제품으로, 탈모 진행이 쉽게 일어나는 정수리 부위에 효과적이다. 현재 시중에 2%, 3%, 5% 제재가 판매되고 있으며, 초기에는 남성만 5% 약품을 사용하였지만, 최근에는 여성에게도 사용하여 효과를 보고 있는 것으로 알려졌다. 단, 여성의 경우 5% 약품을 사용 시 얼굴 부위에 털이 자랄 수 있어 2~3% 약품을 주로 사용하고 있다.

9. **피나스테라이드에 관한 설명으로 틀린 것을 고르시오.**

① 보통 6개월 복용 후에 효과를 볼 수 있다.
② 디하이드로테스토스테론 호르몬의 생성을 활성화한다.
③ 의사의 처방이 요구되며, 일평생 지속적으로 복용하여야 한다.
④ 보통 남성의 30%가 모발을 두껍게 하며, 80%가 탈모를 안정화한다.

설명

피나스테라이드는 남성호르몬인 안드로겐을 억제하는 약물로 로가인으로 시판되고 있다. 피나스테라이드는 양성 전립선 비대증 치료로 개발되었으나 복용 중 모발이 자라는 효과로 인하여 남성형 탈모증 치료에 사용된다.

10. **탈모의 원인과 거리가 먼 것을 고르시오.**

① 영양결핍 ② 호르몬 불균형
③ 유전적 요인 ④ 모발의 건조

11. **에스트로겐의 특징에 해당하지 않는 것을 고르시오.**

① 기초대사 유지기능
② 피부 유지보수기능
③ 근육 유지기능
④ 유선의 발육 촉진기능

12. **남성호르몬의 특징에 해당하는 것을 고르시오.**

① 피지분비 촉진

② 모발성장 촉진

③ 체모발육 억제

④ 피지분비 억제

13. **탈모를 일으키는 호르몬 중 남성에게 직접적인 영향을 미치는 호르몬은?**

① 안드로겐

② 에스트로겐

③ 디하이드로테스토스테론

④ 테스토스테론

설명

탈모를 직접 일으키는 디하이드로테스토스테론은 모낭세포의 특정 부분과 결합하여 탈모와 연관된 일련의 변화를 일으키는 원인 물질로, 성장기를 짧게 하고, 휴지기를 길게 함으로써 생장 주기를 거듭할수록 모발의 굵기가 점점 가늘어진다. 테스토스테론은 겨드랑이털과 음모의 성장에 영향을 주고 있지만, 디하이드로테스토스테론은 턱수염과 탈모에 영향을 준다.

14. **탈모증 중에 전염성이 있는 탈모증에 해당하는 것을 고르시오.**

① 지루성 탈모증

② 원형 탈모증

③ 두부백선에 의한 탈모증

④ 건선에 의한 탈모증

설명

두부백선은 피부사상균(무좀균)에 의한 피부감염에 의해 발생하는 것으로, 두부 부위에 나타나는 것을 의미한다. 일종의 버짐과 같은 형태로 두개피에 발생하는 전염성 피부염, 두상 전체에 발생할 수 있고 과다한 각질과 전염성이 있으며, 주로 어린아이에게 많이 보인다.

15. **탈모의 원인이 아닌 것을 고르시오.**

① 임신에 따른 호르몬 변화

② 두개피 마사지

③ 땀이나 피지 등이 모공을 막을 경우

④ 두개피의 혈액순환 장애

16. **탈모의 원인에 해당하지 않은 것은?**

① 스트레스 ② 호르몬 불균형

③ 규칙적인 운동 ④ 환경오염

17. **주로 여성에게 많이 일어나고 외부의 기계적 기구나 손에 의한 자극으로 일어나는 탈모증은?**

① 비강성 탈모 ② 결발성 탈모
③ 압박성 탈모 ④ 접촉성 탈모

설명
결발성 탈모는 모근부 모발에 약 80g 이상 고착력이 가해져 생기는 현상의 일종이다. 모근 손상이 올 수 있으며, 심각한 경우 부분적인 영구탈모 현상이 나타날 수 있다.

18. **탈모에 대한 사전 증상에 관한 설명으로 틀린 것을 고르시오.**

① 모발이 가늘어지는 느낌이 든다.
② 두개피가 당기고 가렵고 비듬이 생긴다.
③ 유분이 증가하고 모발 성장이 더디다.
④ 모발이 잘 끊어진다.

19. **다음 중 선천성 탈모에 해당하는 것은?**

① 유전형 탈모
② 남성호르몬성 탈모
③ 여성호르몬성 탈모
④ 고열 후의 탈모

20. **에스트로겐이 증가해 생리를 멈추고, 에스트로겐의 분비가 정상으로 돌아오면서 탈모가 진행되는 증상은?**

① 유전형 탈모 ② 남성형 탈모
③ 여성형 탈모 ④ 산후 탈모

설명
출산 후 탈모의 원인으로 임신을 하면 여성호르몬인 에스트로겐이 증가해 생리를 멈추고 임신을 유지한다. 여성호르몬의 영향으로 머리카락이 빠지지 않고 있다가 출산 후 약 2~5개월 후에 에스트로겐의 분비가 정상으로 돌아오면서 산후 탈모가 시작된다.

21. **모발의 성장주기에 따라 성장을 멈춘 모발이 자연스럽게 빠지는 현상은?**

① 이상 탈모 ② 산후 탈모
③ 자연 탈모 ④ 성장기 탈모

22. **다음 설명에 해당하는 것을 고르시오.**

전염성 피부병, 모발이 끊어지게 되며 그 자리에 그루터기가 남는다.

① 두부백선
② 건선
③ 접촉성 피부염에 의한 탈모
④ 지루성 탈모

23. **다음 탈모증 중 휴지기성 탈모증이 아닌 것은?**

① 견인성 탈모

② 분만 후, 피임약에 의한 탈모

③ 내분비질환에 의한 탈모

④ 두부백선

24. **탈모 예방과 지연을 위한 방법이 아닌 것은?**

① 두개피 타입에 맞는 샴푸를 선택해서 사용한다.

② 영양 공급을 위해 동물성 지방을 많이 섭취한다.

③ 규칙적인 식생활을 한다.

④ 두개피와 모발을 항상 청결하게 한다.

25. **다음 설명에 해당하는 것을 고르시오.**

> 전립선 비대증 치료제로 사용, 의사 처방전이 필요, 평생 지속적으로 복용. 단점으로 성욕감퇴, 발기부전 나타난다.

① 프로페시아 ② 미녹시딜

③ 판토가 ④ 소팔메토

26. **비듬균의 이상증식으로 인해 생성된 비듬이 원인으로 누구에게나 나타날 수 있는 탈모 증상은?**

① 유전형 탈모 ② 노인성 탈모

③ 비강성 탈모 ④ 결발성 탈모

설명

비강성 탈모는 비듬균의 이상증식으로 인해 생성된 비듬이 원인으로 누구에게나 나타날 수 있는 환경적 요인의 탈모이다. 그러나 비듬이 존재한다고 모두 탈모로 이어지는 것은 아니며, 어느 날 갑자기 발생할 경우, 비강성 탈모의 위험성이 높아진다.

27. **모모세포 및 모유두의 기능이 서서히 둔화하여 나타나는 현상으로 두상 전체에서 서서히 모발이 가늘어지는 형태를 보이는 탈모는?**

① 유전형 탈모 ② 노인성 탈모

③ 비강성 탈모 ④ 결발성 탈모

설명

노인성 탈모는 일반적으로 약 60세 이후에 나타나는 것으로 하루 평균 탈모량이 정상적인 성인의 탈모량에 비해 약 50본 정도 많이 빠지며, 체질 및 건강 상태 등에 따라 차이를 가지고 있다.

28. **압박성 탈모에 관한 설명으로 틀린 것을 고르시오.**

① 보통 6~7주 후에 일어나는 탈모 형태이다.

② 경증일 때 휴지기 모의 탈모 형태로 나타난다.

③ 두개피의 압박 때문에 발생한다.

④ 수술 시 두부를 고정하고 난 후 받은 압박 형태이다.

29. **모낭충에 의한 탈모에 관한 설명으로 틀린 것을 고르시오.**

① 모낭과 피지선에 기생한다.

② 1~2cm 크기의 진드기류이다.

③ 모공에 염증을 일으켜 탈모를 유발한다.

④ 데모덱스 후리큘럼과 데모덱스 브레비스 두 종류이다.

30. **피나스테리드의 효과에 관한 설명으로 틀린 것을 고르시오.**

① 보통 3개월 복용 후에 효과를 볼 수 있다.

② 디하이드로테스토스테론 호르몬의 생성을 억제한다.

③ 의사의 처방이 요구되고 일평생 지속적으로 복용해야 한다.

④ 남성의 30%가 모발을 두껍게 하며, 80%가 탈모를 안정화한다.

설명

효과는 보통 6개월 복용 후에 효과를 볼 수 있다. 디하이드로테스토스테론 호르몬의 생성을 억제한다. 의사의 처방이 요구되고 일평생 지속적으로 사용해야 한다. 보통 남성의 30%가 모발을 두껍게 한다. 80%가 탈모를 안정시킨다.

학습문제

◆ 신경학 ◆

1. **신경계가 담당하는 역할에 대하여 잘못 설명한 것을 고르시오.**

① 내·외부로부터의 자극과 환경변화에 적절하게 반응하게 한다.

② 감지된 정보를 저장된 정보와 비교·분석하여 대응하는 기능을 수행한다.

③ 신경계는 중추신경계와 교감신경계로 구분한다.

④ 말초신경계는 중추신경계의 통신망 기능을 한다.

설명

사람의 인체는 내·외부로부터의 자극과 환경변화에 적절하게 반응을 하는 중요한 기관이 신경계(Nervous system)이다. 이러한 내·외부 자극에 감지, 감지된 정보를 저장된 정보와 비교·분석하여 대응하는 기능을 수행한다. 인체에 존재하는 신경계는 말초신경에서 전달된 자극에 대해 반응을 하는 중추신경계와 중추신경계의 통신망 기능을 하는 말초신경계로 구성된다.

2. **다음 중 ( )안에 들어갈 내용으로 맞는 것을 고르시오.**

> 중추신경계는 (　　)에 존재하며, 인체 자극에 대한 흥분의 중심부 기능을 수행한다.

① 뇌와 골수　　② 뇌와 척수

③ 뇌와 척추　　④ 뇌와 뇌수

설명

중추신경계(Central Nervous System, CNS)는 뇌와 척수에 존재하며, 인체 자극에 대한 흥분의 중심부 기능을 수행한다.

3. **중추신경계에 존재하지 않는 기관을 고르시오.**

① 뇌두강　　② 감각뉴런

③ 교감신경　　④ 연합뉴런

설명

중추신경계(Central Nervous System, CNS)는 뇌두강, 척주관, 감각뉴런, 운동뉴런, 연합뉴런이 있다.

4. **감각뉴런이 담당하는 기능에 대해 바르게 설명한 것을 고르시오.**

① 자극을 전기신호의 형태로 중추신경계로 전달한다.

② 전달된 전기신호로 종합적인 판단을 한다.

③ 전기신호의 형태로 실제 작동하는 반응기에 전달한다.

④ 자극을 처리한 후 운동뉴런을 통해 반응을 내놓는다.

설명

감각뉴런은 감각기관(Sensory neuron)을 통하여 자극을 생성하게 되고, 이러한 자극은 전기신호의 형태로 중추신경계로 전달하여 그에 맞는 반응을 하게 된다.

5. **운동뉴런이 담당하는 기능을 모두 고르시오.**

① 자극을 전기신호의 형태로 중추신경계로 전달한다.

② 전달된 전기신호로 종합적인 판단을 한다.

③ 전기신호의 형태로 실제 작동하는 반응기에 전달한다.

④ 자극을 처리한 후 운동뉴런을 통해 반응을 내놓는다.

설명

운동뉴런(Motor neuron)은 감각기관을 통해 들어온 생체신호는 중추신경계의 연합뉴런에 전달, 종합적인 판단을 하게 되는데, 이러한 결과는 다시 전기신호의 형태로 실제 작동하는 반응기(Effector)에 전달된다.

6. **연합뉴런이 담당하는 기능을 모두 고르시오.**

① 자극을 전기신호의 형태로 중추신경계로 전달한다.

② 전달된 전기신호를 종합적으로 판단하고 분석한다.

③ 전기신호의 형태로 실제 작동하는 반응기에 전달한다.

④ 자극을 처리한 후 운동뉴런을 통해 반응을 내놓는다.

설명

연합뉴런은 감각뉴런을 통해 자극이 들어오게 되면 중추신경계는 그 자극을 처리한 후 운동뉴런을 통해 반응을 내놓게 된다.

7. **대뇌의 기능에 관한 설명으로 틀린 것을 고르시오.**

① 운동 조절기능

② 감각 인식 및 해석기능

③ 체온 조절기능

④ 호르몬분비기능

설명

대뇌의 기능은 운동 조절기능, 감각 인식 및 해석기능, 언어전달기능, 항상성 유지, 학습과 기억기능, 호르몬분비기능을 하며, 체온 조절은 시상하부의 기능이다.

8. **다음 설명에 해당하는 것을 고르시오.**

대뇌 피질에서 수행하며, 전두엽의 브로카 영역에서 언어의 발성을, 측두엽의 베르니케 영역에서는 언어의 이해를 담당한다.

① 운동 조절기능

② 감각 인식 및 해석기능

③ 호르몬분비기능

④ 언어전달기능

9. **다음 중 ( )안에 들어갈 내용으로 맞는 것을 고르시오.**

소뇌는 중추신경계의 일부분으로 대뇌의 기능을 보조하여 자발적인 운동 조절과 평형을 유지하는 기관으로, 조화로운 운동이 가능하게 하고 (　　)을 잡는데 중추적인 역할을 한다.

① 언어의 균형　　② 몸의 균형

③ 사고의 균형　　④ 호르몬 균형

설명

소뇌(Cerebellum)는 중추신경계의 일부분으로 대뇌의 기능을 보조하여 자발적인 운동 조절과 평형을 유지하는 기관으로, 조화로운 운동이 가능하게 하고, 몸의 균형을 잡는데 중추적인 역할을 한다.

10. **간뇌는 뇌의 가장 앞쪽부위에 속해 있으며, 감각 정보를 수용하여 대뇌 피질로 전달하는 기능을 한다. 간뇌의 부위에 해당하지 않는 것을 고르시오.**

① 시상상부　　② 시상중부

③ 시상후부　　④ 시상하부

설명

간뇌(Diencephalon)는 뇌의 가장 앞쪽의 부위에 속하는 부분으로 시상, 시상상부, 시상후부, 시상하부로 나뉜다. 간뇌는 감각 정보를 수용하여 대뇌 피질로 전달하는 기능을 한다.

11. **다음 설명에 해당하는 것을 고르시오.**

뇌간과 전뇌 사이에 위치하고, 고삐와 송과선을 포함하는 시상상부, 자율신경과 연결된 시상하부와 연결되어 있다.

① 시상상부 ② 시상밑부
③ 시상후부 ④ 시상

설명

시상은 뇌간과 전뇌 사이에 위치하고, 고삐와 송과선을 포함하는 시상상부, 자율신경과 연결된 시상하부와 연결되어 있다. 시상은 다양한 지각신경을 대뇌 피질의 지각신경 영역에 전달하는 기능을 하며, 후각을 제외한 모든 감각(촉각, 압각, 온각, 냉각, 통각)이 잠시 시상에 머물다 대뇌 피질로 전달된다.

12. **다음 설명에 해당하는 것을 고르시오.**

생체주기를 조절하는 기능의 송과체, 후각반사와 관련이 있는 고삐삼각, 동공반사에 관여하는 섬유들로 구성된 뒤교차연결 등으로 이루어진다.

① 시상상부 ② 시상밑부
③ 시상후부 ④ 시상

설명

시상상부는 대뇌의 안쪽이면서 중뇌의 앞부분에 있다. 뇌간의 가장 윗부분에 있으며 제3 뇌실을 사이에 두고 양옆에 존재한다. 대뇌 피질과 연결되어 있고, 뇌실의 측벽을 구성한다. 생체주기를 조절하는 기능의 송과체, 후각 반사와 관련이 있는 고삐삼각, 동공반사에 관여하는 섬유들로 구성된 뒤 교차연결 등으로 이루어진다.

13. **다음 설명에 해당하는 것을 고르시오.**

청각중계 중추와 시각중계 중추로 구성되어 있다.

① 시상상부 ② 시상밑부
③ 시상후부 ④ 시상

설명

시상의 뒤쪽에 위치하고 청각중계 중추와 시각중계 중추로 구성되어 있다.

14. 시상하부의 기능으로 다른 것을 고르시오.

① 체온 조절기능

② 식욕 조절기능

③ 운동 조절기능

④ 수분대사 조절기능

설명

인체 내에 들어오는 다양한 정보를 수용하여 신경 또는 내분비적으로 반응하는 기능을 한다. 컴퓨터의 중앙처리장치와 같은 부분으로 간뇌 내에 존재하고 있다. 시상하부는 시신경이 교차하는 위쪽에 위치하며, 시상하부 아래는 뇌하수체와 연결되어 뇌하수체전엽을 조절하는 기능을 한다. 시상하부는 생명 유지에 있어 절대적으로 필요한 내분비기관인 동시에 신경중추로 펩타이드 구조의 호르몬을 분비한다.

시상하부의 기능은 체온조절의 기능, 자율신경계 조절기능, 뇌하수체전엽 조절기능, 뇌하수체후엽 조절기능, 식욕 조절기능, 수분대사 조절기능, 정서활동 조절기능 등을 한다.

15. 다음 설명에 해당하는 것을 고르시오.

뇌와 함께 중추신경계의 일부이며, 몸과 뇌 사이의 중추적인 정보소통경로이다.

① 중뇌 ② 연수

③ 간뇌 ④ 척수

설명

척수(Spinal cord)는 뇌와 함께 중추신경계의 일부이며, 몸과 뇌 사이의 중추적인 정보소통경로이다. 또한 척수는 들어오는 정보를 통합하여 직접 명령을 내보내는 척수반사(Spinal reflex) 조절도 한다. 척추 내에 위치하는 중추신경의 일부분으로 감각, 운동신경들이 모두 포함된다.

16. 다음 설명에 해당하는 것을 고르시오.

중추신경계에서 뻗어 나와 온몸으로 퍼져 나간다. 말초신경이 출발하는 장소에 따라서 12쌍의 뇌신경과 31쌍의 척수신경으로 구분한다.

① 말초신경계 ② 중추신경계

③ 교감신경계 ④ 부교감신경계

설명

말초신경계(Peripheral nervous system)는 중추신경계에서 뻗어 나와 온몸으로 퍼져 나간다. 말초신경이 출발하는 장소에 따라서 12쌍의 뇌신경과 31쌍의 척수신경으로 구분한다.

17. 뇌신경 중 제2 뇌신경은 몇 개의 신경섬유로 이루어져 있는가?

① 100만 개 ② 110만 개
③ 120만 개 ④ 130만 개

18. 척수신경은 척수 앞뿔 쪽의 운동신경과 뒷뿔 쪽의 감각신경, 자율신경 일부가 합쳐진 신경이다. 각 척추뼈 사이에서 갈라져 나오며 총 몇 쌍의 신경이 존재하는가?

① 30 ② 31 ③ 32 ④ 33

설명

척수신경(Spinal nerve)은 척수 앞뿔 쪽의 운동신경과 뒷뿔 쪽의 감각신경, 자율신경 일부가 합쳐진 신경으로, 각 척추뼈 사이에서 갈라져 나오고 총 31쌍이 존재한다. 신경이 나오는 부위에 따라 경수신경 8쌍, 흉수신경 12쌍, 요수신경 5쌍, 천수신경 5쌍, 미수신경 1쌍으로 구분된다.

19. 다음 설명에 해당하는 것을 고르시오.

운동신경으로 안면의 표정근을 지배하는 운동신경과 미각에 관여하는 지각신경 및 부교감신경 섬유가 포함된 혼합신경이다.

① 제3 뇌신경 ② 제6 뇌신경
③ 제7 뇌신경 ④ 제11 뇌신경

20. 다음 중 ( )안에 들어갈 내용으로 맞는 것을 고르시오.

부교감신경은 교감신경과 길항작용을 하는 것으로 부교감신경이 긴장하면 동공은 축소하고, ( )의 분비는 증가한다.

① 침액 ② 콧물
③ 땀 ④ 눈물

21. 중추신경계에 대하여 설명하시오.

서술형

23. 간뇌의 기능에 대하여 설명하시오.

서술형

22. 대뇌의 기능에 대하여 설명하시오.

서술형

24. 척수에 대하여 설명하시오.

서술형

25. 자율신경에 대하여 설명하시오.

서술형

27. 부교감신경에 대하여 설명하시오.

서술형

26. 교감신경에 대하여 설명하시오.

서술형

학습문제

◆ 호르몬학 ◆

1. **애디슨병은 어떤 활동이 저하할 때 나타나는지 고르시오.**

① 부신수질　② 갑상선
③ 부신피질　④ 코티솔

설명

탈모에 있어서 부신피질 호르몬이 미치는 영향은 남성형 탈모의 경우 직접적인 요인은 없지만, 이차적인 영향에 의해 여타의 탈모 현상 및 두개피 문제 등이 나타날 수 있다.
부신피질 저하 시 확산성 탈모, 빈혈이 생기며, 겨드랑이털 감소, 극도의 신경 쇠약, 피부 기미 현상이 나타난다. 피로감과 함께 체중이 저하, 애디슨병의 원인이 될 수 있다.

2. **다음 설명에 해당하는 것을 고르시오.**

과다한 발한과 피지생성, 체중감소, 체온이 높아지고 열에 민감함

① 갑상선항진증　② 지루성 탈모증
③ 갑상선저하증　④ 쿠싱증후군

설명

갑상선항진증은 갑상선 기능이 과도로 활동하고 있는 상태로 기초대사의 증가에 따른 갑상선증, 자율신경계의 장애, 크레아틴(Creatine) 대사의 장애를 특징으로 한다.
탈모 관련 증상 : 과다한 발한과 피지생성, 체중감소, 체온이 높아짐으로써 열에 대해 민감, 신경질, 근육 허약, 반짝이는 눈, 갑상선종의 특징이 있다.

3. **다음 설명에 해당하는 것을 고르시오.**

체중이 증가하고 육체적 기력 감소, 건조한 모발과 피부, 확산성 탈모증을 일으키며 겨드랑이털과 음모가 적어짐

① 갑상선항진증　② 갑상선저하증
③ 건선　④ 산후 탈모

설명

갑상선저하증은 성인에게서는 여성에게 많으며, 기초대사율의 감소로 인한 체중의 증가, 권태감, 무기력, 추위에 대한 민감 및 월경 이상 등의 특징을 갖는다. 탈모 관련 증상은 확산성 탈모증을 일으키며, 겨드랑이털과 음모가 적어지는 경향이 있다.

4. **멜라토닌의 작용으로 틀린 것을 고르시오.**

① 노화 및 산화 방지 ② 생체리듬 조절

③ 성선자극호르몬 생성 ④ 성장호르몬 조절

설명

간뇌의 송과선에서 세로토닌에 의해 생성되는 물질로 산화 방지물질이며, 테스토스테론, 성장호르몬, 코티솔 등의 호르몬분비에 관여한다. 멜라토닌은 일조량이 짧아지는 겨울철에 많이 분비되며, 체내에서 저지방 콜레스테롤의 수치를 낮추고, 신체 리듬 조절, 노화 방지 등의 기능을 한다. 성선자극호르몬은 뇌하수체전엽호르몬이다.

5. **다음 중 모발과 관계없는 호르몬을 고르시오.**

① 갑상선호르몬 ② 코티솔

③ 성호르몬 ④ 임파선

6. **호르몬의 생성방식에 따른 종류로 맞지 않는 것을 고르시오.**

① 측분비호르몬 ② 내분비호르몬

③ 자가분비호르몬 ④ 갑상선호르몬

설명

호르몬은 생성되는 방식에 따라 내분비호르몬, 측분비호르몬, 자가분비호르몬으로 구분된다.

7. **내분비호르몬으로 맞지 않는 것을 고르시오.**

① 췌장에서 분비되는 인슐린, 글루카곤이 있다.

② 갑상선에서 분비되는 갑상선호르몬이 있다.

③ 시상하부에서 분비되는 방출호르몬이 있다.

④ 뇌하수체전엽에서 분비되는 성장호르몬이 있다.

설명

내분비호르몬은 췌장에서 분비되는 인슐린, 글루카곤, 부신피질에서 분비되는 부신피질호르몬, 뇌하수체전엽에서 분비되는 성장호르몬, 갑상선에서 분비되는 갑상선호르몬, 난소에서 분비되는 에스트로겐, 고환에서 분비되는 테스토스테론이 있다.

8. **내분비호르몬에 해당하는 것을 고르시오.**

① 성선자극호르몬

② 갑상선호르몬

③ 황체자극호르몬

④ 갑상선자극호르몬

9. **측분비호르몬에 해당하는 것을 모두 고르시오.**

① 엔도르핀 ② 멜라토닌

③ 세라토닌 ④ 인슐린

설명

측분비호르몬은 시상하부에서 뇌하수체로 방출되는 호르몬과 같이 혈액을 통해 분비되지 않고, 미리 정해져 있는 짧은 경로를 통해 방출되는 호르몬을 말한다. 송과체에서 분비되는 멜라토닌, 세라토닌이 있으며, 시상하부에서 분비되는 방출호르몬이 있다.

10. **다음 설명에 해당하는 것을 고르시오.**

> 에이코사노이드는 세포와 세포 사이에 정보전달이라는 역할을 하는 호르몬으로 여타의 모든 호르몬에 영향을 미치며, 노화에 따른 내분비호르몬 감소 시 호르몬의 정보전달에 관여한다.

① 측분비호르몬 ② 내분비호르몬
③ 자가분비호르몬 ④ 뇌하수체호르몬

설명

자가분비호르몬은 생체 내 세포의 분비물을 통해 작용하는 호르몬으로 세포에서 합성되는 생리활성물질인 에이코사노이드(Eicosanoide)가 대표적인 자가분비호르몬이다. 에이코사노이드는 세포와 세포 사이에 정보전달이라는 역할을 하는 호르몬으로 여타의 모든 호르몬에 영향을 미치며, 노화에 따른 내분비호르몬 감소 시 호르몬의 정보전달에 관여한다.

11. **다음 설명에 해당하는 것을 고르시오.**

> 체내호르몬의 분비를 조율하는 호르몬으로 전반적인 신진대사 운영에 중요한 작용을 한다고 말할 수 있다.

① 측분비호르몬 ② 내분비호르몬
③ 자가분비호르몬 ④ 뇌하수체호르몬

12. **다음 설명에 해당하는 것을 고르시오.**

> 단백성(폴리펩티드)의 호르몬으로, 뼈의 성장, 단백질합성 등 대사를 촉진하여 성장을 촉진한다.

① 성장호르몬
② 갑상선자극호르몬
③ 성선자극호르몬
④ 황체자극호르몬

설명

성장호르몬(Growth hormone, GH) : 단백성(폴리펩티드) 호르몬으로, 뼈의 성장, 단백질합성 등 대사를 촉진하여 성장을 촉진한다.

13. **다음 설명에 해당하는 것을 고르시오.**

> 여성에서는 난포자극호르몬과 황체형성호르몬이 있고, 난소에 작용하며 상호보완적으로 난포의 성숙, 배란을 재촉하여 황체를 형성시킨다.

① 성장호르몬

② 갑상선자극호르몬

③ 성선자극호르몬

④ 황체자극호르몬

14. **황체자극호르몬에 관하여 맞는 것을 고르시오.**

① 유선의 발육을 촉진시킨다.

② 글루코코르티코이드를 분비시킨다.

③ 전신의 세포에 작용하여 산화를 촉진시킨다.

④ 뼈의 성장, 단백질합성 등 대사를 촉진하여 성장을 촉진한다.

15. **다음 설명에 해당하는 것을 고르시오.**

> 멜라닌세포자극호르몬이 분비되어 멜라닌세포의 멜라닌과립을 세포 내에 확산시킨다고 한다.

① 뇌하수체 전엽호르몬

② 뇌하수체 중엽호르몬

③ 뇌하수체 후엽호르몬

④ 부신피질호르몬

16. **다음 중 남성호르몬에 관하여 틀린 것을 고르시오.**

① 근육 형성, 체형, 지방 분포 및 피지분비에 영향을 준다.

② 수염, 체모, 성기, 후두의 형성과 성장에 영향을 준다.

③ 정자생성 및 성욕 증진과 월경, 음낭의 성장 작용을 한다.

④ 심근경색과 골다공증을 예방한다.

설명

남성호르몬의 작용은 근육 형성, 체형, 지방 분포 및 피지분비에 영향, 수염, 체모, 성기, 후두의 형성과 성장에 영향, 정자생성 및 성욕 증진과 월경, 음낭의 성장 작용을 한다.

17. **뇌하수체 후엽호르몬으로 틀린 것을 고르시오.**

① 성선자극호르몬 ② 항이뇨호르몬
③ 옥시토신 ④ 엔도르핀

설명

뇌하수체 후엽호르몬의 종류는 항이뇨호르몬(Antidiuretic hormone, ADH), 옥시토신(Oxytocin), 엔도르핀(Endorphin)이 있다.

18. **다음 설명에 해당하는 것을 고르시오.**

> 모르핀을 대표로 하는 마약성 진통약의 수용체인 오피에이트(아편제) 수용체에 특이하게 결합한다.

① 성선자극호르몬 ② 항이뇨호르몬
③ 옥시토신 ④ 엔도르핀

설명

엔도르핀(Endorphin)은 뇌하수체 후엽호르몬으로 모르핀과 같은 물질로 1976년에 동물 뇌의 시상하부 뇌하수체 후엽에서 추출된 물질을 분석한 결과 모르핀과 같은 펩타이드 성분이 확인되었다. 모르핀을 대표로 하는 마약성 진통약의 수용체인 오피에이트(아편제) 수용체에 특이하게 결합한다.

19. **부신피질 저하 시 나타나는 현상을 고르시오.**

① 쿠싱증후군의 원인이 될 수 있다.
② 체중 증가에 따른 과도한 지방이 축적된다.
③ 애디슨병의 원인이 될 수 있다.
④ 황체의 유지 및 분비를 촉진시킨다.

설명

부신피질 저하 시, 확산성 탈모가 나타나며, 빈혈이 생긴다. 겨드랑이털이 감소한다. 신경이 극도로 쇠약해진다. 피부 기미 현상이 나타난다. 피로감과 함께 체중이 저하된다. 애디슨병의 원인이 될 수 있다.

20. **다음 중 ( )안에 들어갈 내용으로 맞는 것을 고르시오.**

> 간뇌의 (   )에서 세로토닌에 의해 생성되는 물질로 일몰 후 분비되는 호르몬으로 강력한 산화 방지물질이며, 테스토스테론, 성장호르몬, 코티솔 등의 호르몬 분비에 관여한다.

① 송과선 ② 소뇌
③ 시상 ④ 시상하부

21. **호르몬의 역할에 관하여 서술하시오.**

서술형

학습문제

◆ 영양학 ◆

1. **5대 영양소에 관한 설명으로 틀린 것을 고르시오.**

① 비타민 ② 탄수화물
③ 단백질 ④ 아미노산

설명

음식 등을 섭취하여 혈액과 근육, 뼈, 피부, 모발 등 여러 가지 체내성분을 합성한다. 인체의 성장발달에 필수적인 물질로서 에너지를 공급하며, 사람의 생명과 건강을 유지시켜 주는 역할을 한다. 이를 구성하는 5대 영양소에는 탄수화물, 단백질, 지방, 비타민, 무기질이 있다.

2. **탄수화물의 단당류에 관한 설명으로 틀린 것을 고르시오.**

① 포도당 ② 맥아당
③ 과당 ④ 갈락토오스

설명

탄수화물(Carbohydrates)은 체세포에 에너지를 공급시키는 중요한 역할로, 에너지 공급의 주된 요인이 대부분의 탄수화물에서 얻어지는 포도당이다. 당질은 가수분해가 되어 생성되는 단당류의 수에 따라 단당류와 이당류, 다당류 등으로 분류한다. 단당류는 한 분자의 당으로만 이루어졌으며, 포도당, 과당, 갈락토오스가 있다. 이당류는 맥아당과 자당, 유당이 있다.

3. **탄수화물의 다당류에 관한 설명으로 틀린 것을 고르시오.**

① 전분 ② 글리코겐
③ 식이섬유소 ④ 유당

설명

다당류는 여러 분자의 단당류가 결합된 것으로 전분과 글리코겐이 있고 식생활에서 가장 많이 섭취하는 식이섬유소이다. 다당류는 전분, 글리코겐, 식이섬유소가 있다.

4. **다음 중 필수 아미노산이 아닌 것을 고르시오.**

① 리신 ② 페닐알라닌

③ 트레오닌 ④ 티로신

설명

필수 아미노산은 아르기닌(Arginine) 히스티딘(Histidine), 이소루이신(Isoleucine), 루이신(Leucine), 리신(Lysine) 메티오닌(Methionine), 페닐알라닌(Phenylalanine), 트레오닌(Threonine), 트립토판(Tryptophan), 발린(Valine)이 있다.

5. **다음 중 비필수 아미노산이 아닌 것을 고르시오.**

① 아스파라긴산 ② 시스테인

③ 글리신 ④ 발린

6. **지용성 비타민인 비타민 A의 결핍으로 나타나는 증상을 고르시오.**

① 야맹증, 두개피 건조증 및 각질, 모공각화증

② 구루병, 골다공증, 건선경화증

③ 성장 불량, 근육 및 신경세포의 손상, 적혈구 용혈빈혈

④ 습진, 피부염, 혈액 응고 지연

설명

비타민 A는 부신과 갑상선기능, 골격 성장, 항산화 작용을 하며, 부족하면 야맹증, 두피 건조증 등이 나타나고, 많으면 피부 및 모발 건조, 피부 박리 등이 나타난다.

7. **나트륨 결핍으로 나타나는 증상을 고르시오.**

① 피부 건조, 피곤함, 근육 약화, 내분비장애, 구루병

② 저혈압, 집중력 저하, 피로감, 불안, 근육경련

③ 소화흡수 저하

④ 신경질환, 권태감, 두피 탄력 저하, 변비, 불면증

설명

나트륨(Na)은 근육의 자극 및 수축, 체내 수분 순환 등의 작용을 하며, 부족하면 저혈압, 집중력 저하, 피로감, 불안, 근육경련 등이 나타난다.

8. **칼륨 결핍으로 나타나는 증상을 고르시오.**

① 피부 건조, 피곤함, 근육 약화, 내분비장애, 구루병

② 저혈압, 집중력 저하, 피로감, 불안, 근육경련

③ 소화흡수 저하

④ 신경질환, 권태감, 두피 탄력 저하, 변비, 불면증

설명

칼륨(K)은 세포액의 보전 및 정상적인 삼투압과 수분의 균형유지 등의 작용을 하며, 부족하면 신경질환, 권태감, 두피 탄력 저하, 불면증 등이 나타난다.

9. 황 결핍으로 나타나는 증상을 고르시오.

① 피부 건조, 피곤함, 근육 약화, 내분비장애, 구루병

② 모발이나 피부, 손톱을 약하고 거칠게 함

③ 소화흡수 저하

④ 신경질환, 권태감, 두피 탄력 저하, 변비, 불면증

설명

황(S)은 조직의 호흡작용, 생물적 산화 과정에 관여 등의 작용을 하며, 모발이나 피부, 손톱을 약하고 거칠게 한다.

10. 피로, 불면증, 고혈압, 당뇨, 탈모, 모발 약화, 백모와 같은 증상이 나타나면 어떠한 미네랄이 체내에서 부족 시 나타나는가?

① 마그네슘 ② 인

③ 마간 ④ 철

11. 골다공증, 탈모, 골격 및 치아, 손톱이 약해짐, 근육통, 심장 두근거림, 불면증과 같은 증상은 어떤 무기질이 체내에서 부족할 때 나타나는가?

① 칼슘 ② 마그네슘

③ 황 ④ 칼륨

12. 탄수화물의 최종분해 산물은 무엇인가?

① 아미노산 ② 글리세롤

③ 포도당 ④ 글리코겐

13. 다음은 미량 무기질 중 철 작용에 대한 설명으로 맞는 것을 고르시오.

① 갑상선호르몬의 합성, 성장, 세포 대사에 관여, 기초대사율 조절

② 산소운반, 탄산가스 제거

③ 지방질 및 탄수화물 대사에 관여, 갑상선호르몬 생산

④ 콜레스테롤의 신진대사에 관련, 혈관 벽의 탄력성

14. **다음은 미량 무기질 중 요오드 작용에 대한 설명으로 맞는 것을 고르시오.**

① 갑상선호르몬의 합성, 성장, 세포 대사에 관여, 기초대사율 조절

② 산소운반, 탄산가스 제거

③ 지방질 및 탄수화물 대사에 관여, 갑상선호르몬 생산

④ 콜레스테롤의 신진대사에 관련, 혈관 벽의 탄력성

15. **다음은 미량 무기질 중 셀레늄 작용에 대한 설명으로 맞는 것을 고르시오.**

① 단백질과 탄수화물 대사에 관여, 상처 회복, DHT의 대사에 관여

② 세포막 유지, 항산화제 항체 형성과 아미노산 대사에 작용

③ 지방질 및 탄수화물 대사에 관여, 갑상선호르몬 생산

④ 콜레스테롤의 신진대사에 관련, 혈관 벽의 탄력성

16. **다음은 지용성비타민 중 비타민 A의 작용으로 맞는 것을 고르시오.**

① 부신과 갑상선기능, 시력과 상피세포기능 유지, 골격 성장, 항산화제 작용

② 탈모 후 모발재생, 뼈 성장, 칼슘과 인의 대사 관여

③ 피부 노화방지, 혈액순환 촉진, 항산화제, 세포 호흡

④ 혈액 응고, 세포 신진대사의 산화

17. **다음은 지용성 비타민 중 비타민 D의 작용으로 맞는 것을 고르시오.**

① 부신과 갑상선기능, 시력과 상피세포기능 유지, 골격 성장, 항산화제 작용

② 탈모 후 모발재생, 뼈 성장, 칼슘과 인의 대사 관여

③ 피부 노화 방지, 혈액순환 촉진, 항산화제, 세포 호흡

④ 혈액 응고, 세포 신진대사의 산화

설명

비타민 D(칼시페놀)는 탈모 후 모발재생, 뼈 성장, 칼슘과 인의 대사에 관여하고, 부족하면 구루병, 골다공증, 건선경화증 등이 나타나며, 많으면 탈모, 구토, 신장이나 심장 손상 등이 나타난다.

18. **다음은 무기질 인이 풍부하게 함유된 식품을 고르시오.**

① 우유 ② 젓갈
③ 육류 ④ 양조용 효모

설명
인(P)이 풍부한 식품은 우유, 유제품, 곡류, 콩류, 미꾸라지, 해조류 등이 있다.

19. **다음은 무기질 나트륨이 풍부하게 함유된 식품을 고르시오.**

① 곡류 ② 김치
③ 생선 ④ 오렌지

설명
나트륨(Na)이 풍부한 식품은 젓갈, 김치, 간장, 가공식품, 짠 음식 등이 있다.

20. **다음은 무기질 마그네슘이 풍부하게 함유된 식품을 고르시오.**

① 양파 ② 바나나
③ 통밀 ④ 아스파라거스

설명
마그네슘(Mg)이 풍부한 식품은 견과류, 코코아, 대두, 통밀, 해조류 등이 있다.

21. **다음은 무기질 염소가 풍부하게 함유된 식품을 고르시오.**

① 달걀 ② 간장
③ 미꾸라지 ④ 해조류

설명
염소(Cl)가 풍부한 식품은 육류, 생선, 곡류, 콩류, 채소, 달걀, 견과류 등이 있다.

22. **다음은 무기질 황이 풍부하게 함유된 식품을 고르시오.**

① 해조류 ② 짠 음식
③ 견과류 ④ 치즈

설명
황(S)이 풍부한 식품은 양파, 마늘, 치즈, 유제품, 아스파라거스 등이 있다.

23. **다음 미량 무기질 중 철이 풍부하게 함유된 식품을 고르시오.**

① 육류 ② 해조류
③ 곡류 시리얼 ④ 굴

설명

철(Fe)은 인체 내에 미량으로 존재하나 매우 중요한 필수 영양소이며, 철분은 체내에 산소를 공급해 주는 헤모글로빈의 구성 성분으로 산소를 각 조직으로 운반해 주는 역할을 한다. 철이 풍부한 식품은 굴, 시금치, 소고기, 아몬드, 새우, 호박씨, 두부 등이 있다.

24. 다음 미량 무기질 중 망간이 풍부하게 함유된 식품을 모두 고르시오.

① 해산물 ② 견과류

③ 채소류 ④ 육류

설명

망간(Mn)이 풍부한 식품은 땅콩, 호두 등의 견과류와 콩류, 도정하지 않은 곡류로 만든 시리얼 및 전분류, 채소 및 과일류 등이 있다.

25. 다음 미량 무기질 중 셀레늄이 함유되어 있지 않은 식품을 고르시오.

① 육류 ② 해산물

③ 견과류 ④ 인삼

설명

셀레늄(Selenium)이 풍부한 식품은 육류의 살코기나 내장, 해산물, 곡류, 유제품, 과일, 채소 등이 있다.

26. 다음 중금속의 특징이 올바르게 짝지어진 것을 고르시오.

① 비소 - 조리도구, 탈취제, 식탁용 소금, 일부 재산제

② 납 - 폴리염화비페닐(PCB), 살균제, 치아 충전제, 농약

③ 수은 - 석유, 수도관 파이프, 페인트, 일부 연모제

④ 카드뮴 - 담배와 담배 연기, 살충제, 카드뮴을 함유한 수도관을 따라 흐르는 물

27. 다음 중금속의 작용이 인체에 작용하는 영향이 올바르게 짝지어진 것을 고르시오.

① 알루미늄 - 변비, 식욕 저하, 에너지 저하, 근육 경련, 기억력 감퇴, 건망증

② 수은 - 두통, 기억력 저하, 신장의 문제, 아이들의 과다활동성, 학습장애

③ 납 - 감각 손상, 식욕과 체중 저하, 불면증, 어지럼증, 두통, 감정적 장애

④ 비소 - 수치가 높으면 신장 손상, 폐 문제, 고혈압, 피로감, 체중감소

28. 하루 물 섭취 권장량은 얼마인가?

① 1~1.5L ② 1.5~2L

③ 2~2.5L ④ 2.5~3L

29. **두개피 건강을 위해 섭취해야 할 음식을 고르시오.**

① 인스턴트식품

② 자양강장제

③ 동물성 지방이 많은 음식

④ 파이토케미컬

30. **단당류의 갈락토스는 어떤 식품에 많이 함유되어 있는가?**

① 과일즙　② 곡류

③ 동물의 유즙　④ 채소

학습문제

◆ 기기학 ◆

1. **진단기 사용 시 주의사항이 아닌 것을 고르시오.**

   ① 진단기 사용 시 고객의 세정 시간대 체크
   ② 사용 전 진단기 렌즈 부위 살균, 소독
   ③ 고객과 일정한 거리 유지
   ④ 손을 이용한 육안 검사 및 각질량 체크

2. **모발 진단기로 두개피 상태를 확인하기 위해 몇 배율의 렌즈를 사용하는가?**

   ① 100~200 ② 200~400
   ③ 400~600 ④ 600~800

3. **모발 진단기로 모발 상태를 확인하기 위해 몇 배율의 렌즈를 사용하는가?**

   ① 100~200 ② 200~400
   ③ 400~600 ④ 600~800

4. **두개피와 모발기기의 성능이 잘못 연결된 것을 고르시오.**

   ① 확대경 - 두개피 각질, 비듬, 염증 상태 등 모발 상태를 확인 가능
   ② 음파진동기 - 세포를 자극하여 혈액순환 촉진, 두피 대사 활성화
   ③ 갈바닉 - 제품의 흡수에 효과적, 혈액순환 억제
   ④ 스티머 - 노화된 각질 및 노폐물 연화

5. **다음 설명에 해당하는 것을 고르시오.**

   - 원리 : 수분 공급을 통해 연화작용
   - 효과 : 스케일링 시 제품의 연화 작용과 부작용을 예방, 두개피와 모발에 수분 공급, 온열작용을 통한 모공 확장과 혈액순환 촉진

   ① 스티머 ② 저주파
   ③ 워터퍼치 ④ 고주파

6. **다음 설명에 해당하는 것을 고르시오.**

- 원리 : 10khz 이하의 교류 전류 이용
- 효과 : 근육의 통증 및 신경조직을 자극하여 진정, 혈액순환을 촉진시켜 두개피 정상화와 면역력 향상

① 스티머 ② 저주파
③ 워터퍼치 ④ 고주파

7. **다음 설명에 해당하는 것을 고르시오.**

- 원리 : 수압 및 수류, 진동을 통해 두피 세정
- 효과 : 모공 주변에 노화된 각질 및 이물질 제거, 영양분의 모공 내 흡수율을 높임

① 스티머 ② 저주파
③ 워터퍼치 ④ 고주파

8. **다음 설명에 해당하는 것을 고르시오.**

진동샴푸 마사지기(분당 1,500회)는 강한 진동을 통하여 두개피를 세정 및 마사지를 하므로 혈액순환을 활성화, 두개피 상태를 개선한다.

① 전동샴푸 마사지기 ② 전동 샴푸기
③ 두피 세정기 ④ 스티머

9. **다음 설명에 해당하는 것을 고르시오.**

- 원리 : 미세음파(분당 120회)에서 강한 음파(분당 480회)의 진동
- 효과 : 경혈, 근막, 두피 및 얼굴 등 음파진동을 통해 뭉친 근육과 신경조직을 자극

① 스티머 ② 적외선
③ 저주파 ④ 음파진동기

10. **진단기로 진단하는 목적에 해당하는 것을 고르시오.**

① 이윤추구
② 생리적, 병리적 원인 파악
③ 제품 판매
④ 전문적 이미지를 남기기 위해

11. **미안술에 사용하는 적외선 등에 관한 설명으로 틀린 것을 고르시오.**

① 온열 자극을 주어 혈액순환을 촉진한다.

② 피부의 조직 심부 6mm 정도까지 침투한다.

③ 60cm 떨어진 위치에서 5~7분간 조사한다.

④ 불가시광선으로 파장이 650~1,400mu이다.

12. **저주파 사용이 가능한 사람은?**

① 급성병을 앓고 있는 사람

② 악성종양을 앓고 있는 사람

③ 전염병을 앓고 있는 사람

④ 정상피부인 사람

13. **관리용 기기 사용의 목적이 아닌 것을 고르시오.**

① 제품의 효과적인 경피 흡수

② 정확한 분석

③ 제품에 의한 두개피부 트러블 예방

④ 기기의 기능을 이용함으로써 두개피 문제점 해결 및 탈모 예방

14. **다음 설명에 해당하는 것을 고르시오.**

> - 원리 : 멸균 식염수와 산소가 고압 분사 장치를 통해 두개피에 피지나 노폐물 제거
> - 효과 : 다량의 산소공급, 두개피의 신진대사 활성, 노화 두개피부 각질을 개선 및 예방

① 스티머 ② 적외선

③ 저주파 ④ 제트필

15. **다음 설명에 해당하는 것을 고르시오.**

> 노즐의 수압과 수류 및 진동을 이용한 세정작용을 하는 기기, 모공 주변 피지, 노화, 각질, 이물질 제거, 진동을 통한 두피 마사지는 혈액순환 촉진

① 스티머

② 적외선

③ 저주파

④ 두피세정기(워터펀치)

16. **다음 설명에 해당하는 것을 고르시오.**

> 이 기기는 1분당 1,500회의 강한 진동을 통해 두개피를 세정 및 마사지, 혈액 순환을 활성화, 두개피 개선 및 상처나 염증이 있는 부위 시술 시 주의

① 스티머

② 적외선

③ 전동샴푸

④ 두피세정기(워터펀치)

17. **적외선이 피부에 침투했을 때 주로 어떤 작용을 미용 기술상으로 이용하는가?**

① 온열자극

② 비타민 D 생성

③ 근육의 수축 운동

④ 지각신경의 자극

18. **미용기기 사용 시 주의해야 할 대상이 아닌 것을 고르시오.**

① 임산부

② 비만자

③ 피부 질환자

④ 몸 안에 금속이 들어 있는 경우

19. **다음 중 미용기기가 아닌 것을 고르시오.**

① 적외선

② 메조건(메조테라피)

③ 워터퍼치

④ 저주파

학습문제

◆ 상담학 ◆

1. **트리콜로지스트(두피관리사)의 조건으로 맞지 않는 것을 고르시오.**

① 정확한 정보와 전문지식을 갖고 진단을 한다.

② 관리사의 주관적인 판단으로 관리한다.

③ 관리 제품에 대한 지식과 정보를 갖춘다.

④ 두개피 관리에 대한 동기 부여를 한다.

설명

고객 상담은 고객과의 의사소통을 통하여 자료(Data)를 얻게 된다. 이러한 자료를 전문적인 지식과 경험을 통하여 정보(Information)로 가공하고, 고객의 정보와 전문가적인 지식을 바탕으로 고객에게 진행되는 과정 등을 상세하게 설명하고 제안을 하는 것을 컨설팅 세일즈(Consulting sales)라고 한다.

2. **트리콜로지스트의 자세가 아닌 것을 고르시오.**

① 시술하기 편안한 복장을 착용한다.

② 신발은 편안한 것을 신고, 발소리가 나도록 한다.

③ 반지, 귀걸이 등 액세서리를 착용하지 않는다.

④ 효과적인 상담을 위해 고객의 말에 귀 기울인다.

설명

상담자의 자세

- 큰 소리로 이야기하거나 크게 웃지 않는다.
- 고객에게 반말과 단적인 표현은 하지 않는다.
- 상담자는 앉아 있을 때 다리를 꼬거나 내려앉지 않는다.
- 필요하다면 약간의 몸짓을 통하여 고객에게 이해도를 높여준다.
- 효과적인 상담을 위해서는 고객의 말에 귀 기울이는 태도가 중요하다.
- 상담자가 손을 많이 흔들거나 팔짱을 낀다면 고객에게 거만하게 비칠 수 있으므로 주의한다.

3. **두피관리실의 위생 및 환기에 잘못된 것을 고르시오.**

① 일회용이어도 깨끗하면 다시 사용할 수 있다.

② 사용했던 모든 도구는 항상 소독한다.

③ 실내공기가 탁하지 않게 항상 환기를 자주 한다.

④ 관리실의 적정한 온도를 유지한다.

4. **고객이 집에서도 지속적인 관리를 할 수 있도록 조언하는 것은?**

① 적절한 프로그램 선택

② 홈케어 지도

③ 정확한 진단

④ 두피관리

5. **상담의 목적이 아닌 것을 고르시오.**

① 고객의 잘못된 습관을 깨닫게 한다.

② 관리사의 지시대로 무조건 따르게 한다.

③ 정확한 정보와 지식전달로 고객의 인식이나 태도를 바꾸게 한다.

④ 개선된 생활습관을 유지하도록 도와준다.

설명

고객 상담은 고객과의 대화에서 전문적 지식을 활용하여 문제를 해결하는 과정이며, 두개피 관리 상담의 목적은 3단계로 나누어진다.

- 문제의 원인을 파악하여 정보와 지식을 전달하여 고객의 인식이나 태도를 바꾸도록 도와준다.
- 문제점의 원인을 개선할 수 있게 좋은 생활습관으로 변화하도록 도와준다.
- 개선된 생활습관을 유지하도록 도와준다.

6. **상담카드 작성 시 필요하지 않은 것을 고르시오.**

① 성별 및 결혼 여부　② 직업과 학력

③ 키와 몸무게　④ 전화번호

7. **만족스러운 관리실의 기본적인 조건에 해당하지 않은 것을 고르시오.**

① 고객 만족　② 체계적인 메뉴

③ 영리추구　④ 손님에 대한 예의

8. **관리실에 대한 설명 중 잘못 설명한 것을 고르시오.**

① 독립된 공간을 가진다.

② 화려한 실내장식과 활기찬 음악을 제공한다.

③ 편안하고 안락한 분위기를 느끼게 해준다.

④ 조용하고 편안한 음악을 제공한다.

9. **고객유치 상담 시 주의사항이 아닌 것을 고르시오.**

① 권위적인 상담

② 의료영역의 전문 관리

③ 관리법에 대한 다양한 방법과 제시

④ 균일한 상담

10. **첫 방문 고객에 대한 상담법이 아닌 것을 고르시오.**

① 현 상태의 문제점

② 비용적인 측면

③ 관리기간의 효과

④ 치료될 수 있다는 확실한 답변

11. **부정적인 생각을 지닌 고객의 상담 내용이 아닌 것을 고르시오.**

① 다양한 관리방법 및 설명

② 기존 관리와 차이점

③ 비관리 시의 문제점

④ 재 타켓팅 설명

12. **관리 중 상담 내용을 고르시오.**

① 추후 재방문 가격에 대한 사항

② 관리 효과에 대한 만족도

③ 관리 중 불만 사항

④ 고객의 홈케어 및 라이프스타일

설명

관리 중 상담은 관리 효과를 향상하기 위한 과정으로, 고객에게 정확한 관리프로그램을 통해 관리하면서 관리 중의 불편사항이나 두개피 호전도에 따른 프로그램 변화 등의 상담을 진행함으로써 관리 효과를 증대시키는 데 있다.

13. **관리 종결 후 상담 내용에 속하지 않은 것을 고르시오.**

① 관리에 대한 만족도

② 정기적인 관리에 대한 필요성 설명

③ 문제성 두피에 관한 재설명 및 가격

④ 추후 발생할 수 있는 현상에 대한 설명

설명

관리 후의 상담은 관리센터에서의 관리가 끝난 상태에서 관리 과정상 개선된 두개피 관리 효과를 계속해서 유지하고, 두개피 관리 효과를 지속해서 유지할 수 있도록 생활 방식과 두개피 관리요령을 안내해주는 것으로, 트리콜로지스트로서 전문적 지식을 통한 안내와 자세한 설명이 필요하다.

14. **상담의 요소에 해당하지 않은 것을 고르시오.**

① 상담자의 전문지식

② 고객의 문제해결 방안

③ 고객 문제점 치유

④ 상담자의 고객과의 목적

15. 트리콜로지스트의 복장 및 위생상태가 바르지 않은 것을 고르시오.

① 다리를 꼬고 앉지 말고 높은 굽의 신발을 착용한다.

② 앉아 있을 때는 의자 뒤에 엉덩이를 붙여서 앉는다.

③ 큰 소리로 이야기하거나 웃지 않는다.

④ 손톱, 머리상태, 복장을 항상 깨끗하게 하여야 한다.

16. 상담 후 고객의 주의사항에 해당하지 않은 것을 고르시오.

① 관리 기간에 발생하는 이상 현상 묵인

② 복용하는 약 상담

③ 홈케어의 철저한 상담

④ 꾸준한 노력이 필요함을 인식시킨다.

17. 트리콜로지스트의 역할 중 전문가의 역할에 해당하지 않은 것을 고르시오.

① 인체의 구조 ② 영양학

③ 비만관리 ④ 기기학

18. 다음 중 관리사의 상담 태도로 바르지 않은 것을 고르시오.

① 정확한 전문지식 전달

② 비교분석을 통한 상담

③ 비효과에 대한 고객의 책임 전가

④ 고객의 심리적인 상담

19. 관리 종결 후 상담 시 주의사항이 아닌 것을 고르시오.

① 홈케어를 적극적으로 권장한다.

② 고객에 대한 장기적인 배려와 관심을 둔다.

③ 두개피 관리는 평생 관리임을 인식하게 한다.

④ 고객의 꾸준한 노력이 필요함을 항상 인식시킨다.

20. 관리 상담 시 주의사항이 아닌 것을 고르시오.

① 두피 관리는 장기간에 이루어지지 않는 것을 인식시킨다.

② 고객의 심리적으로 안정을 시킨다.

③ 일정한 주기를 가지고 상담을 한다.

④ 관리 전과 후의 정확한 비교분석을 한다.

학습문제

◆ 두개피 진단 ◆

1. **두개피부는 크게 3가지 유형으로 분류한다. 다음 중 틀린 것을 고르시오.**

① 정상 두개피 ② 건성 두개피
③ 지성 두개피 ④ 민감성 두개피

설명

정상 두개피는 두개피부 위에 적절한 피지가 분출되어 있으며, 모공은 이물질이 없이 맑고 투명한 상태이다. 모발의 굵기가 일정한 굵기로 배열되어 있으며, 한 개의 모공에 2~3가닥의 모발이 성장하는 것처럼 보인다. 두개피부 상태가 맑은 청백색을 띠고 있으며, 모누두상부의 모공은 윤곽선이 뚜렷할 뿐 아니라 피지 및 각질이 보이지 않는 투명하고 깨끗한 상태를 보인다.

2. **다음 설명에 해당하는 것을 고르시오.**

두개피부 위에 적절한 피지가 분출되어 있다. 모공은 이물질이 없으며 맑고 투명한 상태, 맑은 청백색을 띠고 있으며, 모누두상부의 모공은 윤곽선이 뚜렷할 뿐 아니라 피지 및 각질이 보이지 않는다.

① 정상 두개피 ② 건성 두개피
③ 지성 두개피 ④ 민감성 두개피

3. **다음 설명에 해당하는 것을 고르시오.**

각질의 탈락이 빠르게 진행, 2~3일 정도 샴푸를 하지 않아도 기름기가 보이지 않는다. 모누두상부는 각질과 이물질로 덮여있으며, 건조하게 갈라진 피지막과 두개피부가 당기고 가렵다.

① 정상 두개피 ② 건성 두개피
③ 지성 두개피 ④ 민감성 두개피

설명

건성 두개피는 각질의 탈락이 빠르게 진행되고, 2~3일 정도 샴푸를 하지 않아도 유분이 보이지 않는다. 모누두상부는 각질과 이물질로 덮여 있으며, 건조하게 갈라진 피지막과 더불어 두개피부가 당기고 가렵고 표면에서 유 · 수분이 균형이 맞지 않아 윤기가 부족하고 각질이 산재되어 있다.

4. **건성 두개피의 특징을 틀리게 설명한 것을 고르시오.**

① 두피 톤 - 청백색, 불투명

② 모공 상태 - 선명한 모공

③ 피지분비량 - 적음

④ 각질 정도 - 낮음

5. **정상 두개피의 특징을 틀리게 설명한 것을 고르시오.**

① 두피 톤 - 청백색 투명

② 모공 상태 - 선명한 모공

③ 피지분비량 - 적음

④ 각질 정도 - 각질이 거의 없음

6. **다음 설명에 해당하는 것을 고르시오.**

> 과도한 피지분비, 모누두상부가 번들거리고 축축하게 들러붙어 끈적임을 동반, 노화각질, 피지 산화물로 인해 심한 악취가 난다.

① 정상 두개피　　② 건성 두개피

③ 지성 두개피　　④ 민감성 두개피

설명

지성 두개피는 과도한 피지분비로 인하여 몇 시간만 지나도 기름기가 가득한 상태로 모누두상부가 번들거리고, 축축하게 들러붙어 끈적임을 동반한다. 피지로 인해 냄새가 나며, 피지 위에 여러 가지 이물질이 흩어져 있다.

7. **지성 두개피의 특징을 틀리게 설명한 것을 고르시오.**

① 두피 톤 - 연한 황토색으로 얼룩이 있다.

② 모공 상태 - 선명한 모공

③ 피지분비량 - 많음

④ 각질 정도 - 과도한 피지분비로 각질이 보이지 않음

8. **민감성 두개피의 특징을 틀리게 설명한 것을 고르시오.**

① 두피 톤 - 붉은 톤

② 모공 상태 - 다양하게 보임

③ 피지분비량 - 불규칙적으로 분비

④ 각질 정도 - 얇게 들떠 있으며, 불규칙적으로 분포

9. **다음 설명에 해당하는 것을 고르시오.**

두개피부에 가느다란 모세혈관 실핏줄이 보인다. 건성, 지성, 지루성 등 모든 종류의 두개피로 전이, 세균감염 또는 과다한 화학제품 사용에 의한 두개피 자극 등의 원인

① 정상 두개피 ② 건성 두개피

③ 지성 두개피 ④ 민감성 두개피

설명

민감성 두개피는 모발이 매우 가늘어진 상태로 두개피부에 가느다란 모세혈관이 보이고 긁으면 쉽게 빨개지며, 따가움과 자극을 동반한다. 건성 두개피, 지성 두개피, 지루성 두개피 등 모든 종류의 두개피로 전이될 수 있는 유형이다. 세균감염 또는 과도한 화학제품 사용에 의한 두개피 자극 등의 원인에 의해 두개피부의 각화 주기에 이상 현상이 발생된다.

10. **다음 설명에 해당하는 것을 고르시오.**

가려움증 동반, 모공 주변 얼룩짐과 산화피지의 분포량에 구분, 두개피부 위에 기름기가 띠를 형성하고 있으며, 땀과 먼지 등이 엉겨 붙은 조각들로 나타난다.

① 정상 두개피 ② 건성 두개피

③ 지성 두개피 ④ 민감성 두개피

설명

비듬성 두개피는 비듬균의 증식으로 인하여 발생하며, 가려움증을 동반한다. 건성비듬과 지성비듬, 혼합비듬으로 나타나는 비듬성 두개피는 모공 주변의 얼룩짐과 산화피지의 분포량에 의해 구분할 수 있다.

11. **건성비듬성 두개피의 특징을 틀리게 설명한 것을 고르시오.**

① 두피 톤 - 황색톤, 불투명

② 모공 상태 - 모공 주변이 막힘

③ 모발 탄력도 - 점차적 감소

④ 피지분비량 - 적음

12. **지성비듬성 두개피의 특징을 틀리게 설명한 것을 고르시오.**

① 두피 톤 - 백색톤

② 모공 상태 - 모공 주변이 막힘

③ 모발 탄력도 - 점차적 감소

④ 피지분비량 - 적음

13. **혼합비듬성 두개피의 특징을 틀리게 설명한 것을 고르시오.**

① 두피 톤 - 진한 황색톤

② 모공 상태 - 막힘

③ 모발 탄력도 - 낮음

④ 피지분비량 - 많음

14. **지루성 피부염의 특징을 틀리게 설명한 것을 고르시오.**

① 두피 톤 - 황색이나 적색으로 보임

② 모공 상태 - 막힘

③ 모발 탄력도 - 낮음

④ 피지분비량 - 많음

설명

지루성 두개피는 스트레스에 의한 안드로겐의 합성에 기인하여 피지의 과도한 분비가 원인이다. 스트레스는 코티솔을 증가시켜 안드로겐 생성을 촉진한다. 이는 과도한 피지분비를 촉진하여 지루성 두개피를 유발하고, 가려움증과 염증을 동반하여 지루성 피부염을 만든다.

15. **두부백선의 원인으로 잘못 설명된 것을 고르시오.**

① 피부사상균(무좀균)

② 신체접촉 - 개, 고양이

③ 계절적 요소 - 가을, 겨울

④ 병모 - 통증 없이 쉽게 탈락

설명

두부백선은 피부사상균(무좀균)에 의한 피부감염으로 발생하는 것으로 두부 부위에 나타나는 것을 의미한다. 일종의 버짐과 같은 형태로 두개피에 발생하는 전염성 피부염, 두상 전체에 발생할 수 있고, 과다한 각질과 전염성이 있으며 주로 어린아이에게 많이 보인다.

학습문제

◆ 정답 및 해설 ◆

<두개피 생리학> 정답																			
1	해설참고	2	해설참고	3	④	4	③	5	①	6	②	7	③	8	②	9	①	10	④
11	②	12	①	13	④	14	④	15	④	16	②	17	④	18	②	19	②	20	①
21	③	22	②	23	③	24	①	25	②	26	①	27	①	28	①	29	④	30	③
31	③	32	②	33	③	34	④	35	①	36	②	37	①	38	③	39	①		

<두개피 생리학> 해설	
1	8
2	15

<모발 생리학> 정답																			
1	①	2	③	3	①	4	③	5	①	6	③	7	④	8	①	9	③	10	①
11	③	12	①	13	②	14	①	15	①	16	②	17	④	18	②	19	④	20	③
21	②	22	④	23	①	24	③	25	②	26	①	27	①	28	①	29	②	30	④
31	②	32	③	33	②	34	①	35	해설참고										

<모발 생리학> 해설	
35	등전점

<탈모학> 정답																			
1	①	2	④	3	③	4	④	5	①	6	②	7	④	8	③	9	②	10	④
11	④	12	①	13	③	14	③	15	②	16	③	17	②	18	④	19	①	20	④
21	③	22	①	23	④	24	②	25	①	26	③	27	②	28	①	29	②	30	①

<신경학> 정답																			
1	③	2	②	3	③	4	①	5	③,④	6	①	7	③	8	④	9	②	10	②
11	④	12	①	13	③	14	③	15	④	16	①	17	③	18	②	19	③	20	③
21	해설 참고	22	해설 참고	23	해설 참고	24	해설 참고	25	해설 참고	26	해설 참고	27	해설 참고						

<신경학> 해설	
21	중추신경계는 뇌와 척수로 구성된 신경계이다. 여러 감각기관에서 보내온 생체 신호를 수신하고, 정보를 통합, 조정하는 기관계로 수많은 신경세포(Neuron)와 신경교세포(Neuroglia)로 이루어져 있다. 말초신경계에서 전달된 정보를 수집, 비교, 통합하여 인체 내 각 기관의 기능을 조절한다. 태아는 3주경 외배엽 부위의 신경판(Neural plate)에서 발생하기 시작된다. 중추신경계의 뇌와 척수는 인체 신경조직의 98%를 포함하고, 부위에 따라 기능을 달리 하며, 내부에는 감각뉴런, 운동뉴런, 연합뉴런이 존재하고 있어 자극 전달에 관여하고 있다.
22	① 감각, 지각, 언어능력, 상상력, 추리력, 운동, 기술 등과 자율신경계 조절, 호르몬 조절, 항상성 유지 등의 기능을 수행한다. ② 대뇌에 돌출된 부분을 이랑, 주름져 안으로 들어간 부분을 고랑이라 하고, 모양에 따라 전두엽, 측두엽, 두정엽, 후두엽으로 나눈다. ③ 대뇌의 기능 · 운동 조절기능 : 대뇌 피질에서 운동에 대한 신호를 보내면 이는 뇌줄기와 척수를 지나 필요한 근육으로 전달되어 우리가 원하는 대로 몸을 움직일 수 있게 된다. · 감각 인식 및 해석기능 : 감각기관에서 들어온 신호를 대뇌에서 처리하여 느낄 수 있게 해준다. · 언어전달기능 : 대뇌 피질에서 수행하며, 전두엽의 브로카에서 언어의 발성을, 측두엽의 베르니케 영역에서는 언어의 이해를 담당한다. · 항상성 유지 : 자율신경계 조절 및 호르몬분비를 통해 우리 몸의 대사를 조절한다. · 학습과 기억기능 : 대뇌의 측두엽에 존재하는 해마에서 수행한다. · 호르몬분비기능 : 뇌하수체에서 수행하며 신체의 대사와 생식에 관련된 호르몬을 분비한다.
23	간뇌(Diencephalon)는 뇌의 가장 앞쪽의 부위에 속하는 부분으로 시상, 시상상부, 시상후부, 시상하부로 나뉜다. 간뇌는 감각 정보를 수용하여 대뇌 피질로 전달하는 기능을 한다.
24	척수(Spinal cord)는 뇌와 함께 중추신경계의 일부이며, 몸과 뇌 사이의 중추적인 정보소통경로이다. 또한 척수는 들어오는 정보를 통합하여 직접 명령을 내보내는 척수 반사(Spinal reflex) 조절도 한다. 척추 내에 위치하는 중추신경의 일부분으로 감각, 운동신경들이 모두 포함한다.

<신경학> 해설	
25	생명 유지에 있어 절대적으로 필요한 호흡, 흡수, 대사, 순환, 배설, 생식의 기능과 관련된 오장육부 및 호르몬을 지배하는 신경으로 인간의 의지와 상관없이 자동으로 작용하는 신경을 자율신경(Autonomic nervous system)이라 한다. 자율신경은 식물신경이라고도 하는데, 모발의 성장에 있어서는 모세포의 분열과 연관이 있고, 교감신경과 부교감신경으로 구분된다.
26	교감신경계(Sympathetic nervous system)는 자율신경계의 일종으로 일반적으로 긴장이 되는 상황에 처했을 때 활성화된다. 자극이 없을 때도 약간 활성화되어 있고, 자극을 받으면 활성화 정도가 높아진다. 교감신경계가 활성화되면 도파민을 분비하여 투쟁 · 도피반응이 일어나며, 의식적인 생각 없이 스스로 조절되는 것으로 알려져 있다. 교감신경의 체내 작용은 맥박수를 증가시켜 심장기능을 촉진하는 한편, 소화기능을 억제하는 작용을 한다. 또한 혈관을 수축시키며, 한선의 분비를 촉진하고 모발에서는 입모근을 수축시키는 등 스트레스와 관련이 깊다.
27	부교감신경계(Parasympathetic nervous system)는 교감신경계와 함께 자율신경계를 구성하며, 의지와 관계없이 움직이는 모든 장기에 분포해 그 기능을 조절한다. 절후섬유의 숫자가 많지 않고, 절전섬유에 비해 짧아 지배영역이 한정된 부교감신경은 뇌간과 천수에서 시작된다. 부교감신경의 절전섬유는 중뇌에서 시작되는 동안신경(제3뇌신경), 연수에서 시작되는 얼굴신경(제5뇌신경), 설인신경(제7뇌신경), 미주신경(제10뇌신경) 속에 포함되거나, 천수에서는 골반신경이 되어 지배 장기 가까운 곳에 있는 종말 신경절 내에서 뉴런을 교체한 후 절후섬유가 되어 분비선이나 평활근에 도달한다. 부교감신경의 기능은 교감신경과 길항작용을 하는 것으로 부교감신경이 긴장하면 동공은 축소되고, 침액, 땀, 눈물의 분비는 증가한다. 혈관은 확장하고 심장박동은 감소하며, 식도, 위, 장관, 췌장 등에서 분비는 증가한다. 또 이외에도 전신의 가로무늬근에 분포해 긴장, 영양에 관여한다.

<호르몬학> 정답																			
1	③	2	①	3	②	4	③	5	④	6	④	7	③	8	②	9	②,③	10	③
11	④	12	①	13	③	14	①	15	②	16	④	17	①	18	④	19	③	20	①
21	해설 참고																		

<호르몬학> 해설	
21	체내에서 분비되는 다양한 종류의 호르몬은 상호 보완작용 또는 억제작용을 통하여 항상성을 유지시키는 기능을 한다. 우리 몸의 호르몬 기능은 체액의 내부 환경을 일정하게 유지, 신체의 성장과 발달의 조절, 성적 성숙의 촉진, 성적 리듬 유지, 생식 과정의 조정, 에너지 생산율 조절, 대사율 안정 그리고 신체가 스트레스나 위기 상황에 잘 대처하도록 도와준다. 호르몬의 조절 중추는 간뇌의 시상하부에 있으며 피드백 작용 기능이 있다. 호르몬의 양이 필요량보다 부족하면 조절 중추에 의해 호르몬분비가 촉진되며, 필요량보다 많으면 호르몬분비가 억제 호르몬의 분비량을 일정하게 조절한다.

<영양학> 정답																			
1	④	2	②	3	④	4	④	5	④	6	①	7	②	8	④	9	②	10	①
11	①	12	③	13	②	14	①	15	②	16	①	17	②	18	①	19	②	20	③
21	①	22	④	23	④	24	②,③	25	④	26	④	27	①	28	②	29	④	30	③

<기기학> 정답																			
1	④	2	①	3	④	4	③	5	①	6	②	7	③	8	①	9	④	10	②
11	②	12	④	13	②	14	④	15	④	16	③	17	①	18	②	19	②		

<상담학> 정답																			
1	②	2	②	3	①	4	②	5	②	6	②	7	③	8	②	9	③	10	④
11	④	12	①	13	③	14	③	15	①	16	①	17	③	18	③	19	①	20	①

<두개피 진단> 정답																			
1	④	2	①	3	②	4	②	5	④	6	③	7	②	8	②	9	④	10	①
11	①	12	①	13	①	14	①	15	①										

두개피 판독 및 관리 서술형문제

1. 다음의 두개피를 판독하고 특징에 관하여 서술하시오.

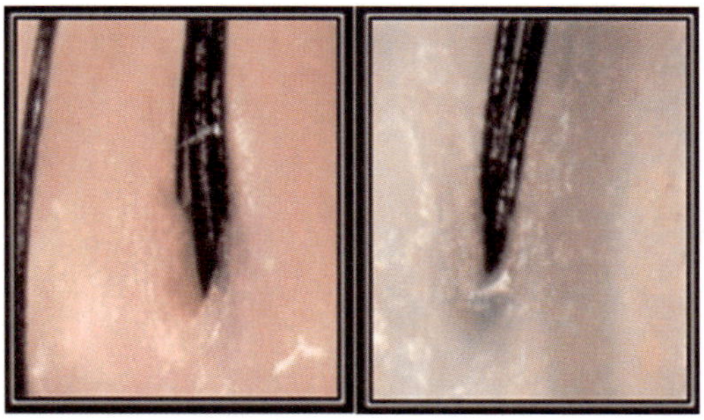

(정상)두개피의 특징		
①	두피 톤	
②	모공 상태	
③	피지분비량	
④	각질 정도	
⑤	모발 밀도	
⑥	민감도	
⑦	기타 증상	
⑧	수분 함량	

2. **다음의 두개피를 판독하고 특징에 관하여 서술하시오.**

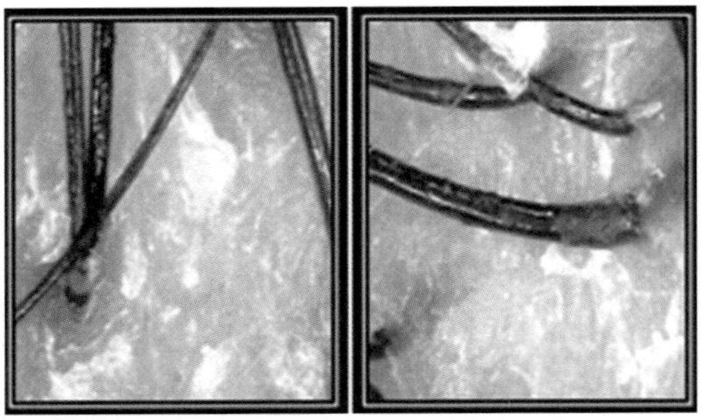

(건성)두개피의 특징		
①	두피 톤	
②	모공 상태	
③	피지분비량	
④	각질 정도	
⑤	모발 밀도	
⑥	민감도	
⑦	기타 증상	
⑧	수분 함량	

3. **다음의 두개피를 판독하고 특징에 관하여 서술하시오.**

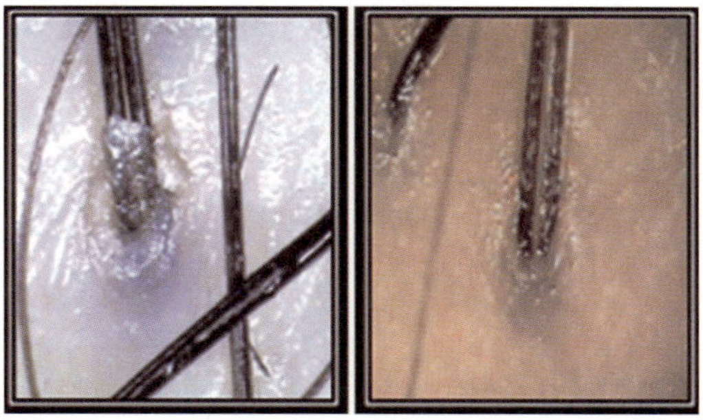

(지성)두개피의 특징		
①	두피 톤	
②	모공 상태	
③	피지분비량	
④	각질 정도	
⑤	모발 밀도	
⑥	민감도	
⑦	기타 증상	
⑧	수분 함량	

4. **다음의 두개피를 판독하고 특징에 관하여 서술하시오.**

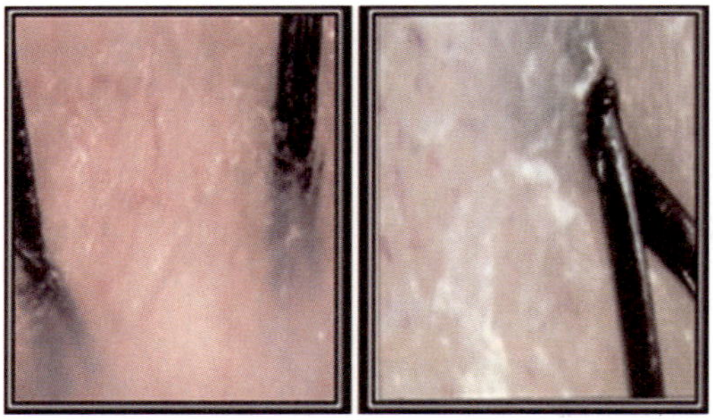

(민감성)두개피의 특징		
①	두피 톤	
②	모공 상태	
③	피지분비량	
④	각질 정도	
⑤	모발 밀도	
⑥	민감도	
⑦	기타 증상	
⑧	수분 함량	

5. **다음의 두개피를 판독하고 특징에 관하여 서술하시오.**

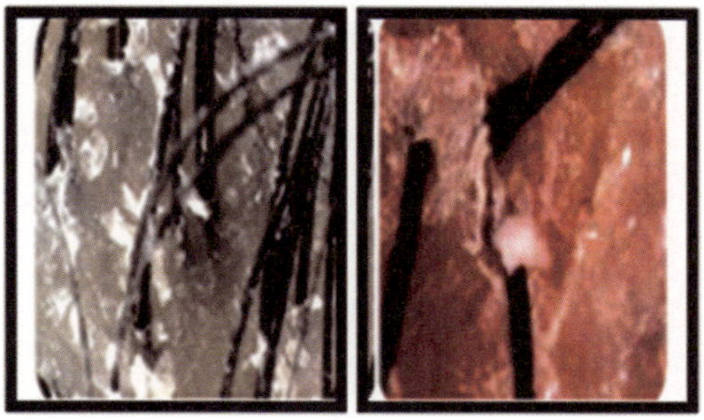

(건성비듬성)두개피의 특징		
①	두피 톤	
②	모공 상태	
③	모발 탄력도	
④	피지분비량	
⑤	수분 함량	
⑥	노화 각질	
⑦	민감도	
⑧	모발 밀도	
⑨	기타 증상	

6. **다음의 두개피를 판독하고 특징에 관하여 서술하시오.**

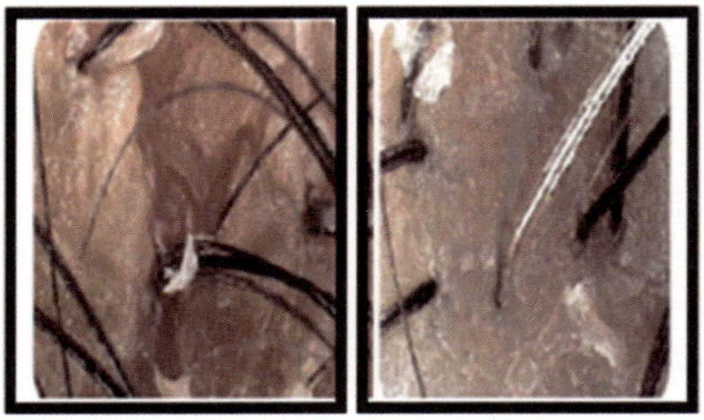

(지성비듬성)두개피의 특징		
①	두피 톤	
②	모공 상태	
③	모발 탄력도	
④	피지분비량	
⑤	수분 함량	
⑥	노화 각질	
⑦	민감도	
⑧	모발 밀도	
⑨	기타 증상	

7. **다음의 두개피를 판독하고 특징에 관하여 서술하시오.**

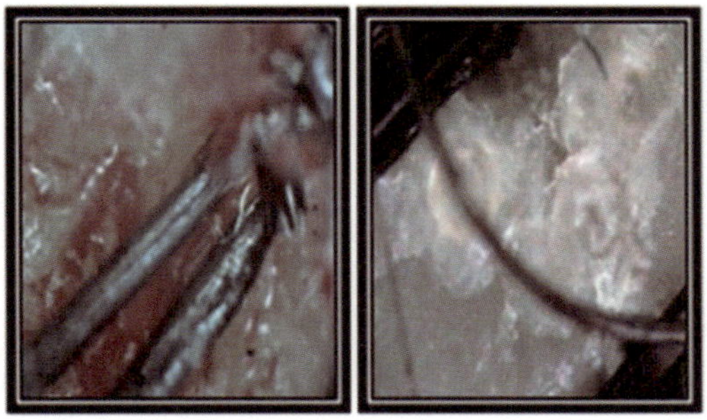

(혼합비듬성)두개피의 특징		
①	두피 톤	
②	모공 상태	
③	모발 탄력도	
④	피지분비량	
⑤	수분 함량	
⑥	노화 각질	
⑦	민감도	
⑧	모발 밀도	
⑨	기타 증상	

8. 다음의 두개피를 판독하고 특징에 관하여 서술하시오.

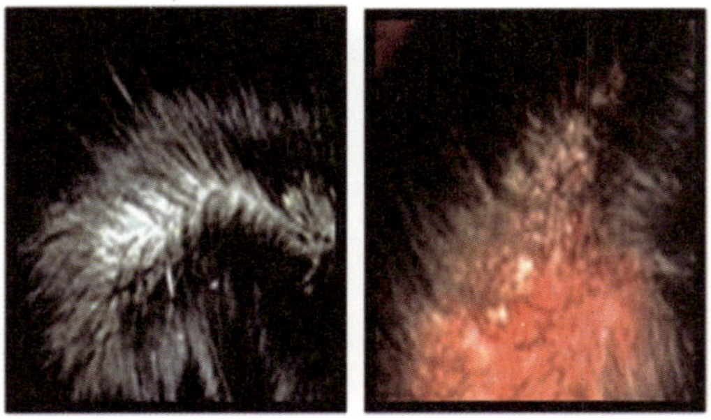

(지루성 피부염)두개피의 특징		
①	두피 톤	
②	모공 상태	
③	모발 탄력도	
④	피지분비량	
⑤	민감도	
⑥	탈모율	
⑦	각질 두께	
⑧	기타 증상	

9. **다음의 두개피를 판독하고 특징에 관하여 서술하시오.**

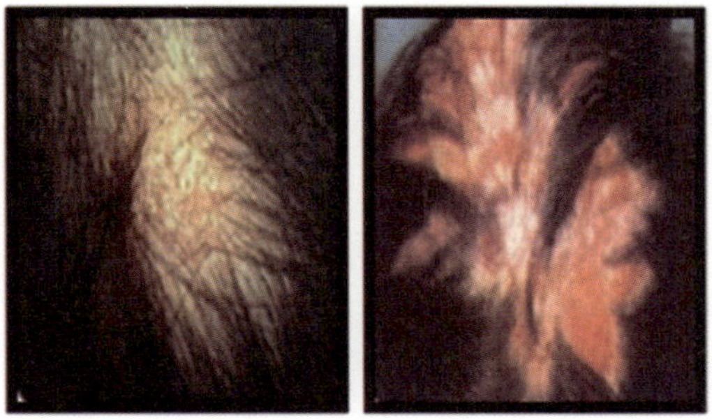

(두부백선)두개피의 특징		
①	모공 상태	
②	각질 정도	
③	가려움 현상	
④	두피 톤	
⑤	모발 탄력도	
⑥	기타 증상	

두개피 판독 및 관리 서술형문제 정답

1. **다음의 두개피를 판독하고 특징에 관하여 서술하시오.**

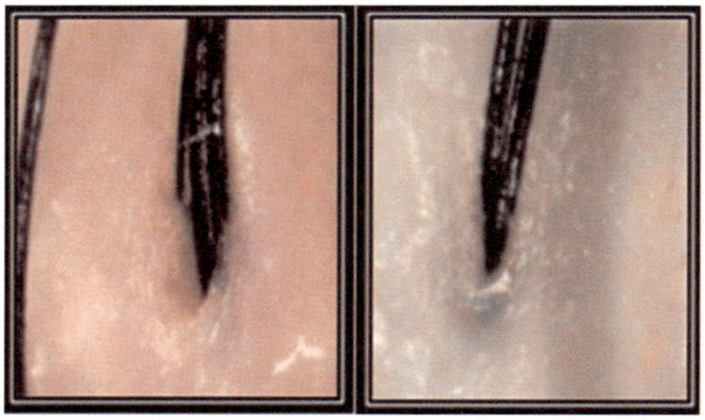

(정상)두개피의 특징		
①	두피 톤	청백색 투명
②	모공 상태	선명한 모공
③	피지분비량	적정 상태
④	각질 정도	각질이 거의 없음
⑤	모발 밀도	밀도 낮음
⑥	민감도	pH 5.5 정도로 정상
⑦	기타 증상	없음
⑧	수분 함량	10~15%

2. **다음의 두개피를 판독하고 특징에 관하여 서술하시오.**

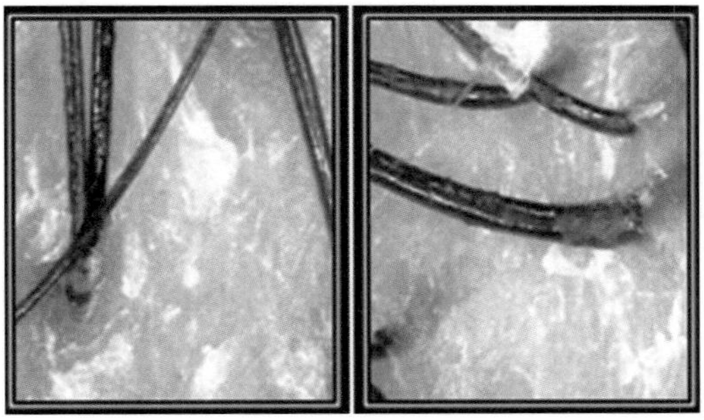

(건성)두개피의 특징		
①	두피 톤	청백색, 불투명
②	모공 상태	다수 막힘 현상
③	피지분비량	적음
④	각질 정도	낮음
⑤	모발 밀도	수적 밀도 변화
⑥	민감도	외부 자극에 민감
⑦	기타 증상	가려움증을 동반함
⑧	수분 함량	10% 미만

3. **다음의 두개피를 판독하고 특징에 관하여 서술하시오.**

(지성)두개피의 특징		
①	두피 톤	연한 황토색으로 얼룩이 있음
②	모공 상태	다수 막힘
③	피지분비량	많음
④	각질 정도	과다한 피지 분비로 각질이 보이지 않음
⑤	모발 밀도	수적 밀도 변화
⑥	민감도	pH 5.5 이상, 존재 가능성이 높음
⑦	기타 증상	악취와 염증, 가려움증 등을 동반함
⑧	수분 함량	20% 이상

4. **다음의 두개피를 판독하고 특징에 관하여 서술하시오.**

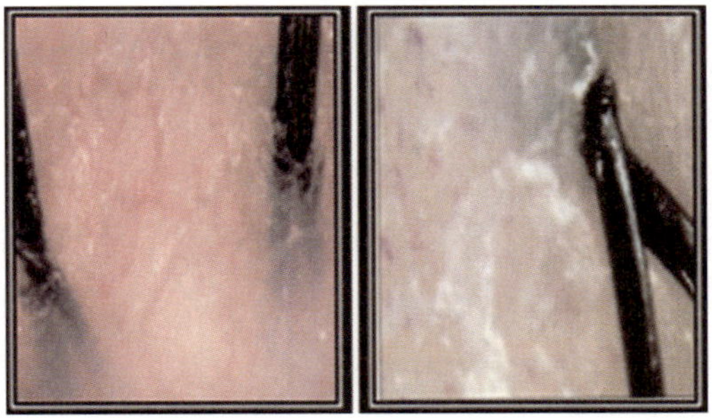

(민감성)두개피의 특징		
①	두피 톤	붉은 톤
②	모공 상태	다양하게 보임
③	피지분비량	불규칙적으로 분비
④	각질 정도	얇게 들떠있으며, 불규칙적으로 분포
⑤	모발 밀도	밀도 낮음
⑥	민감도	매우 민감한 상태
⑦	기타 증상	가려움과 염증 및 홍반 등을 동반
⑧	수분 함량	부족한 상태

5. **다음의 두개피를 판독하고 특징에 관하여 서술하시오.**

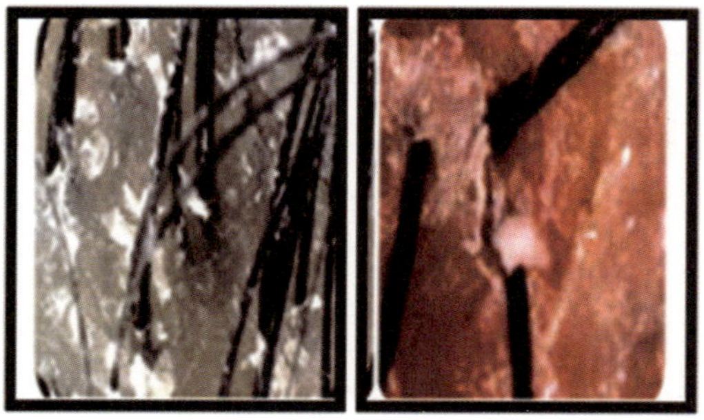

(건성비듬성)두개피의 특징		
①	두피 톤	백색 톤
②	모공 상태	모공 주변이 막힘
③	모발 탄력도	점차적 감소
④	피지분비량	적음
⑤	수분 함량	0% 미만
⑥	노화 각질	모공 주변 분포하며 각질 들떠있음
⑦	민감도	민감한 상태
⑧	모발 밀도	불규칙, 연모화
⑨	기타 증상	부분적 염증과 가려움 및 당김 현상이 심함

6. **다음의 두개피를 판독하고 특징에 관하여 서술하시오.**

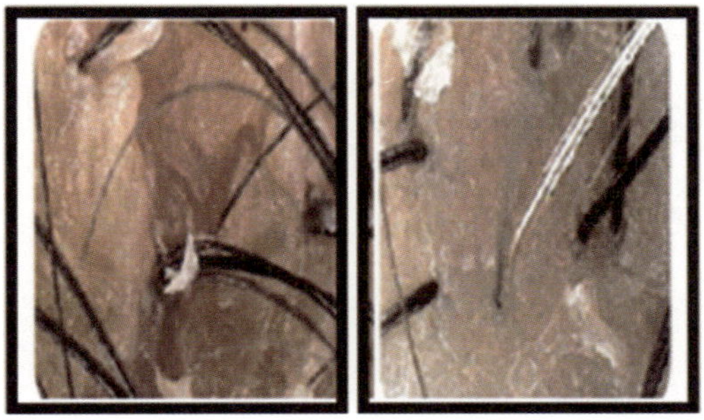

(지성비듬성)두개피의 특징		
①	두피 톤	황색 톤, 불투명
②	모공 상태	막힘
③	모발 탄력도	낮음
④	피지분비량	많음
⑤	수분 함량	0% 내외
⑥	노화 각질	두껍게 분포
⑦	민감도	부분적으로 민감함
⑧	모발 밀도	불규칙적임
⑨	기타 증상	가려움증과 염증 및 악취가 심함

7. **다음의 두개피를 판독하고 특징에 관하여 서술하시오.**

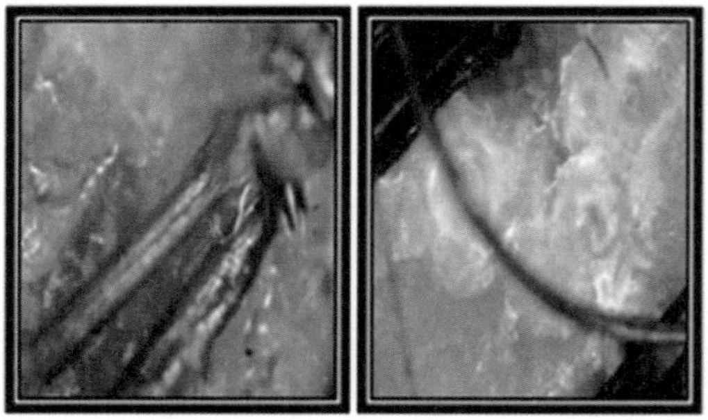

(혼합비듬성)두개피의 특징		
①	두피 톤	진한 황색 톤
②	모공 상태	막힘
③	모발 탄력도	낮음
④	피지분비량	많음
⑤	수분 함량	0% 미만
⑥	노화 각질	두껍게 쌓여있음
⑦	민감도	높음
⑧	모발 밀도	불규칙
⑨	기타 증상	가려움증, 염증

8. **다음의 두개피를 판독하고 특징에 관하여 서술하시오.**

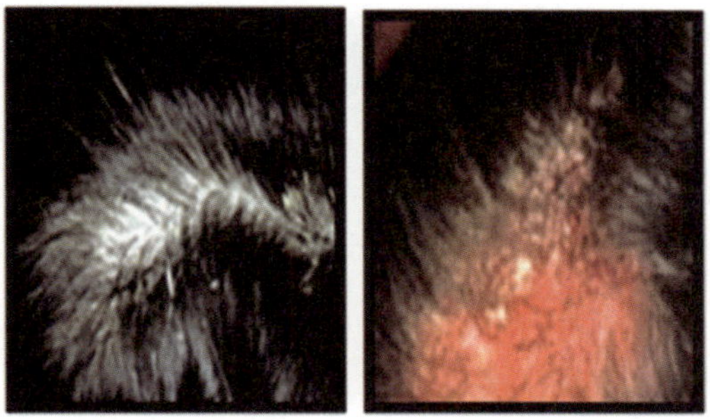

(지루성 피부염)두개피의 특징		
①	두피 톤	황색이나 적색으로 보임
②	모공 상태	막힘
③	모발 탄력도	낮음
④	피지분비량	많음
⑤	민감도	균에 의한 염증으로 예민함
⑥	탈모율	점차 증가
⑦	각질 두께	두꺼우며 황갈색 빛을 띰
⑧	기타 증상	가려움, 염증, 탈모 동반 가능성이 큼

9. **다음의 두개피를 판독하고 특징에 관하여 서술하시오.**

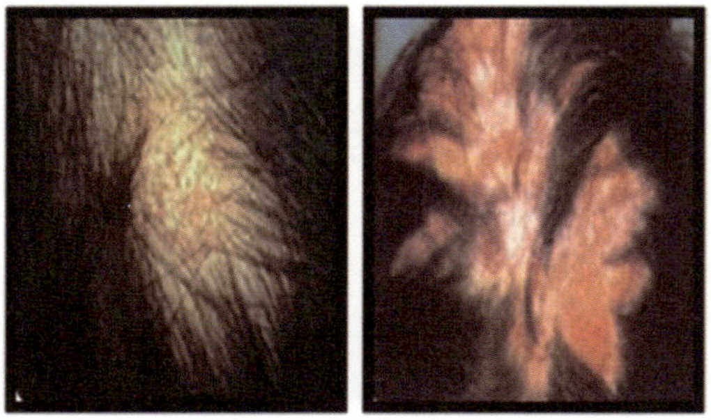

(두부백선)두개피의 특징		
①	모공 상태	막힘
②	각질 정도	두껍게 존재
③	가려움 현상	부분적으로 발생
④	두피 톤	회백색을 띠며 인설이 보임
⑤	모발 탄력도	문제 부분에 단모가 보이며 윤기가 없어짐
⑥	기타 증상	발생 형태에 따라 차이가 있으며, 문제 부위에 염증이 보임

학습문제

◆ 두개피 관리 ◆

1. **두개피 손상의 원인으로 틀린 것을 고르시오.**

① 내적 요인 ② 사회적 요인
③ 환경적 요인 ④ 화학적 요인

설명

두개피 손상의 원인은 내적 요인, 외적 요인, 물리적 요인, 화학적 요인, 환경적 요인이다.

2. **다음 설명에 해당하는 것을 고르시오.**

두개피 손상의 요인은 크게 물리적, 화학적, 환경적 요인으로 구분되며, 두개피 조직 전체가 파괴된 경우를 제외하면 대부분 내적 요인으로 인한 손상보다 외적 요인으로 인한 손상이 심하다.

① 내적 요인 ② 환경적 요인
③ 외적 요인 ④ 화학적 요인

설명

외부적 요인에 의해 두개피에 외상이 나타나는 것으로 두개피 손상의 요인은 크게 물리적, 화학적, 환경적 요인으로 구분되며, 두개피 조직 전체가 파괴된 경우를 제외하면 대부분 내적 요인으로 인한 손상보다 외적 요인으로 인한 손상이 심하다.

3. **경추는 몇 개의 뼈로 이루어져 있는가?**

① 7개 ② 8개
③ 14개 ④ 22개

4. **융추는 몇 개의 뼈로 이루어져 있는가?**

① 7개 ② 8개
③ 12개 ④ 22개

5. **다음 설명에 해당하는 것을 고르시오.**

혈액순환 촉진 및 노폐물 제거를 위하여 피부를 강하게 누르면서 진행하는 마사지 기법이다.

① 경찰법 ② 강찰법
③ 유연법 ④ 진동법

6. **다음 설명에 해당하는 것을 고르시오.**

> 압력을 사용하지 않는 동작으로 손바닥, 네 손가락, 엄지 등을 이용하여 연속적인 동작으로 가볍게 문지르는 마사지 기법이다.

① 경찰법 ② 강찰법
③ 유연법 ④ 진동법

7. **다음 설명에 해당하는 것을 고르시오.**

> 근육이 많은 부분에 양 손바닥이나 손가락으로 근육을 잡고, 집어 주물러 근육을 풀어주는 마사지 기법이다.

① 경찰법 ② 강찰법
③ 유연법 ④ 진동법

8. **다음 설명에 해당하는 것을 고르시오.**

> 경련과 마비에 효과적으로 기능을 전달하기 위하여 손이나 바이브레이터를 사용하는 마사지 방법이다.

① 경찰법 ② 강찰법
③ 유연법 ④ 진동법

9. **다음 설명에 해당하는 것을 고르시오.**

> 위치 : 머리카락이 시작되는 곳, 경추 1번 밑
> 적용 : 두통, 목의 통증

① 경추 ② 백회 ③ 아문 ④ 풍지

10. **다음 설명에 해당하는 것을 고르시오.**

> 위치 : 뒷머리 모발선에서 위로 0.5촌, 중간선 양측에서 1.3촌
> 적용 : 후두부 두통, 목 부위의 경직 및 통증

① 견우 ② 천주 ③ 천종 ④ 완골

11. **다음 설명에 해당하는 것을 고르시오.**

> 위치 : 팔을 위로 올렸을 때 앞부분에 움푹 들어간 곳
> 적용 : 관절의 통증이나 근육이 뻣뻣한 증상

① 견료 ② 천주 ③ 견중유 ④ 견우

12. **다음 설명에 해당하는 것을 고르시오.**

> 위치 : 천종에서 수직선상에 있는 견갑골 끝부분에 위치
> 적용 : 어깨 통증

① 천주 ② 풍지 ③ 천종 ④ 병풍

13. **두개피 마사지의 효과에 관하여 틀린 것을 고르시오.**

① 피부 노화를 예방하고 피부에 윤기를 더해준다.

② 림프선 계통의 자극으로 혈액순환을 증가시킨다.

③ 뭉친 근육을 이완하여 스트레스와 긴장을 풀어준다.

④ 혈액순환을 원활하게 하여 모발의 성장을 촉진시킨다.

14. **브러싱의 목적이 아닌 것을 고르시오.**

① 두개피의 혈액자극

② 피지선 분비 원활

③ 오염물질 제거

④ 피지분비 저하

설명

브러싱은 두개피의 혈행을 자극해 모근을 튼튼하게 해주고 피지선의 분비를 원활하게 해준다. 또한 두개피부와 모발에 부착된 이물질 등을 제거하고 헝클어진 모발을 풀어주는 역할을 한다. 건조한 모발보다 젖은 모발을 브러싱할 때 탄성이 증가하기 때문에 브러싱할 때 강한 물리적 자극은 모발에 손상을 높일 수 있어 주의하도록 한다.

15. **브러싱의 자세로 틀린 것을 고르시오.**

① 작업자와 고객의 거리는 50~60cm 거리를 유지한다.

② 브러싱 시 브러쉬에 걸릴 수 있는 액세서리는 별도 보관한다.

③ 모발 끝부터 빗질하여 모근 쪽으로 올라간다.

④ 브러싱을 할 때 방향감과 리듬감을 주어 빗질한다.

16. **샴푸제의 기능으로 알맞은 것을 고르시오.**

① 피부 노화를 예방하고 피부에 윤기를 더해 준다.

② 모발에 부드러움과 정전기를 방지하고 모발 표면 상태를 정돈해 준다.

③ 두개피의 혈액순환과 함께 두발의 성장을 촉진한다.

④ 모발에 합성작용으로 오염물질을 제거해 준다.

설명

모발과 두개피의 세정을 의미하는 샴푸는 샴푸제와 매니플레이션을 통하여 두개피와 모발 내 오염물과 이물질을 제거함과 동시에 두개피의 혈액순환과 함께 두발의 성장을 촉진한다.

학습문제

◆ 정답 및 해설 ◆

<두개피 관리> 정답																			
1	②	2	③	3	①	4	③	5	②	6	①	7	③	8	④	9	③	10	②
11	④	12	④	13	②	14	④	15	①	16	④								

두개피 관리 서술형문제

1. **두개피 타입에 따른 관리방법에 관하여 서술하시오.**

1) 정상 두개피

(1) 관리의 초점

(2) 관리방법	
①	
②	
③	
④	
⑤	
⑥	
⑦	
⑧	
⑨	
⑩	
⑪	

2) 건성 두개피

(1) 관리의 초점

(2) 관리방법

①	
②	
③	
④	
⑤	
⑥	
⑦	
⑧	
⑨	
⑩	
⑪	
⑫	

3) 지성 두개피

(1) 관리의 초점

(2) 관리방법

①	
②	
③	
④	
⑤	
⑥	
⑦	
⑧	
⑨	
⑩	
⑪	

4) 민감성 두개피

(1) 관리의 초점

(2) 관리방법

①	
②	
③	
④	
⑤	
⑥	
⑦	
⑧	
⑨	
⑩	
⑪	
⑫	

5) 비듬성 두개피의 원인

(1) 관리의 초점

(2) 관리방법

①	
②	
③	
④	
⑤	
⑥	
⑦	
⑧	
⑨	
⑩	
⑪	
⑫	

2. 다음 두개피의 경혈점에 관한 명칭을 쓰시오.

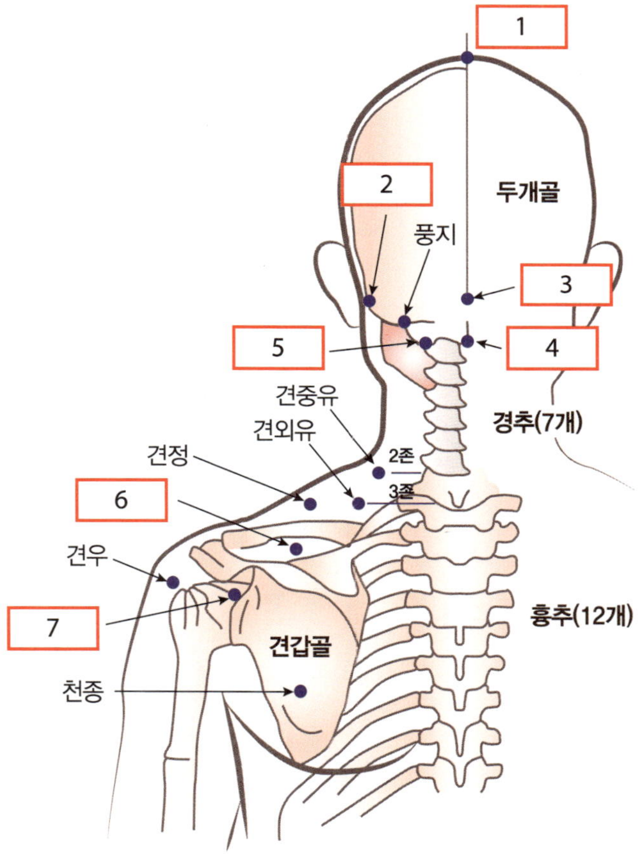

3. **샴푸 매니플레이션 기법에 관하여 서술하시오.**

종류	방법
문지르기	
지그재그	
양손교차하기	
나선형	
튕겨주기	

4. **이온에 따른 계면활성제의 구분에 관하여 서술하시오.**

종류	방법
음이온 계면활성제	
양이온 계면활성제	
양극이온 계면활성제	
비이온 계면활성제	

5. **컨디셔닝 매니플레이션 기법에 관하여 서술하시오.**

<table>
<tr><th>종류</th><th colspan="2">방법</th></tr>
<tr><td>경찰법</td><td colspan="2"></td></tr>
<tr><td>강찰법</td><td colspan="2"></td></tr>
<tr><td>유연법</td><td colspan="2"></td></tr>
<tr><td>진동법</td><td colspan="2"></td></tr>
<tr><td rowspan="5">고타법</td><td>탭핑</td><td></td></tr>
<tr><td>스랩핑</td><td></td></tr>
<tr><td>컵핑</td><td></td></tr>
<tr><td>핵킹</td><td></td></tr>
<tr><td>비팅</td><td></td></tr>
</table>

두개피 관리 서술형문제 정답

1. 두개피 타입에 따른 관리방법에 관하여 서술하시오.

1) 정상 두개피

(1) 관리의 초점

- 영양공급의 균형을 맞추어 준다.
- 매일 샴푸하여 청결을 유지한다.
- 현재의 상태를 유지하는 것에 중점을 두어 관리한다.
- 어깨의 근육을 풀어 혈액순환이 원활히 되도록 유지한다.
- 정상적인 각화 주기를 유지하기 위하여 각질이 쌓이지 않도록 청결을 유지한다.

(2) 관리방법

①	상담(문진, 시진, 촉진, 검진)
②	두개피 판독(진단기)
③	브러싱 및 마사지
④	헤어 스티머(5~10분 정도)
⑤	스케일링
⑥	헤어 스티머(10분 정도)
⑦	두개피 세정(정상 두개피용)
⑧	타월 드라이 및 두피 건조
⑨	두개피 영양공급 : 영양공급용 앰플 사용
⑩	적외선 조사
⑪	마무리

2) 건성 두개피

(1) 관리의 초점

- 건성 두피용 샴푸를 사용한다.
- 건조로 생긴 각질을 먼저 제거한다.
- 드라이의 과도한 열사용을 자제한다.
- 유·수분 공급으로 각질세포를 진정시킨다.
- 막힌 모공의 세척과 혈액순환 촉진에 중점을 둔다.
- 깨끗해진 두피에 영양을 공급해 건강해질 수 있도록 관리

(2) 관리방법

①	상담(문진, 시진, 촉진, 검진)
②	두개피 판독(진단기)
③	브러싱 및 마사지
④	헤어 스티머(5~10분 정도)
⑤	스케일링제 도포
⑥	헤어 스티머(5~10분 정도)
⑦	스티머 사용 시 온도 주의(40℃) : 과도한 열을 사용하는 것을 주의
⑧	두개피 세정(건성 두개피용)
⑨	타월 드라이 및 두피 건조
⑩	두개피 영양공급 : 영양공급용 앰플 사용
⑪	적외선 조사
⑫	마무리

3) 지성 두개피

(1) 관리의 초점

• 피지 산화물을 제거한다.
• 염증이 있을 때 치료 후 관리한다.
• 두피 세정과 피지 조절에 초점을 맞추어 관리한다.
• 피지의 산성을 되찾아 두피에 대한 보호기능을 회복시킨다.
• 두피 자체가 신진대사를 원활히 하도록 하여 세균에 대한 저항력을 키운다.

(2) 관리방법

①	상담(문진, 시진, 촉진, 검진)
②	두개피 판독(진단기)
③	브러싱 및 마사지
④	헤어 스티머(5~10분 정도)
⑤	스케일링제 도포
⑥	헤어 스티머(5~10분 정도)
⑦	두개피 세정(지성 두개피용)
⑧	타월 드라이 및 냉풍을 사용한 두피 건조
⑨	두개피 영양공급 : 피지 조절용 앰플 사용
⑩	적외선 조사
⑪	마무리

4) 민감성 두개피

(1) 관리의 초점

- 저자극 민감용을 이용하여 보습과 혈액순환을 촉진한다.
- 두개피의 유·수분 밸런스 조절에 힘쓴다.
- 샴푸 시 두개피에 자극이 가지 않도록 한다.
- 규칙적인 생활 습관과 스트레스 관리를 위한 노력을 한다.
- 청결하게 유지하여 세균이 번식하지 않도록 위생을 철저하게 한다.

(2) 관리방법

①	상담(문진, 시진, 촉진, 검진)
②	두개피 판독(진단기)
③	브러싱 및 마사지
④	헤어 스티머(5~10분 정도) : 스티머 사용 시 온도 38℃, 5분 내외
⑤	스케일링제 도포 : 스케일링 시 자극에 주의
⑥	자연방치
⑦	두개피 세정(민감성 두개피용)
⑧	냉풍으로 드라이 두피 건조
⑨	두개피 영양공급 : 민감 진정용 앰플사용
⑩	적외선 조사 : 과도한 열을 사용하는 것을 주의
⑪	두개피 이완 마사지
⑫	마무리

5) 비듬성 두개피의 원인

(1) 관리의 초점

- 비듬균의 증식 억제를 위한 항균 전용을 사용한다.
- 규칙적인 생활 습관과 스트레스 관리를 위한 노력을 한다.
- 피지의 산성을 되찾아 두피에 대한 보호 기능을 회복시킨다.
- 청결하게 유지하여 세균이 번식하지 않도록 위생을 철저하게 한다.

(2) 관리방법

①	상담(문진, 시진, 촉진, 검진)
②	두개피 판독(진단기)
③	브러싱 및 마사지(부드럽고 약하게)
④	헤어 스티머(5~10분 정도): 45℃, 10~15분 내외로 사용
⑤	스케일링 : 스케일링 중 염증 및 농 발견 시 세균 전이에 주의
⑥	헤어 스티머 및 자연방치
⑦	두개피 세정(비듬용 항균 제품 사용)
⑧	냉 드라이 두피 건조
⑨	두개피 영양공급 : 비듬용 항균 앰플 사용
⑩	적외선 조사
⑪	두개피 이완 마사지
⑫	마무리

2. 다음 두개피의 경혈점에 관한 명칭을 쓰시오.

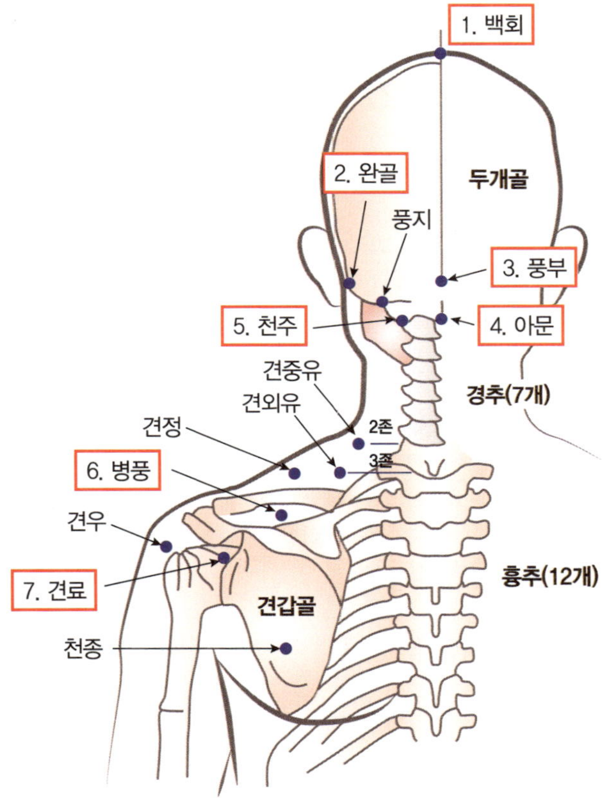

1. 백회 / 2. 완골 / 3. 풍부 / 4. 아문 / 5. 천주 / 6. 병풍 / 7. 견료

3. **샴푸 매니플레이션 기법에 관하여 서술하시오.**

종류	방법
문지르기	손가락의 표면을 이용해 두개피부를 압을 주며 문지르는 동작이다.
지그재그	손가락을 두상을 따라 지그재그로 움직여 문지르는 동작이다.
양손교차하기	양 손가락 사이로 양손을 교차시켜 비벼주는 동작이다.
나선형	손가락이나 손을 둥글게 쥐어 둥글리며 마사지하는 동작이다.
튕겨주기	손가락으로 두개피부를 잡아 가볍게 튕겨주는 동작이다.

4. **이온에 따른 계면활성제의 구분에 관하여 서술하시오.**

종류	방법
음이온 계면활성제	세척제, 기포제, 침투제, 습윤제 등에 사용한다.
양이온 계면활성제	살균제, 소독제, 직물 가공제, 분산제 등에 사용한다.
양극이온 계면활성제	살균제, 샴푸제, 섬유 처리제 등에 사용한다.
비이온 계면활성제	세제, 식품, 화장품, 약, 샴푸, 치약 등에 사용한다.

5. **컨디셔닝 매니플레이션 기법에 관하여 서술하시오.**

<table>
<tr><th>종류</th><th colspan="2">방법</th></tr>
<tr><td>경찰법</td><td colspan="2">압력을 사용하지 않는 동작으로 손바닥, 네 손가락, 엄지 등을 이용하여 연속적인 동작으로 가볍게 문지르는 마사지 기법이다.</td></tr>
<tr><td>강찰법</td><td colspan="2">혈액 순환 촉진 및 노폐물 제거를 위하여 피부를 강하게 누르면서 진행하는 마사지 기법이다.</td></tr>
<tr><td>유연법</td><td colspan="2">근육이 많은 부분에 양 손바닥이나 손가락으로 근육을 잡고, 집어 주물러서 근육을 풀어주는 마사지 기법이다.</td></tr>
<tr><td>진동법</td><td colspan="2">경련과 마비에 효과적으로 기능을 전달하기 위하여 손이나 바이브레이터를 사용하는 마사지 방법이다.</td></tr>
<tr><td rowspan="5">고타법</td><td>탭핑</td><td>손가락 바닥을 이용하여 두드리는 방법이다.</td></tr>
<tr><td>스랩핑</td><td>손바닥으로 두드리는 방법이다.</td></tr>
<tr><td>컵핑</td><td>손바닥을 컵 모양으로 만들어 두드리는 방법이다.</td></tr>
<tr><td>핵킹</td><td>손등으로 두드리는 방법이다.</td></tr>
<tr><td>비팅</td><td>주먹을 살짝 쥔 후 두드리는 방법이다.</td></tr>
</table>

참고문헌

- NCS이용학습모듈(2016). 두개피 관리. 직업능력개발원.
- NCS이용학습모듈(2016). 모발관리. 직업능력개발원.
- NCS이용학습모듈(2016). 샴푸와 트리트먼트. 직업능력개발원.
- NCS이용학습모듈(2016). 염 · 탈색. 직업능력개발원.
- 강영희(2014). 생명과학대사전. 도서출판 여초.
- 고경숙 · 윤복연(2014). 최신두피모발관리학. 도서출판 청구문화사.
- 곽진만 외(2017). 스페셜헤어컬러리스트. 도서출판 청구문화사.
- 국립중앙과학관 식물도감.
- 국제두피모발협회(2016). NCS를 활용한 두피모발관리학. 군자출판사.
- 김명주 외(2011). HAIRCLINLC. 현문사.
- 김민정 외(2007). 모발과학 및 관리학. 도서출판 청람.
- 김수경 외(2016). 아로마테라피 기초에서 치료까지. 빅애플.
- 김연숙 외(2014). 아로마테라피. 메디시안.
- 류은주 외(2012). 염 · 탈색미용교육론. 한국학술정보(주).
- 류은주 · 김종배(2004). 모발미용학개론. 이화출판사.
- 류은주 · 오강수(2012). 스캘프 샴푸 및 트리트먼트교육론. 한국학술정보.
- 모발학(2004). 국제미용교육포럼학술위원회 편저. 도서출판 청구문화사.
- 박은진 외(2011). 테라피스트를 위한 아로마테라피 입문. 한국아로마테라피인증학회.
- 살바토레 저, 권소영 외 역(2008). 아로마테라피 완벽 가이드. 현문사.
- 송지형 외(2008). TRICHOLGY. 도서출판 트리콜러지.
- 안홍석 외(2006). 아로마테라피솔루션. 정담미디어.
- 와다후미오 저, 임정희 역(2013). 아로마테라피 교과서. 이아소.
- 이순희(2004). 아로마테라피를 이용한 두피 및 모발관리. 한국모발학회지.
- 장병수 · 이귀영(2011). 최신모발학. 광문각.
- 조성일(2015). 두피생리학. 현문사.

- 조성일(2018). 메디컬 두피탈모관리학. 하누리.
- 채범석 · 김을상(1998). 영양학사전. 아카데미서적.
- 최미경(2015). 아로마테라피 가이드. J&C벤자롱(주).
- 최승완(2019). 에센셜 아로마테라피. 의학서원.
- 한국두피모발관리사협회(2011). 최신두피모발관리학. 군자출판사.
- 한국두피모발연구학회(2010). Trichologist Level II. 훈민사.
- 한국모발학회(2006). 두개피육모관리학. 이화출판사.
- 한국미용교과교육과정연구회(2016). 미용사 일반실기시험에 미치다. 성안당.
- 한국미용교과교육과정연구회(2016). 미용사 일반필기시험에 미치다. 성안당.

- 한국직업정보시스템http://www.work.go.kr/consltJobCarpa/srch/jobInfoSrch/summaryExmpl.do?jobNm=06596